D1722918

Beuth / Beuth Leistungselektronik

Elektronik 9

Olaf Beuth / Klaus Beuth

Leistungselektronik

Vogel Buchverlag

Weitere Informationen:
www.vogel-buchverlag.de

ISBN 3-8023-1853-6
1. Auflage. 2004

Printed in Germany

Umschlaggrafik: Michael M. Kappenstein/Frankfurt/M.
Herstellung: dtp-project Peter Pfister, 97222 Rimpar

Vorwort

Elektronikbauelemente in der Halbleitertechnik und die zugehörigen Schaltungen haben die Welt der Nachrichtentechnik in hohem Maße verändert, ja revolutioniert. In Computern und Kommunikationsgeräten werden zunehmend, wie in Ton- und Bildgeräten, kleine Ströme im Milliampere- und Mikroamperebereich immer schneller geschaltet und immer effektiver verstärkt. Einem weiteren Fortschritt steht hier noch keine unmittelbare Grenze entgegen.

Doch wie sieht es mit der Schaltung und Verstärkung größerer Ströme aus? Durch kontinuierliche Forschungsarbeit wurden Bauelemente für die «Elektronik kleiner Ströme» so verändert, dass sie mittlerweile auch große Ströme bewältigen können, und das mit großer Zuverlässigkeit. Es entwickelte sich die «Elektronik großer Ströme»: die Leistungselektronik.

Jetzt gibt es Transistoren, die 3000 Ampere und mehr schalten können, sowie Thyristoren und GTO, die die 10 000-Ampere-Marke überschritten haben. Dioden bewältigen heute schon bis zu 13 000 Ampere. Beim Einsatz dieser Bauteile treten andere Probleme auf, als bei ihren kleinen Brüdern. Das gilt besonders für Kühlung, gleichmäßige Kristall-Durchströmung, Leitfähigkeit, Sperrspannung am Bauteil und für Schaltzeiten. Es müssen außerdem Schutzmaßnahmen gegen Überlastungen getroffen werden.

Eigenschaften sowie Besonderheiten dieser Bauteile und ihre Schaltungen werden praxisnah mit dem notwendigen Maß an Mathematik verständlich dokumentiert und dargestellt. Erläutert werden unter anderem Steuer- und Schutzbeschaltungen, Halbleiterschalter und Halbleitersteller, fremd- und selbstgeführte Stromrichter.

Wichtige Themen der Leistungselektronik, wie das Entstehen von Oberschwingungen und die Blindleistungsaufnahme der unterschiedlichen Schaltungen, werden detailliert beschrieben. Beispiele veranschaulichen wie die Leistungselektronik in der Energieversorgung und Antriebstechnik eingesetzt wird.

Elektroinstallateure, Elektromeister, Elektroingenieure, Elektrofachkräfte der Energietechnik und verwandter Berufe, die energietechnische Anlagen planen, bauen und warten, oder Studenten der Elektrotechnik können damit sowohl gestellte Aufgaben bewältigen als auch Probleme der täglichen Praxis lösen.

Anregungen und Vorschläge zum Thema nehmen die Autoren unter olaf.beuth@web.de gerne entgegen.

Berlin
Waldkirch

Olaf Beuth
Klaus Beuth

In der Fachbuchreihe «Elektronik» erschienen:

Klaus Beuth/Olaf Beuth: Elementare Elektronik

Heinz Meister: Elektrotechnische Grundlagen
(Elektronik 1)

Klaus Beuth: Bauelemente
(Elektronik 2)

Klaus Beuth/Wolfgang Schmusch: Grundschaltungen
(Elektronik 3)

Klaus Beuth: Digitaltechnik
(Elektronik 4)

Helmut Müller/Lothar Walz: Mikroprozessortechnik
(Elektronik 5)

Wolfgang Schmusch: Elektronische Meßtechnik
(Elektronik 6)

Klaus Beuth / Richard Hanebuth/Günter Kurz/Christian Lüders: Nachrichtentechnik
(Elektronik 7)

Wolf-Dieter Schmidt: Sensorschaltungstechnik
(Elektronik 8)

Olaf Beuth / Klaus Beuth: Leistungselektronik
(Elektronik 9)

Inhaltsverzeichnis

1 Einleitung

Mit den folgenden Kapiteln wird ohne allzu großen mathematischen Aufwand ein Einstieg in die Welt der Leistungselektronik ermöglicht.
Die Leistungselektronik erlaubt das Schalten, Steuern und Umwandeln großer elektrischer Leistung. Die Anwendungsgebiete sind vielfältig und nehmen ständig zu. Die einfachste Anwendung ist der Gleichrichter. Mit nur 1 Diode wird Wechselspannung in Gleichspannung umgewandelt, wenngleich auch die Spannungsqualität bei einer solch einfachen Schaltung zu wünschen übrig lässt. Mit nur wenig Bauteilen mehr lassen sich Netzgeräte bauen. Sie ermöglichen den Betrieb elektronischer Schaltungen am 230-V-Wechselstromnetz. Jeder Computer, jedes Audio- und Videogerät benötigt ein Netzteil zur Erzeugung der intern erforderlichen Gleichspannungen, wenn es am Wechselstromnetz betrieben werden soll. Wechselspannungsnetzteile sind daher sehr verbreitet.
Ein weiteres großes Anwendungsgebiet sind die elektrischen Antriebe. In den letzten Jahren wurden zunehmend drehzahlgeregelte Antriebe eingeführt. Lüfter und Pumpen lassen sich dadurch energiesparend betreiben.
Schienenfahrzeuge sind durch den Einsatz von Leistungselektronik energiesparender geworden und können ihre Bremsenergie ins Netz zurückspeisen. Der mit Hilfe von Sonnenenergie gewonnene Gleichstrom wird mit leistungselektronischen Schaltungen in 50-Hz-Strom umgewandelt und ins Netz eingespeist. Durch Windenergie betriebene Generatoren erzeugen einen drehzahlabhängigen Drehstrom der mit Leistungselektronik an das 50-Hz-Drehstromnetz angepasst werden muss. Auf die Vielzahl der Anwendungen geht Kapitel 8 detailliert ein.
Zunächst beschreibt Kapitel 2 die «Herzstücke» der Leistungselektronik, die **Leistungshalbleiter.** Neben den klassischen Bauelementen wie Dioden und Thyristoren werden moderne Halbleiterbauteile wie GTO, IGBT aber auch verhältnismäßig neue Entwicklungen wie der IGCT vorgestellt. Kapitel 2 erläutert zudem die Auswahl des richtigen Bauelementes in Abhängigkeit der jeweiligen Anwendung. Die wesentlichen Unterschiede im Bereich Sperrspannungsfestigkeit und Strombelastbarkeit werden beleuchtet. Kapitel 3 schildert Schutzbeschaltungen sowie Grundlagen der Wärmeleitung und Kühlung. Schutzbeschaltungen sollen die Halbleiterbauteile vor zu großen Belastungen während des Betriebs schützen. Die Belastungen treten in Form von Strom- bzw. Spannungsspitzen auf und müssen durch Kondensatoren und Induktivitäten begrenzt werden. Die zum Teil hohe Verlustwärme, die in den Halbleitern auftritt, muss über Kühlkörper abgeführt werden.
Kapitel 4 handelt von Halbleiterschaltern und -stellern. Diese einfachen Schaltungen ermöglichen das Schalten eines Wechselstroms. Durch Phasenanschnitt lässt sich die Leistung regulieren.
In den Schaltungen der Leistungselektronik wechselt der Strom zyklisch von einem Schaltungszweig zum anderen. Diesen Vorgang, die Kommutierung, erläutert Kapitel 5. Die dafür aufgewendete Energie nennt man Kommutierungsenergie. Die Kommutierung darf nicht zu schnell ablaufen, da sonst Bauelemente gefährdet sind oder die Schaltung nicht zuverlässig funktioniert.

Kapitel 6 beschreibt die Vielzahl von Stromrichterschaltungen. Dabei wird zwischen fremdgeführten und selbstgeführten Stromrichtern unterschieden. Fremdgeführte Stromrichter können lastgeführt oder netzgeführt sein. Die Klassifizierung erfolgt nach der Herkunft der Kommutierungsenergie. Netzgeführte Stromrichter beziehen ihre Energie, die zum Wechsel von einem Schaltungszweig zum anderen nötig ist, aus dem Netz. Fremdgeführte Stromrichter werden als lastgeführt bezeichnet, wenn die angeschlossene Last, z.B. ein Motor, die Energie zur Verfügung stellt. Selbstgeführte Stromrichter benützen Energiespeicher wie Kondensatoren als Energiequelle für die Kommutierung.
In Kapitel 7 werden Blindleistung und Oberschwingungen besprochen. Zunächst wird der Begriff der Blindleistung erläutert und dann der Bezug zur Leistungselektronik hergestellt. Die Entstehung der Oberschwingungen wird unter Verzicht auf die mathematische Herleitung nach FOURIER erläutert. Dabei wird auch auf das Thema der elektromagnetischen Verträglichkeit (EMV) eingegangen.
In Kapitel 8 werden abschließend entsprechende Schaltungen mit zahlreichen Anwendungsbeispielen zusammengefasst.

2 Bauelemente der Leistungselektronik

2.1 Eigenschaften von Leistungshalbleiter-Bauelementen

Die Halbleiterbauelemente in der Leistungselektronik müssen folgende Eigenschaften aufweisen:

- hohe Strombelastbarkeit,
- hohe Spannungsfestigkeit,
- gute Leitfähigkeit im eingeschalteten Zustand,
- geringste Leitfähigkeit im gesperrten Zustand,
- schnelles Umschalten zwischen Sperr- und Durchlasszustand,
- geringe Ansteuerleistung,
- gute Gehäusewärmeleitwerte, um die unvermeidbaren Verluste abführen zu können,
- möglichst geringe Baugröße.

Diese Anforderungen widersprechen sich teilweise. Hier gilt es, den Schwerpunkt entsprechend der vorgesehenen Anwendung zu legen. Es wird zwischen schnellen Bauelementen und Hochstrombauelementen unterschieden. Die schnellen Bauelemente sind auf kurze Schaltzeiten spezialisiert und kommen bei Schaltungen mit hohen Taktfrequenzen zur Anwendung. Viele Stromrichter arbeiten heute bei 20 kHz. Bei solchen Frequenzen sind die typischen Summgeräusche, wie wir sie von Umrichtern mit Netzfrequenz kennen, nicht mehr hörbar.
Werden nicht so kurze Schaltzeiten und kleine Sperrspannungen benötigt, können Hochstrom-Bauelemente eingesetzt werden, deren Bauweise darauf ausgerichtet ist, extrem hohe Ströme bis zu 13 000 A zu schalten. Hohe Sperrspannungen von bis zu 8500 V erfordern eine Reduzierung der maximal möglichen Stromstärke. Im Anhang sind Datenblätter von Dioden, Thyristoren und IGBT eingefügt. Es wird jeweils ein Hochstrom- und ein Hochspannungstyp beschrieben.

> *Hochstromfähigkeit eines Bauelementes geht auf Kosten des Sperrvermögens und der Schaltzeit.*

Wegen der guten Ladungsträgerbeweglichkeit und der hohen Temperaturfestigkeit kommt bei der Herstellung fast ausschließlich Silizium als Werkstoff zum Einsatz. Die geforderte Stromstärke bestimmt die Fläche der Siliziumscheibe.

> *In modernen Leistungshalbleiter-Bauelementen herrschen Stromdichten bis zu 100 A/cm².*

Die entstehende Verlustwärme wird über die Siliziumfläche abgegeben. Die Form des Halbleiterbauelementes muss dem Laststrom die Möglichkeit geben, sich großflächig zu verteilen. Beim Einschalten fließt der Strom zunächst nur in einem kleinen Bereich und breitet sich dann über das ganze Kristall aus. Wichtig für diesen Vorgang ist ein besonders reines Kristall. Nur dann breitet sich der Strom gleichmäßig aus, andernfalls kann es zu lokalen Temperaturüberhöhungen kommen, die das Bauelement zerstören.
Die benötigte Spannungsfestigkeit im Sperrzustand gibt die erforderliche Scheibendicke bei der Herstellung vor.

1 µm Werkstoffdicke ergibt ca. 5...10 V Sperrspannungsfestigkeit.

Die elektrischen Eigenschaften von Halbleitern sind temperaturabhängig. Ihre Kennlinien beziehen sich immer nur auf eine Temperatur, häufig auf die maximale zulässige Sperrschichttemperatur $\vartheta_{vj\ max}$. Hierauf muss bei der Auswahl der Halbleiterbauelemente besonders geachtet werden, da die Bauteile zum Teil bei sehr hohen Temperaturen ϑ (180 °C...200 °C) arbeiten.
Die Gehäuse müssen aufgrund der geforderten guten Wärmeabfuhr großflächig und möglichst aus Metall gebaut werden. Die Verbindung zum Kühlkörper soll einen guten Wärmeübergang ermöglichen. Vorteilhaft ist es, wenn das Bauteil 2 Flächen zur Wärmeabfuhr besitzt und zwischen 2 Kühlkörpern montiert werden kann. Die einzelnen Bauformen werden in Abschnitt 3.4.4 vorgestellt.
Dioden und Thyristoren sind die Klassiker der Leistungselektronik. Unter den abschaltbaren Bauelementen sind der abschaltbare Thyristor (GTO) und der bipolare Transistor mittlerweile die altgedienten Leistungshalbleiter. Der MOSFET ist ebenfalls stark verbreitet. Neuere Bauelemente wie der IGBT sind dabei, die altgedienten Bauteile zu verdrängen. Sie werden daher im Folgenden besonders ausführlich beschrieben. Der verhältnismäßig junge IGCT ist im Begriff, den GTO abzulösen.

2.2 Leistungsdioden

Die grundsätzliche Funktion von Dioden (pn-Übergang, Kennlinie) wurde schon in Band Elektronik 2 «Bauelemente» [1] dieser Reihe erläutert. Eine Diode ist ein unidirektionales Bauelement, d.h., sie leitet den Strom nur in einer Richtung. In der anderen Richtung sperrt die Diode.

Eine Leistungsdiode leitet den Strom in nur einer Richtung, der Vorwärtsrichtung.

Im Folgenden wird auf die besonderen Eigenschaften von Leistungsdioden eingegangen. Leistungsdioden müssen eine erhöhte Wärmeleistung an die Umgebung ableiten, da sie erheblich höhere Ströme als Kleinsignaldioden führen. Die elektrischen Eigenschaften von

Halbleitern sind temperaturabhängig. Hierauf muss bei der Auswahl der Leistungsdiode und bei der Schaltungsdimensionierung geachtet werden. Zu beachten ist, dass sich die Kennlinien bei zunehmender Sperrschichttemperatur verändern. Bei der für Siliziumdioden maximal zulässigen Temperatur von 180 °C ergeben sich Abweichungen gegenüber einem Betrieb bei 25 °C von ca. 10 %. So beträgt z.B. die Durchlassspannung einer typischen Hochstrom-Leistungsdiode bei 25 °C und 11 000 A ca. 1,13 V, bei 180 °C jedoch nur 1 V.
Bild 2.1 zeigt das Schaltbild einer Leistungsdiode und den prinzipiellen Kristallaufbau. Im Anhang befinden sich z.B. 2 Datenblätter. Die Datenblätter beschreiben das Bauelement und geben die für Schaltungsentwurf und Betrieb wesentlichen Daten an. Diese werden im Folgenden näher erläutert.

Bild 2.1 Schaltzeichen und Halbleiteraufbau einer Diode

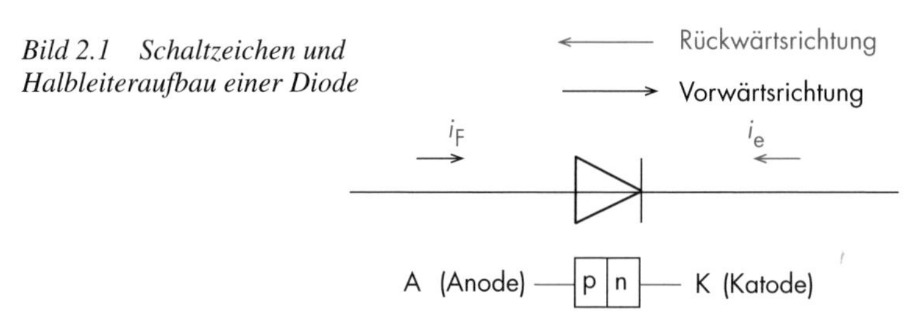

Bei Dioden wird zwischen Vorwärts- und Rückwärtsbelastungen unterschieden (s. Bild 2.1). Fließt der Strom von der Anode zur Katode (in Pfeilrichtung des Schaltbildes), so fließt er definitionsgemäß in Vorwärtsrichtung und heißt **Durchlassstrom i_F**. Die Spannung die in Vorwärtsrichtung über der Diode abfällt heißt **Durchlassspannung U_F**. Ströme, die von der Katode zur Anode fließen (Sperrströme), werden als **Rückwärts-Sperrströme i_e** bezeichnet. Die Spannung die in Rückwärtsrichtung an der Diode abfällt heißt **Rückwärts-Sperrspannung U_R.**
Am pn-Übergang einer Leistungsdiode fällt in Durchlassrichtung eine Spannung von ca. 1…2 V ab. Diese Durchlassspannung U_F ist höher als bei herkömmlichen Kleinsignaldioden (typisch sind dort 0,6 V).

Ca. 1…2 V beträgt die Durchlassspannung einer Leistungsdiode.

Die Kennlinie ist auch weniger steil als die von Kleinsignaldioden, so dass die Durchlassspannung U_F bei Anstieg des Durchlassstroms I_F nicht unwesentlich zunimmt. Die Durchlassspannung U_F und der Durchlassstrom verursachen im Halbleiterkristall Wärmeverluste, die über das Gehäuse abgeführt müssen.

$$P_V = U_F \cdot I_F$$

Das ist nur mit einer großflächigen Bauweise und über gute Kühlkörper möglich. Leistungsdioden können Ströme bis 13 000 A führen. Dabei entstehen Durchlassverluste von bis zu 26 000 W. Das ist die Wärmeleistung von 10 (!) konventionellen Herdplatten. Bild 2.2 zeigt

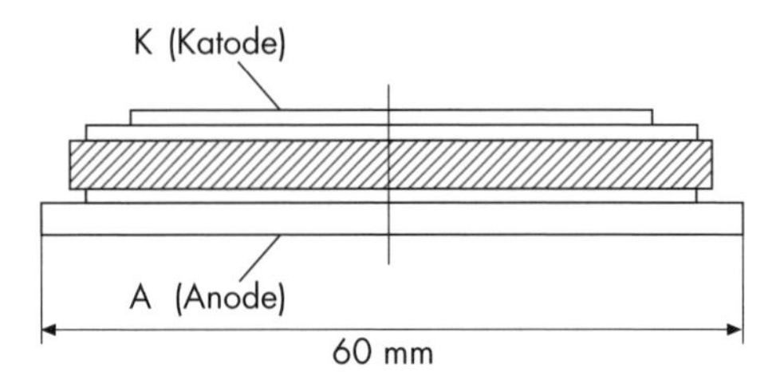

Bild 2.2 Gehäuse einer Hochstromleistungsdiode

eine typische Bauform (Pillenform) einer Leistungsdiode. Die Pillenform erlaubt dem Laststrom, sich auf eine große Fläche zu verteilen (s. Abschnitt 2.1).

> *Durch die Pillenform wird ein großflächiger Kontakt zum Kühlkörper ermöglicht.*

Im ausgeschalteten Zustand liegt die Sperrspannung U_R an der Diode. Die Diode lässt nur den Sperrstrom i_R fließen. Er liegt bei der im Anhang beschriebenen 13 000-A-Leistungsdiode bei ca. 100 mA.
Spannungen, die einen Strom in Rückwärtsrichtung treiben, heißen Rückwärtsspannungen. 2 definierte Werte der Sperrspannung sind wichtig: Die **periodische Rückwärts-Spitzensperrspannung U_{RRM}** gibt an, welche Sperrspannungen periodisch wiederkehrend maximal auftreten dürfen. Bei der Auswahl von Dioden wählt man einen Sicherheitsfaktor von 1,5...2,5, je nach dem, wie ungewiss die möglichen Überspannungen sind. Werden hohe Überspannungen erwartet, empfiehlt sich ein Überspannungsschutz mit spannungsabhängigen Widerständen (Varistoren). **Die Rückwärts-Stoßspitzensperrspannung U_{RSM}** gibt an, welche Sperrspannung bei 25 °C maximal kurzzeitig auftreten darf. Wird sie überschritten, wird die Diode meist zerstört.

2.2.1 Einschalten einer Leistungsdiode

Durch Anlegen einer Spannung, die größer als die Durchlassspannung U_F ist, wird die Diode leitend. Die großflächigen Kristallstrukturen reagieren nicht unmittelbar auf Veränderungen der von außen anliegenden Spannung. Daher vergeht zunächst eine Trägheitszeit, bis die Diode durchzusteuern beginnt. Das ist bei der Dimensionierung schnellschaltender, hochfrequenter Schaltungen zu beachten.

> *Das Einschalten einer Leistungsdiode beginnt mit einer Verzögerung.*

Beim Einschalten einer Diode, also beim Umschalten vom sperrenden in den leitenden Zustand, steigt die Durchlassspannung U_F linear an, erreicht ein Maximum, die **Durchlassverzögerungsspannung U_{FRM}**, und fällt dann auf ihren stationären Wert (Bild 2.3a).

Bild 2.3a Einschalten einer Leistungsdiode

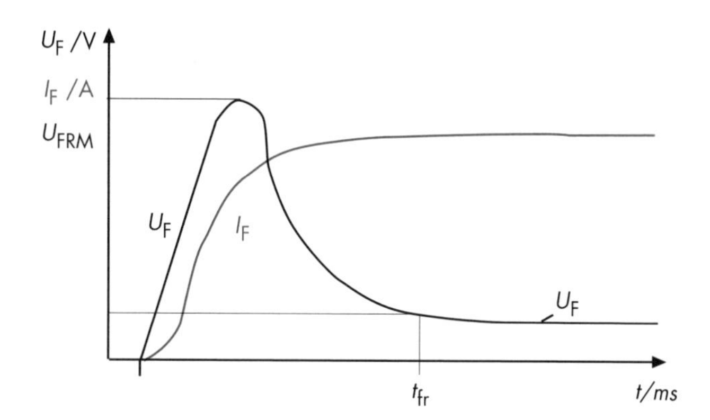

Da das Produkt aus Durchlassstrom I_F und Durchlassspannung U_F die **Durchlassverlustleistung P_F** ergibt, verursacht dieses Maximum der Durchlassverzögerungsspannung U_{FRM} gegenüber dem stationären Betrieb erhöhte Verluste. Diese Verluste werden Einschaltverluste genannt. Zu Beachten ist, dass mit zunehmender Schaltfrequenz, also zunehmenden Schaltvorgängen/Sekunde, die Einschaltverluste zunehmen und damit die Wärmelast steigt, die über das Gehäuse und den Kühlkörper abgegeben werden muss. Die Zeit, die vergeht, bis die Diode vollständig leitet, heißt **Durchlassverzögerungszeit t_{fr}.**

> *Mit steigender Schaltfrequenz steigt die Einschaltverlustleistung.*

Nach dem Einschalten führt die Diode den Durchlassstrom I_F. Die Durchlasskennlinie weist jedem Wert des Durchlassstroms I_F einen Wert der Durchlassspannung U_F zu. Bild 2.3b zeigt die Durchlasskennlinie der im Anhang näher beschriebenen 13 000-A-Leistungsdiode. Es ist eine Kennlinie für die Umgebungstemperatur (25 °C) und eine Kennlinie für den Betrieb bei **höchst zulässiger Sperrschichttemperatur $T_{vj\ max}$** (180 °C) dargestellt. Nähert man die Kennlinie für 180 °C an eine Gerade, so schneidet diese Ersatzgerade die Spannungsachse in einem Punkt. Dieser Punkt definiert die Schleusenspannung U_{TO}. In Bild 2.3a liegt sie bei 0,7 V. Die Steigung der Ersatzgeraden entspricht einem Widerstandswert ($R = U/I$). Dieser **Ersatzwiderstand r_T** errechnet sich in unserem Beispiel zu 0,028 mΩ. Die Ersatzgerade ist im Dauerstrombereich (hier zwischen 10 000...30 000 A) eine gute Näherung an die verhältnismäßig kompliziert zu berechnende Durchlasskennlinie.

Bei einem Strom von 20 000 A erhält man 2 Arbeitspunkte. Bei 25 °C fallen an der Diode 1,32 V Durchlassspannung ab. Das ergibt Durchlassverluste P_F von $P_F = 1{,}32\ V \cdot 20\,000\ A = 26\,400\ W$. Bei 180 °C fallen nur 1,2 V ab. Deshalb entstehen nur 24 000 W Durchlassverluste.

Im Folgenden werden die verschiedenen, typischen Stromdefinitionen erläutert. Im Datenblatt der im Anhang beschriebenen Hochstrom-Diode steht ein **Dauergrenzstrom I_{FAVM}** von 8470 A. Die Buchstaben «AV» stehen für das englische Wort «average» für Mittelwert. Dieser Strom ist ein arithmetischer Mittelwert des höchsten dauernd zulässigen Durchlassstroms.

Weiterhin steht im Datenblatt ein **Durchlassstrom-Grenzeffektivwert I_{FRMSM}** von 13 300 A. Er ist ein quadratischer Mittelwert des Durchlassstroms. Er ist der höchste Mittelwert, der

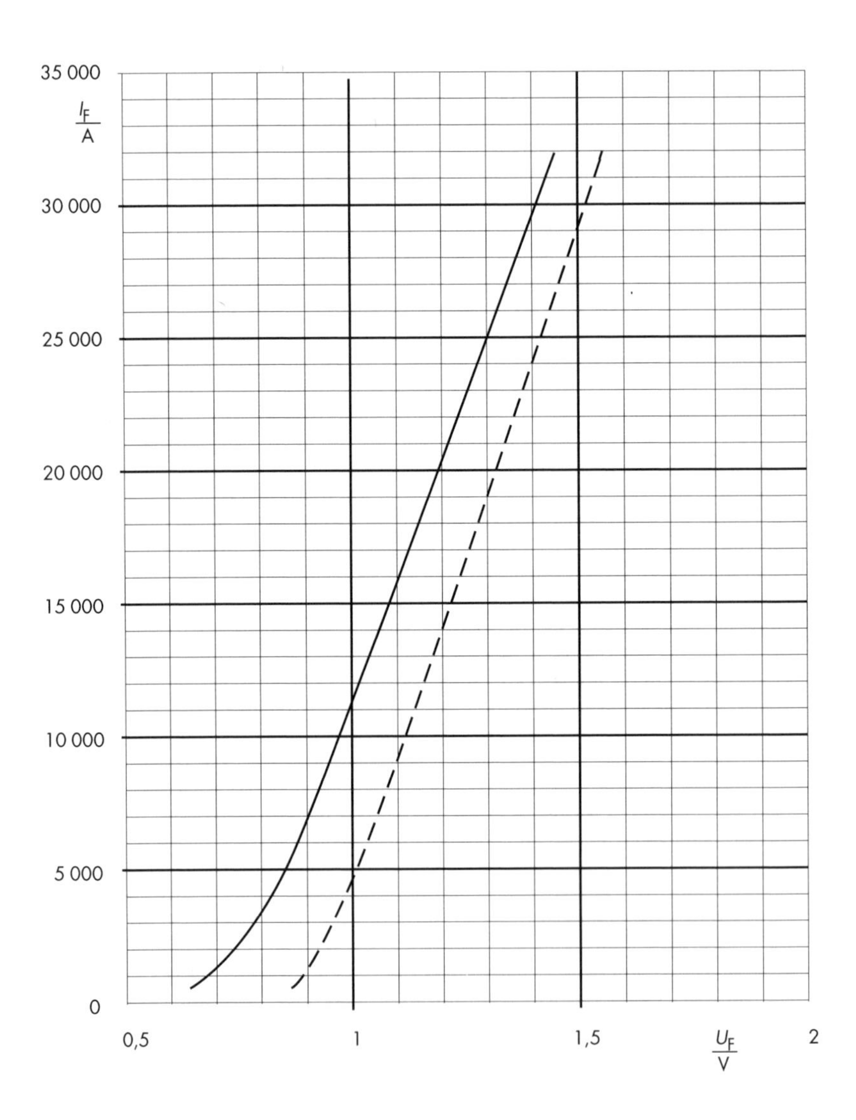

Bild 2.3b Durchlasskennlinie einer Leistungsdiode

unter Berücksichtigung der thermischen und elektrischen Belastbarkeit der Diode fließen darf. Der im Arbeitspunkt fließende Strom von 20 000 A darf also nicht dauerhaft fließen. Er darf so lange fließen, bis der maximal zulässige Wert für das **Grenzlastintegral i^2t** überschritten ist. Dieses beschreibt die maximal zulässigen Verluste. Das Grenzlastintegral trägt dem thermischen Verhalten der Diode Rechnung. Kurzzeitige hohe Ströme führen noch nicht zu langfristigen Erwärmungen. Es hängt davon ab, wie lange ein Strom mit welcher Stromstärke die Diode belastet. Mathematisch entspricht das der Bildung eines Zeitintegrals über dem Strom.

> *Da negative Ströme auch zu den gleichen Verlusten führen wie positive wird über das Quadrat des Laststroms integriert.*

Ansonsten würden sich negative und positive Ströme aufheben. Wird der Wert des Grenzlastintegrales i^2t im Betrieb überschritten, kann die Diode zerstört werden.
Um die Diode vor Zerstörung zu schützen, wird der Durchlassstrom häufig überwacht und bei Überschreiten eines vom Hersteller vorgegebenen Wertes abgeschaltet. Dieser Wert heißt **Grenzstrom $I_{F(OV)M}$**. Auf diesen Wert werden die Schutzeinrichtungen i.A. eingestellt.
Der Grenzstrom $I_{F(OV)M}$ darf sehr kurzzeitig überschritten werden. Der kurzzeitig maximal zulässige Stromstoß wird durch den **Stoßstromgrenzwert I_{FSM}** festgelegt. Bei der betrachteten Leistungsdiode liegt er bei 103 kA (bei 25 °C). Wird dieser Strom überschritten, droht der Diode Zerstörungsgefahr.

2.2.2 Ausschalten einer Leistungsdiode

Beim Anlegen einer Sperrspannung fällt der Strom, der bisher als Durchlassstrom i_F floss, steil linear ab, erreicht nach dem Nulldurchgang ein vorrübergehendes Maximum i_{RM}, das als **Rückstromspitze** bezeichnet wird, und fällt dann auf den stationären Wert des Rückwärts-Sperrstroms i_e ab (Bild 2.4).

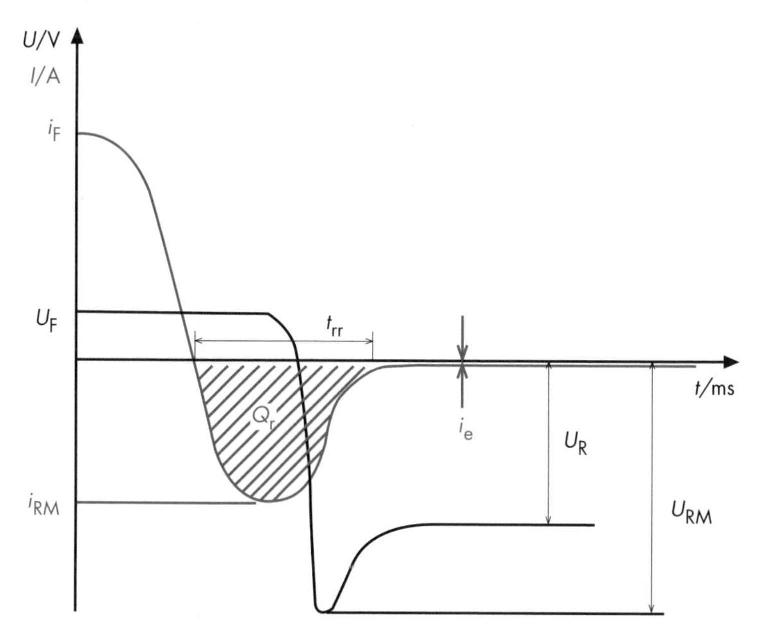

Bild 2.4 Ausschalten einer Leistungsdiode

Während des Ausschaltens fließt der Strom kurz in Rückwärtsrichtung weiter.

Die in Bild 2.4 schraffierte Fläche im *i/t*-Diagramm steht für eine Ladung. Sie fließt nach dem Nulldurchgang des Stroms in Rückwärtsrichtung von der Diode ab, bis der Sperrstrom seinen stationären Wert erreicht. Die Ladung ist ein Maß für die Verzögerung des Sperrvorganges und heißt daher **Sperrverzögerungsladung Q_r.** Die Zeit, die vergeht, bis diese Sperrverzögerungsladung Q_r abgeflossen ist wird Sperrverzögerungszeit t_{rr} genannt.

Während des Ausschaltens wird die Sperrverzögerungsladung abgebaut.

Wie beim Einschalten erzeugt der steile Anstieg der Sperrspannung auf das kurzzeitige Maximum U_{RM} im Zusammenhang mit dem Rückstrom eine Ausschaltverlustleistung. Auch hier sei noch einmal auf die Zunahme der Verluste bei Erhöhung der Schaltfrequenz hingewiesen.

Mit steigender Schaltfrequenz steigen die Ausschaltverluste.

2.2.3 Verlustleistungen einer Leistungsdiode

In den vorigen Abschnitten wurde bereits teilweise auf die entstehenden Verluste eingegangen. Bei einer Diode entstehen Durchlass-, Sperr- und Schaltverluste.
Die **Durchlassverlustleistung P_F** ergibt sich aus dem arithmetischen Mittelwert des Durchlassstroms I_{FAV}, dem Effektivwert des Durchlassstroms I_{FRMS}, der Durchlassspannung U_F und dem Widerstandswert r_T.

$$P_F = I_{FAV} \cdot U_F + I^2_{FRMS} \cdot r_T$$

Die **Sperrverluste P_R** ergeben sich aus dem Sperrstrom i_e und der Sperrspannung U_r.
Die **Einschaltverluste P_{FT}** und die **Ausschaltverluste P_{RQ}** ergeben zusammen die Schaltverlustleistung.
Alle Verluste addieren sich zur **Gesamtverlustleistung P_{tot}**, die das Bauelement als Wärme abführen muss.
Die Halbleiterindustrie ist bemüht, Dioden zu entwickeln, bei denen die Vorgänge weniger steil ablaufen und so die Verluste und Überspannungen geringer werden.
Eine weitere immer wichtiger werdende Forderung ist eine schnelle Schaltgeschwindigkeit der Dioden. Heute arbeiten die meisten Stromversorgungen mit vergleichsweise hohen Frequenzen, um die Baugröße der Transformatoren zu reduzieren.

> *Je höher die Schaltfrequenz ist, desto kleiner und leichter kann der Transformator gebaut werden.*

Der Grund hierfür liegt im Induktionsgesetz, woraus ersichtlich wird, dass die induzierte Spannung in einer Spule linear mit der Frequenz zunimmt. Hohe Schaltfrequenzen fordern von Leistungsdioden einen schnellen Wechsel vom leitenden in den sperrenden Zustand und umgekehrt. Maßgeblich ist hierfür die Sperrverzögerungszeit t_{rr}. Bei einer heute realisierbaren Frequenz f von 250 kHz beträgt die Periodendauer T nur noch 4 µs ($T = 1/f$). Auch die später erläuterten Stromrichter arbeiten mit Frequenzen von ca. 8...20 kHz. Es bestehen also unter anderem folgende Anforderungen an Leistungsdioden:

- niedrige Durchlassspannung U_F, um die Verluste klein zu halten,
- eine kurze Sperrverzögerungszeit t_{rr} für schnelle Schaltzeiten.

Bei der Auswahl einer Diode muss also überlegt werden, ob die Verluste oder die Schaltzeiten im Vordergrund stehen. Die Durchlassverzögerungszeit t_{fr}, die Sperrverzögerungsladung Q_r und Sperrverzögerungszeit t_{rr} begrenzen die Einsetzbarkeit einer Leistungsdiode bei hohen Frequenzen.
Die Gesamtverluste P_{tot} sind i.A. so hoch, dass die Wärmeabfuhr durch Kühlkörper verbessert werden muss. In den Datenblättern werden die Wärmewiderstände der einzelnen Wärmeübergänge angegeben. Auf die genauen Verhältnisse bei der Berechnung einer ausreichenden Kühlung geht Kapitel 3 ein.

2.2.4 Schutzbeschaltung einer Leistungsdiode

Die steilen Stromabfälle erzeugen an den Induktivitäten des Stromkreises hohe Spannungsabfälle. Das Parallelschalten einer Widerstands-Kondensator-Kombination (RC-Schutzbeschaltung; Bild 2.5) schützt die Diode vor Überspannungen.

Bild 2.5 RC-Schutzbeschaltung einer Leistungsdiode

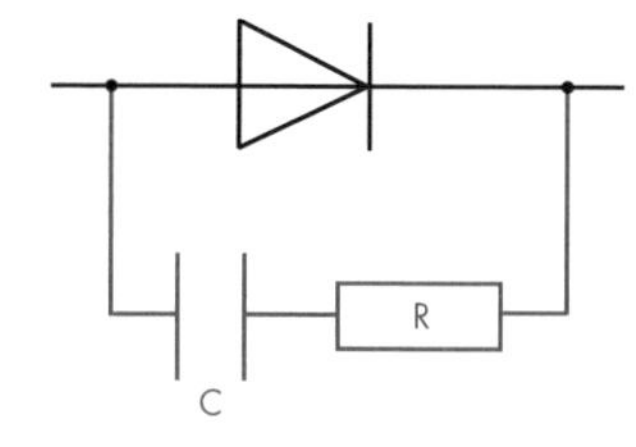

Im Folgenden wird für einen praktischen Anwendungsfall die richtige Diode ausgewählt. Für eine Schaltanlage sollen Sperrdioden dimensioniert werden. Die Nennspannung der Anlage ist 1200 V, der Nennstrom beträgt 3 A. Teilweise treten Spannungsspitzen bis zu 2000 V und Überlastströme bis 5 A auf.
Als Rückwärts-Spitzensperrspannung U_{RRM} der Diode sollte deshalb 3000 V gewählt werden. Darin ist ein Sicherheitsfaktor von 1,5 enthalten. Den Dauergrenzstrom I_{FAVM} der Diode berechnet man über die auftretenden Überlastströme zu 5 A.

2.3 Thyristoren

Der Thyristor besitzt 2 stabile Zustände, einen hochohmigen und einen niederohmigen. Die Umschaltung erfolgt über den Steueranschluss (Gate).

> *Ein Thyristor ist ein einschaltbares, unidirektionales Bauelement.*

Der Thyristor ist ein vierschichtiges Halbleiterbauelement. Die Leitfähigkeit der Schichten wechselt sich ab (pnpn). Wie bei der Diode wird der Anschluss an der p-Zone **Anode** genannt, der an der n-Zone **Katode**.
Es soll zunächst der «normale» katodenseitig gesteuerte, rückwärts sperrende Thyristor beschrieben werden. Später werden die anderen, seltener verwendeten Bauweisen behandelt.

> *In der Leistungselektronik wird zudem zwischen dem N-Typ für Anwendungen bei Netzfrequenz und dem F-Typ für Hochfrequenzanwendungen unterschieden.*

Bild 2.6 zeigt den Kristallaufbau, Bild 2.7 das Schaltzeichen und die Bilder 2.8 zeigen 3 typische Bauformen von Hochstrom-Thyristoren. Im Anhang ist das Datenblatt eines Thyristors, der bis zu 10 200 A schalten kann, eingefügt. Auch das Datenblatt eines Thyristors mit einer Spannungsfestigkeit bis zu 8000 V liegt bei.

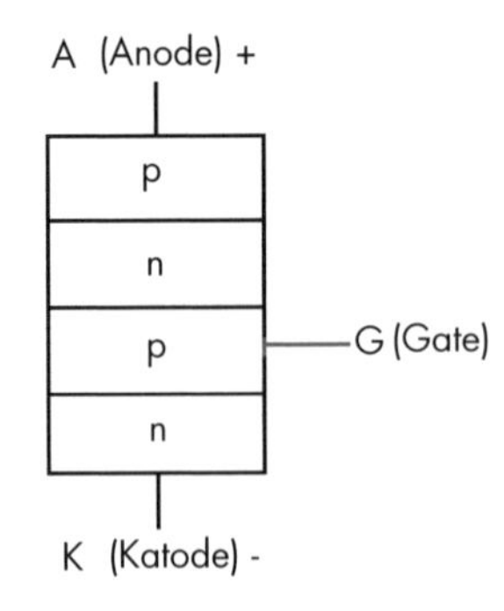

Bild 2.6 Katodenseitig gesteuerter Thyristor

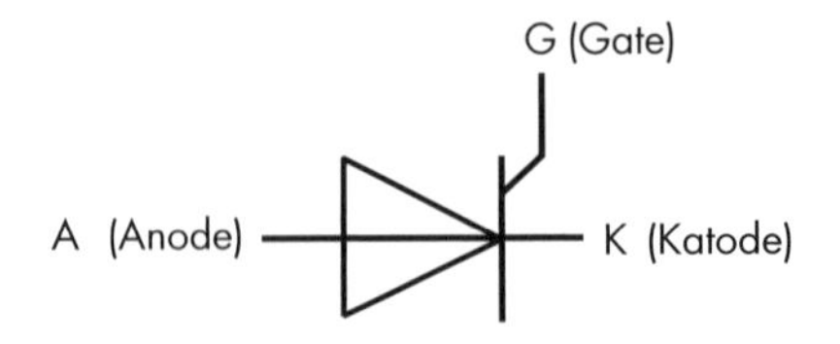

Bild 2.7 Schaltzeichen des katodenseitig gesteuerten Thyristors

Bild 2.8a Gehäuse eines Hochstromthyristors

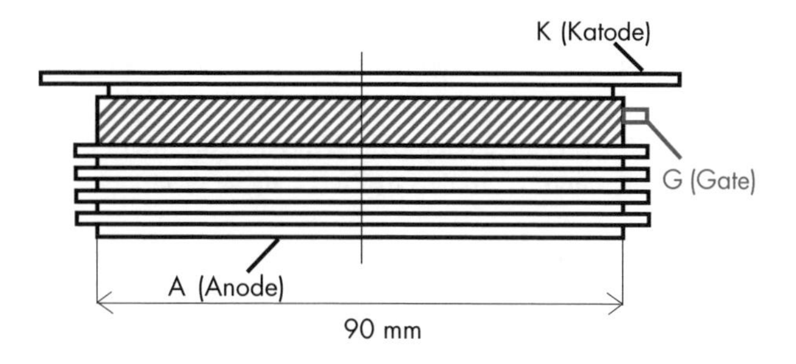

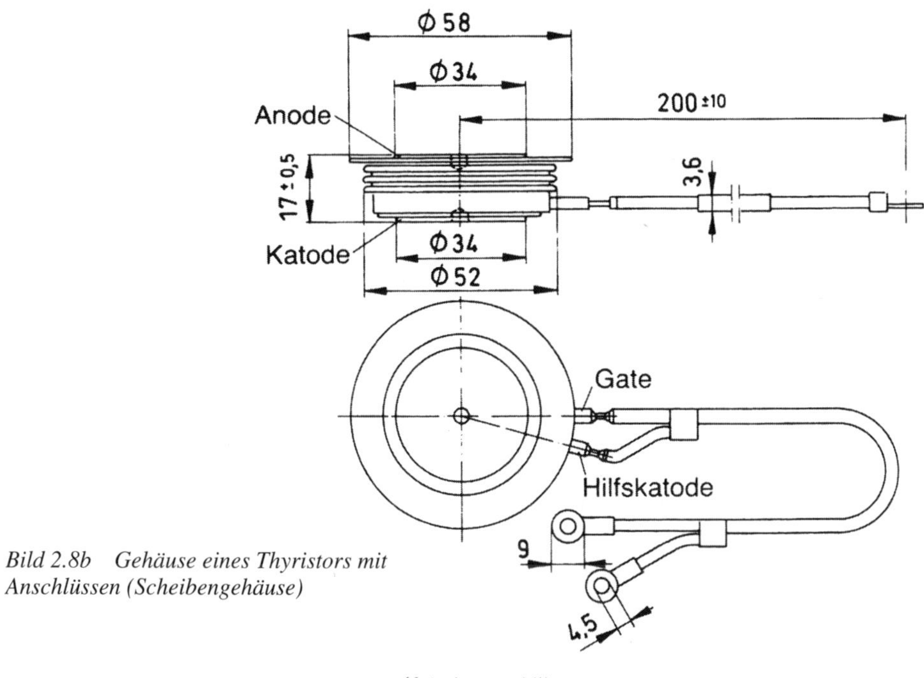

Bild 2.8b Gehäuse eines Thyristors mit Anschlüssen (Scheibengehäuse)

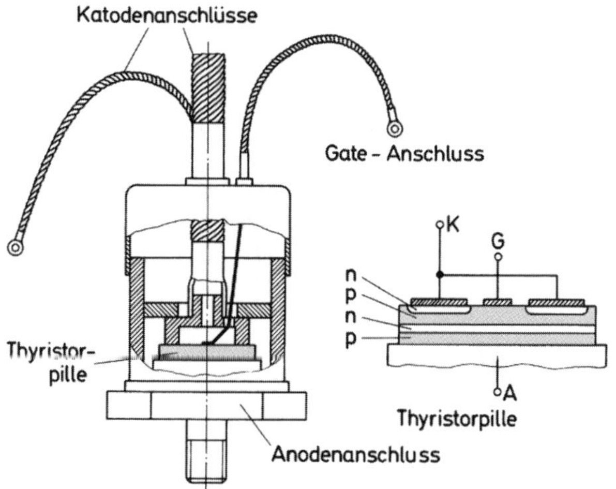

Bild 2.8c Schnitt durch ein Thyristorgehäuse

Der 4-schichtige Aufbau enthält insgesamt 3 Diodenstrecken (D1, D2 und D3). Jeder pn-Übergang bildet eine Diodenstrecke (Bild 2.9). Beim katodenseitig gesteuerten Thyristor befindet sich an der katodenseitigen p-Zone der Steueranschluss (Gate). Die äußere p- bzw. Anodenzone erwärmt sich durch den Durchlassstrom im Betrieb sehr stark. Sie muss daher gut gekühlt werden und ist zu diesem Zweck meist großflächig mit dem Gehäuse verbunden.

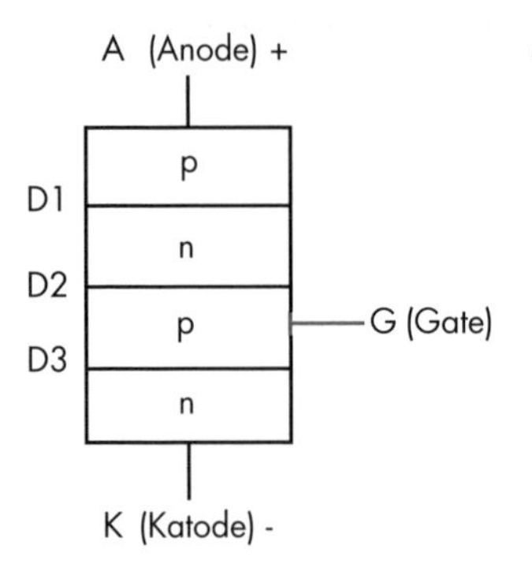

Bild 2.9 Diodenstrecken eines Thyristors

Wie bei der Diode werden 2 Richtungen unterschieden. Die Vorwärtsrichtung beschreibt Spannungen und Ströme, deren Zählpfeile von der Anode zur Katode zeigen, also in Richtung des Pfeils im Schaltzeichen. Die Rückwärtsrichtung beschreibt die umgekehrte Richtung.

2.3.1 Betrieb an Sperrspannung

Legt man an den Thyristor eine Spannung, sodass die Anode negatives Potential gegenüber der Katode bekommt, sperren die beiden Diodenstrecken D1 und D3. D2 ist in Durchlassrichtung gepolt. Der Thyristor wird in Rückwärtsrichtung betrieben. Es fließt ein kleiner **Rückwärts-Sperrstrom i_R**.

> *In Rückwärtsrichtung fließt nur ein kleiner Sperrstrom durch den Thyristor.*

Die Spannung, die am Thyristor abfällt, heißt **Rückwärts-Sperrspannung U_R.** In dieser Betriebsweise werden zudem wie bei der Diode die **Periodische Rückwärts-Sperrspannung U_{RRM}** und die **Rückwärts-Stoßspitzenspannung U_{RSM}** als maximal zulässige Werte vom Hersteller vorgegeben.
Besitzt die Anode positives Potential gegen Katode, ist D2 gesperrt, D1 und D3 sind jetzt in Durchlassrichtung gepolt. Der Thyristor wird in Vorwärtsrichtung betrieben. Jetzt fällt die **Vorwärts-Sperrspannung U_D** ab. Es fließt ein kleiner **Vorwärts-Sperrstrom I_D.**

> *In Vorwärtsrichtung fließt bis zum Zünden nur ein kleiner Sperrstrom durch den Thyristor*

Analog zum Betrieb in Rückwärtsrichtung sind die beiden Spannungen **periodische Vorwärts-Sperrspannung U_{DRM}** und die **Vorwärts-Stoßspitzenspannung U_{DSM}** definiert. Wie bereits bei den Dioden beschrieben, sind bei der Auswahl von Bauelementen Sicherheitsfaktoren zwischen 1,5…2,5 einzuhalten. Real auftretende Spannungen sind mit diesen Faktoren zu multiplizieren. Die errechneten Spannungen müssen unter den in den Datenblättern angegebenen Grenzwerten liegen.
Das Sperrvermögen heutiger Thyristoren ist sehr gut. Es ist in beiden Betriebsrichtungen in etwa gleich. Selbst ein Anlegen von mehr als 2200 V bewirkt nur geringe Sperrströme von einigen 100 mA. In Verbindung mit den hohen Sperrspannungen (bis zu 8000 V) entstehen aber trotzdem erhebliche Verluste.
Wird ein bestimmter Wert der Vorwärts-Sperrspannung U_D überschritten, schaltet der Thyristor, ohne dass ein Steuerstrom über den Steueranschluss fließt, vom hochohmigen in den niederohmigen Betriebszustand.

Ein Überschreiten der Vorwärts-Sperrspannung führt zum ungewollten Zünden des Thyristors.

Allgemein wird ein solches unerwünschtes Durchsteuern als **Kippen** oder **Überkopfzünden** bezeichnet. Die Spannung, bei der dies geschieht, wird **Nullkippspannung $U_{BO(0)}$** genannt. «0» deutet auf den Steuerstrom $i_G = 0$ hin. Der Thyristor wird dadurch nicht zerstört, allerdings ist das nicht der betriebsmäßig gewünschte Zündvorgang.
Wie wir später sehen werden, ist die Nullkippspannung $U_{BO(0)}$ temperaturabhängig.

Wird die maximal zulässige Rückwärts-Sperrspannung U_R überschritten, führt dies zur Zerstörung des Thyristors.

Bild 2.10 stellt die Kennlinien eines Thyristors dar: 3 Kennlinien werden unterschieden, die Vorwärts-Sperrkennlinie, die Durchlasskennlinie, und die Rückwärts-Sperrkennlinie.

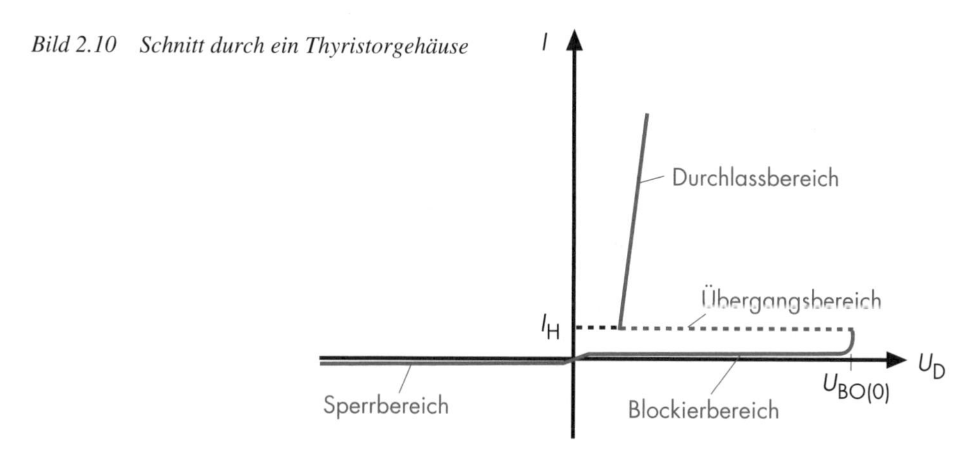

Bild 2.10 Schnitt durch ein Thyristorgehäuse

Die Durchlasskennlinie gleicht einer Diodenkennlinie – mit dem Unterschied, dass 3 Diodenkennlinien in Reihe geschaltet sind und damit die Durchlassspannung höher (~2 V) ist. Damit sind auch die **Durchlassverluste P_T** höher.

Die Vorwärts- und Rückwärts-Sperrkennlinien sind stark von der Bauelementtemperatur abhängig (Bild 2.11a und b). Mit zunehmender Temperatur steigt der jeweilige Sperrstrom i_D bzw. i_R an. Daher nehmen die Sperrverluste mit zunehmender Temperatur ebenfalls zu. Bild 2.12 zeigt die Temperaturdrift der Nullkippspannung $U_{BO(0)}$. Beträgt die Kristalltemperatur mehr als 130 °C fällt die Kippspannung stark ab. Bei 160 °C kippt der Thyristor im Beispiel in Bild 2.12 schon bei 1000 V.

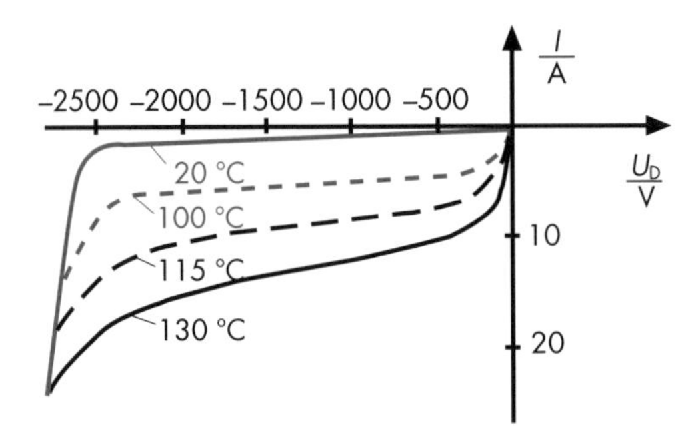

Bild 2.11a Temperaturabhängigkeit der Rückwärtssperrkennlinie

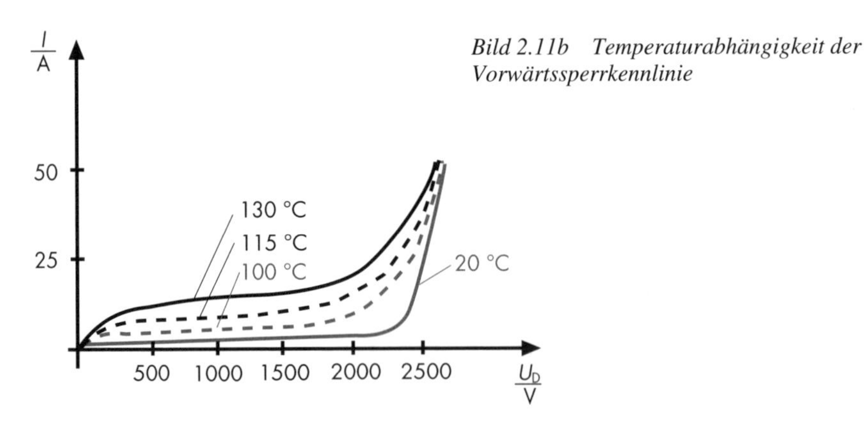

Bild 2.11b Temperaturabhängigkeit der Vorwärtssperrkennlinie

> *Die Sperrkennlinien eines Thyristors sind temperaturabhängig.*

Der pn-Übergang der Diodenstrecke D2 stellt im gesperrten Zustand eine Kapazität dar. Für Kapazitäten gilt $I = C \cdot \Delta U/\Delta t$. Ein steiler Spannungsanstieg der Vorwärts-Sperrspannung U_D kann also einen kapazitiven Strom erzeugen, der wie ein Zündstrom wirkt und den Thyristor durchsteuert. Dabei kann der Thyristor zerstört werden. Die Vorwärts-Sperrspannung darf daher die **kritische Spannungssteilheit $(\Delta U/\Delta t)_{cr}$** nicht überschreiten.

Bild 2.12 Temperaturdrift der Nullkippspannung $U_{BO(0)}$

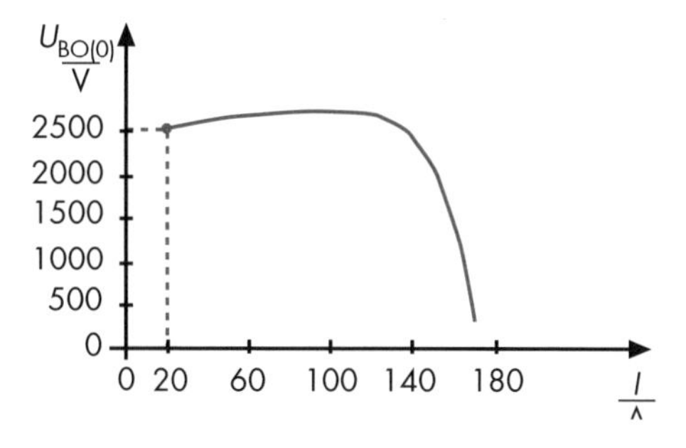

2.3.2 Zünden eines Thyristors

Das betriebsmäßige Durchsteuern des Thyristors erfolgt am Steueranschluss G. Die pnpn-

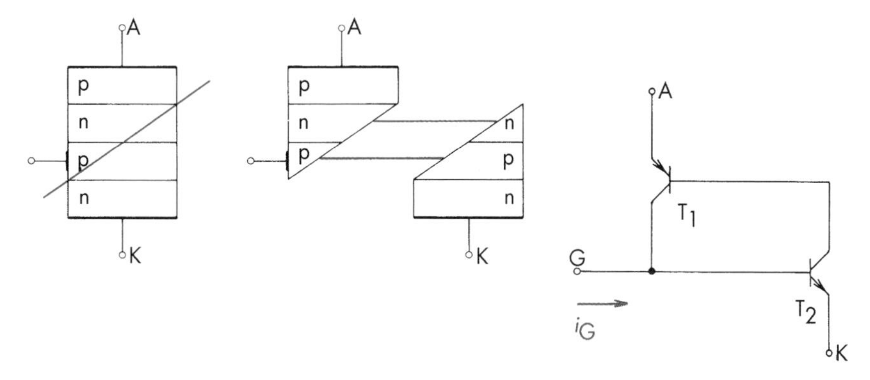

Bild 2.13
Aufteilung des Thyristorkristalls in 2 Transistorstrecken und Ersatzschaltung des Thyristors

Struktur kann als Zusammenschaltung von 2 Transistoren dargestellt werden (Bild 2.13).
Fließt bei positiver Anodenspannung ein **Steuerstrom i_G** in den Steueranschluss, der größer ist als der im Datenblatt angegebene **Zündstrom i_{GT}** (T: wie triggern = zünden) steuert T_2 durch, leitet ein gegenseitiges Aufsteuern von T_1 und T_2 ein und der Thyristor zündet. Der Zündstromimpuls am Gate muss eine definierte **Stromsteilheit $\Delta i_G/\Delta t$** haben und darf die vorgeschriebene **Steuerimpulsdauer t_G** nicht unterschreiten.

> *Das betriebsmäßige Zünden eines Thyristors erfolgt durch einen Steuerstrom.*

Um ein ungewolltes Zünden eines Thyristors zu vermeiden, wird der Wert des **nicht zündenden Steuerstroms i_{GD}** angegeben. Alle Steuerströme i_G unterhalb dieses Wertes führen bei keinem Thyristor des angegebenen Typs zum Zünden.
Zum sicheren Zünden muss auch die **Steuerspannung U_G**, die zwischen Gate und Katode anliegt den Wert der **Zündspannung U_{GT}** erreichen. Liegt die Steuerspannung U_G unterhalb der **nicht zündenden Steuerspannung U_{GD}**, zündet kein Thyristor des angegebenen Typs.

Der Zündstrom i_{GT} und die Zündspannung U_{GT} sind von der Diodenkennlinie Gate-Katode abhängig. Diese Kennlinie verschiebt sich in Abhängigkeit von der Temperatur und von Exemplarstreuungen. Es ergibt sich ein Streuband für den Temperaturbereich des Thyristors in dem die Werte für ein sicheres Zünden des Thyristors abgelesen werden können (Bild 2.14).
Es lassen sich 3 Bereiche definieren: Bereich des Nichtzündens (I), Bereich eines möglichen Zündens (II) und Bereich der sicheren Zündung (III).

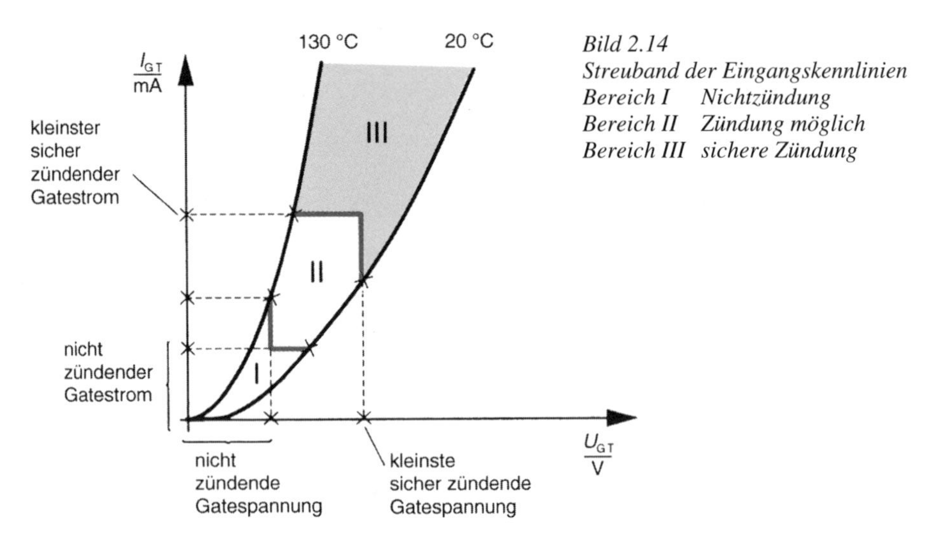

Bild 2.14
Streuband der Eingangskennlinien
Bereich I Nichtzündung
Bereich II Zündung möglich
Bereich III sichere Zündung

Für einen sicheren Betrieb müssen Zündimpulse im Bereich III liegen, Störimpulse müssen im Bereich I liegen, damit der Thyristor nicht ungewollt zündet.
Damit der Thyristor durchsteuert, muss der **Einraststrom i_L** als Durchlassstrom fließen, wenn der Steuerimpuls abklingt. Er ist abhängig von den Steuerimpulsgrößen und von der Sperrschichttemperatur.
An einem durchgesteuerten Thyristor fällt die Durchlassspannung U_T ab. Der leitende Thyristor besitzt einen Widerstandswert von wenigen mΩ.

> *Der Durchlassstrom i_T muss daher unbedingt durch einen Lastwiderstand begrenzt werden (Bild 2.15).*

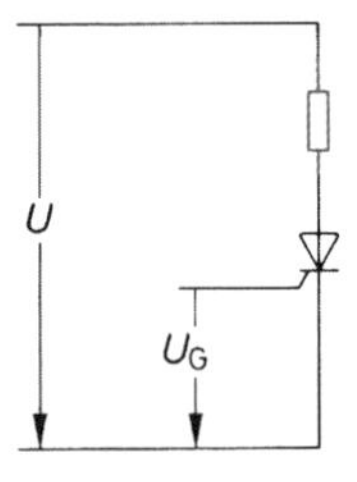

Bild 2.15 Strombegrenzung durch einen Lastwiderstand R

Wie bei der Diode kann auch die Durchlasskennlinie durch eine **Ersatzgerade** angenähert werden. Die Ersatzgerade nähert die Kennlinie an und liefert einen konstanten Widerstandwert, den **Ersatzwiderstand r_T**. Der Ersatzwiderstand dient zur vereinfachten Berechnung der Durchlassverluste.

Der Zündstrom i_{GT} ist auch von der Vorwärts-Sperrspannung U_D abhängig. In der Kippkennlinie eines Thyristors (Bild 2.16) lässt sich der Zündstrom i_{GT} ablesen. Die Kippkennlinie kann in ein Strom-Spannungs-Kennlinienfeld überführt werden. Hieraus lassen sich die Mindeststeuerströme ablesen (Bild 2.17).

Bild 2.16
Kippkennlinie eines Thyristors

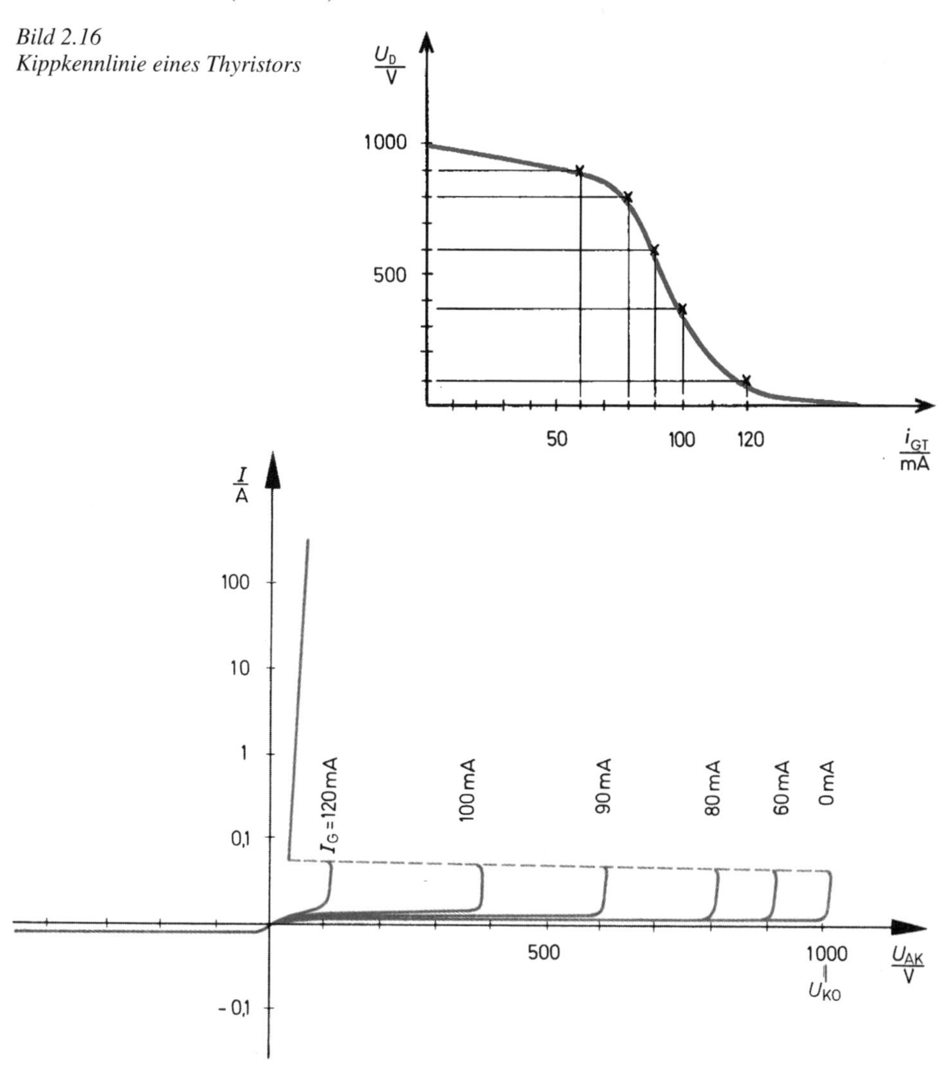

Bild 2.17 Strom-Spannungs-Kennlinie eines Thyristors mit Angabe der Mindeststeuerströme

Ein gezündeter Thyristor ist von Ladungsträgern überschwemmt. Er lässt sich über den Steueranschluss nicht abschalten. Der Thyristor bleibt so lange niederohmig, bis der ihn durchfließende Durchlassstrom i_T einen Mindestwert, den **Haltestrom i_H,** unterschreitet.

> *Der eingeschaltete Thyristor lässt sich nur durch Unterschreiten des Laststroms abschalten.*

Dann kippt der Thyristor in den hochohmigen Zustand zurück, die Sperrschichtladungsträger werden ausgeräumt, und die mittlere Sperrschicht wird wieder aufgebaut. Die hierfür erforderliche Zeit wird **Freiwerdezeit t_q** genannt.

2.3.3 Einschalten eines Thyristors

Ein Diagramm, in dem die Vorwärts-Sperrspannung U_D über der Zeit t aufgetragen ist, verdeutlicht das Schaltverhalten des Thyristors (Bild 2.18): Nach Anlegen des Steuerimpulses ändert sich die Spannung U_D zunächst nur wenig. Die Zeit, bis sie auf 90 % ihres Anfangswertes gefallen ist, wird **Zündverzug oder Zündverzugszeit t_{gd}** genannt. Der Durchlassstrom i_T steigt je nach Impedanz des Lastkreises mehr oder weniger steil an.
Die Zeit, in die Vorwärts-Sperrspannung U_D auf 10 % fällt, nennt man **Durchschaltzeit t_{gr}.** Der Strom hat inzwischen sein Maximum erreicht. An die Durchschaltzeit schließt sich die Zündausbreitungszeit t_{gs} an.

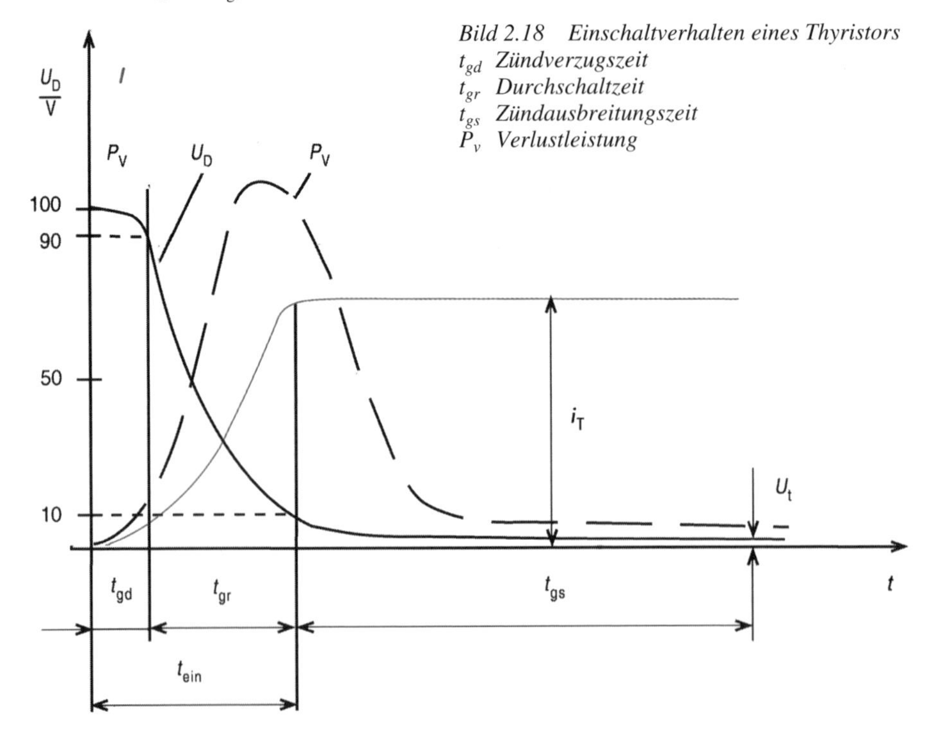

Bild 2.18 Einschaltverhalten eines Thyristors
t_{gd} Zündverzugszeit
t_{gr} Durchschaltzeit
t_{gs} Zündausbreitungszeit
P_v Verlustleistung

Wichtig für die spätere Dimensionierung sind die beim Einschalten entstehenden Verluste. In Bild 2.18 erkennt man, dass der steile Anstieg und die gleichzeitig noch anstehende Spannung bei deren Multiplikation eine Verlustleistung ergeben.
Die Leitfähigkeit des Halbleiterkristalls breitet sich nach dem Einschalten vom Steueranschluss her aus. Es ist zunächst nur ein kleiner Bereich in der Nähe der Steuerelektrode stromtragfähig. Daher wird die Verlustleistung zunächst in einem nur kleinflächigen Teil umgesetzt und kann dort den Thyristor durch Überhitzung schädigen. Um eine Überhitzung zu verhindern, muss zum einen die Stromsteilheit unterhalb der **kritischen Stromsteilheit $(\Delta i/\Delta t)_{cr}$** gehalten werden; zum andern darf der Thyristor nicht zu häufig gezündet werden. Daraus ergibt sich eine Begrenzung der Schaltfrequenz.
Der maximal **zulässige Dauergrenzstrom I_{TAVM}** ist der arithmetische Mittelwert des dauernd zulässigen Durchlassstroms i_T. Er bestimmt die Erwärmung des Gehäuses und damit der Sperrschicht und darf daher nicht überschritten werden. Weitere wichtige Grenzwerte für den Durchlassstrom sind der **Durchlassstrom-Grenzeffektivwert i_{TRMSM}** und das **Grenzlastintegral $i^2 dt$** (s. Abschnitt 2.2.1).
Kurzzeitig darf der Thyristor mit höheren Strömen belastet werden, da die Wärmekapazitäten des Bauelementes kurze Überlasten aufnehmen können. Der **Überstrom $I_{T(OV)}$** ist der höchst zulässige Wert des Durchlassstroms, den der Thyristor führen kann ohne seine Steuerfähigkeit zu verlieren.
Damit dies nicht geschieht, werden die meisten Schaltungen überwacht. Eine Elektronikschaltung überwacht, dass der vom Hersteller angegebene **Grenzstrom $I_{T(OV)M}$** nicht überschritten wird. Eine Belastung mit dem Grenzstrom $I_{T(OV)M}$ kann aber schon dazu führen, dass der Thyristor vorübergehend nicht mehr sperrt. Daher sollten alle Durchlassströme, die höher als der Grenzstrom $I_{T(OV)M}$ sind, zur Abschaltung führen, um die Schaltung nicht zu gefährden.
Der **Stoßstrom-Grenzwert I_{TSM}** des Thyristors darf unter keinen Umständen überschritten werden, sonst besteht die Gefahr, dass das Bauteil zerstört wird. Immerhin beträgt er bei dem betrachteten Hochstrom-Thyristor 95 000 A.

2.3.4 Ausschalten eines Thyristors

Der Ausschaltvorgang verläuft ähnlich dem der Diode (Bild 2.19). Bekommt die Anode aufgrund der äußeren Spannung negatives Potential gegenüber der Katode, sinkt der Durchlassstrom steil ab und wechselt das Vorzeichen. Der Durchlassstrom fließt zunächst ungehindert in der anderen Richtung weiter und erreicht die **Rückstromspitze I_{RM}** als Maximum. Die Ladungsträger werden ausgeräumt. Wie bei der Diode wird eine **Sperrverzögerungsladung Q_r** abgebaut. Die Sperrschicht beginnt langsam Sperrspannung aufzunehmen. Nach Ablauf der Speicherzeit fällt der Strom stark ab. Die gesamte Zeit vom Nulldurchgang bis zum Abbau des negativen Stroms auf 10 % des Maximalwertes wird **Sperrverzögerungszeit t_{rr}** genannt. Das steile Abreißen des Durchlassstroms nach Ablauf der **Speicherzeit t_{stg}** muss durch eine äußere Beschaltung bedämpft werden. Das steile Abfallen des Durchlassstroms induziert in den inneren, parasitären Induktivitäten Spannungen, die der Änderung des Stroms entgegenwirken. Dieser Vorgang wird als **Trägerstaueffekt** bezeichnet. Der Trägerstaueffekt verzögert den Abschaltvorgang.

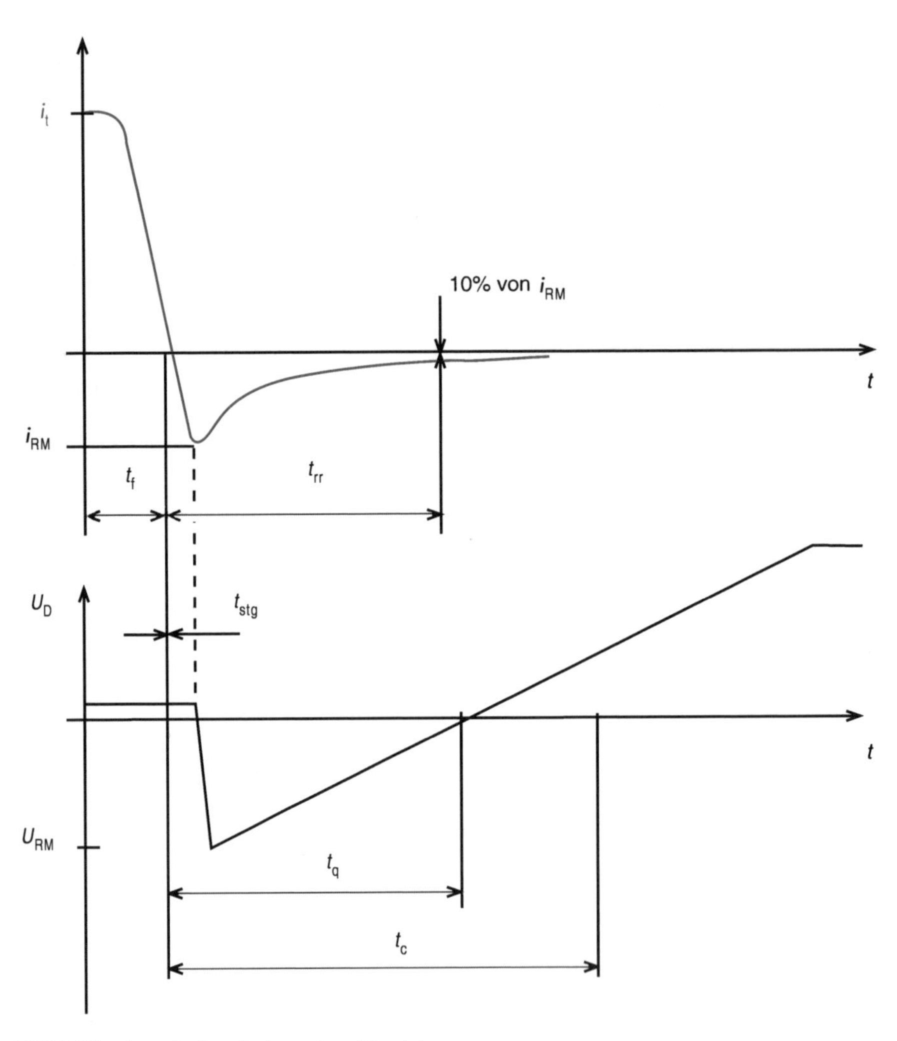

Bild 2.19 Ausschaltverhalten eines Thyristors
t_{rr} *Sperrverzugszeit*
t_f *Abfallzeit*
t_q *Freiwerdezeit*
t_{stg} *Speicherzeit*
t_c *Schonzeit*

Die Durchlassspannung U_D ist noch immer negativ. Sie erreicht, nahezu zusammen mit dem der Rückstromspitze, ihr negatives Maximum U_{RM}. Da zu diesem Zeitpunkt auch der Durchlassstrom negativ ist, entstehen Abschaltverluste.

Erst wenn alle noch vorhandenen Ladungsträger ausgeräumt sind, baut der Thyristor Vorwärts-Sperrspannung auf.

Die Zeit vom Nulldurchgang des Stroms bis zum Nulldurchgang der Spannung nennt man ***Freiwerdezeit*** t_q.

Sie nimmt mit steigender Temperatur zu. Zudem beeinflusst eine sehr niedrige Sperrspannung die Freiwerdezeit.
Die äußere Beschaltung muss dem Thyristor eine Zeit größer als die Freiwerdezeit gewähren, bevor sie den Thyristor wieder mit Sperrspannung beaufschlagt. Diese Zeit wird **Schonzeit** t_c genannt. Sie darf nicht unterschritten werden, da sonst der Thyristor erneut durchsteuert, sobald eine Vorwärts-Sperrspannung anliegt, und dann kann das Bauteil beschädigt werden.
Für Anwendungen im Niederfrequenzbereich (~50 Hz) werden **N-Typen** hergestellt. Sie besitzen sehr hohe Spannungsfestigkeiten und Nennströme. Die Grenzwerte liegen bei ca. 4 kV und bei 1500 A Dauergrenzstrom.
Für Anwendungen bei mittleren Frequenzen werden **F-Typen** (Thyristoren mit kleineren Freiwerdezeiten) hergestellt. Die Freiwerdezeiten bei F-Typen sind teilweise 10-mal kleiner als bei N-Typen.

2.3.5 Verlustleistungen eines Thyristors

In einem ausgeschalteten Thyristor entsteht aufgrund der an ihm anstehenden Vorwärts-Sperrspannung und dem ihn durchfließenden Vorwärts-Sperrstrom die **Vorwärts-Sperrverlustleistung.** Wird der Thyristor in Rückwärtsrichtung betrieben, verursachen die Rückwärts-Sperrspannung und der Rückwärts-Sperrstrom die **Rückwärts-Sperrverlustleistung.**
Am leitenden Thyristor treten wie bei der Diode Durchlassverluste auf. Die **Durchlassverlustleistung** P_T ist vom Mittelwert des Durchlassstroms I_{TAV}, aber auch von seinem Effektivwert I_{TRMS} abhängig. Man berechnet sie aus dem arithmetischen Mittelwert des Durchlassstroms I_{TAV}, dem Effektivwert des Durchlassstroms I_{TRMS}, der Durchlassspannung U_T und dem Widerstandswert r_T.

$$P_T = I_{TAV} \cdot U_T + I_{TRMS}^2 \cdot r_T$$

Einschalten und Ausschalten eines Thyristors geschehen nicht verlustlos. Die dabei auftretenden Spannungsspitzen der Durchlassspannung und die Stromspitzen des Durchlassstroms verursachen Schaltverlustleistungen im Halbleiterkristall. Es wird zwischen den **Einschaltverlusten** P_{TT} und den **Ausschaltverlusten** P_{RQ} unterschieden. Mit zunehmender Steilheit des Durchlassstroms und wachsender Schaltfrequenz erhöhen sich die beiden Schaltverlustleistungen.
Bei Netzfrequenz sind die Schaltverlustleistungen gegenüber den erheblich höheren Durchlassverlusten vernachlässigbar. I.A. genügt es, sie mit 10 % der Durchlassverluste abzuschät zen und auf eine Berechnung zu verzichten.
Die bei Ansteuerung des Thyristors durch den Steuerstrom umgesetzte Wärme wird **Steuerverlustleistung** P_G genannt. Die kurzzeitigen Spitzen der Steuerverlustleistung werden als

Spitzenverlustleistung P_{GM} bezeichnet. I.A. genügt es aber die **mittlere Steuerverlustleistung P_{GAV}** zu betrachten.
Die **Gesamtverluste P_{tot}** ergeben sich aus der Addition der einzelnen Verlustleistungen. Sie bestimmt die Dimensionierung der Kühlung. Meist muss die Wärmeabfuhr durch Kühlkörper verbessert werden, damit die maximale **Sperrschichttemperatur $T_{vj\ max}$** nicht überschritten wird. In den Datenblättern werden die Wärmewiderstände der einzelnen Wärmeübergänge angegeben. Auf die genauen Verhältnisse bei der Berechnung einer ausreichenden Kühlung geht Kapitel 3 ein.

2.3.6 Schutzbeschaltung eines Thyristors

Um die vorgeschriebenen Höchstwerte für die Stromsteilheit einzuhalten und um Überspannungen zu begrenzen, wird dem Thyristor eine Widerstands-Kondensator-Reihenschaltung parallel geschaltet. Ergänzt wird die Schutzbeschaltung durch eine vorgeschaltete Induktivität (Bild 2.20). Bei einer Reihenschaltung führt die Beschaltung zusätzlich zu einer gleichmäßigeren Aufteilung.

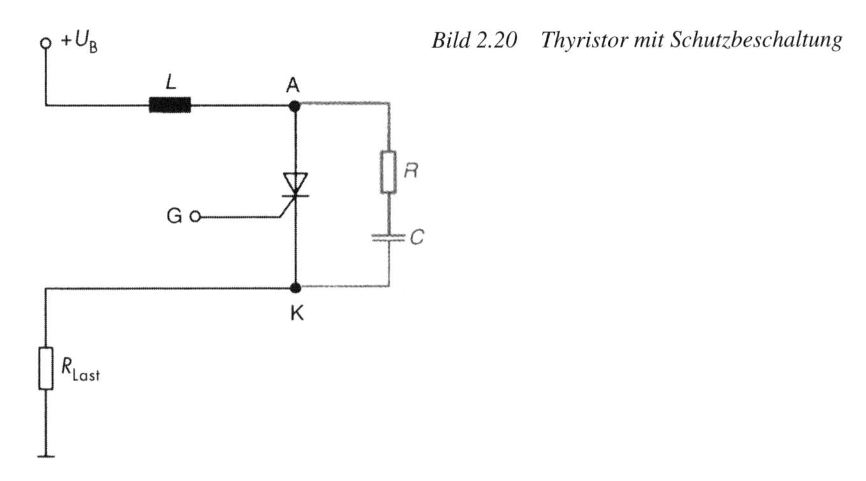

Bild 2.20 Thyristor mit Schutzbeschaltung

2.3.7 Asymmetrisch sperrender Thyristor (ASCR)

Er besitzt zusätzliche eine dünne n-dotierte Schicht zwischen der anodenseitigen p-Schicht und der angrenzenden n-Schicht. Seine Sperrfähigkeit in Rückwärtsrichtung ist dadurch sehr viel geringer. Dafür verbessern sich Freiwerdezeit und Durchlassverhalten. Der asymmetrisch sperrende Thyristor wird in Englisch «Asymmetric Silicon Controlled Rectifier» (ASCR) genannt. Für ihn gilt das Schaltbild von Bild 2.21.

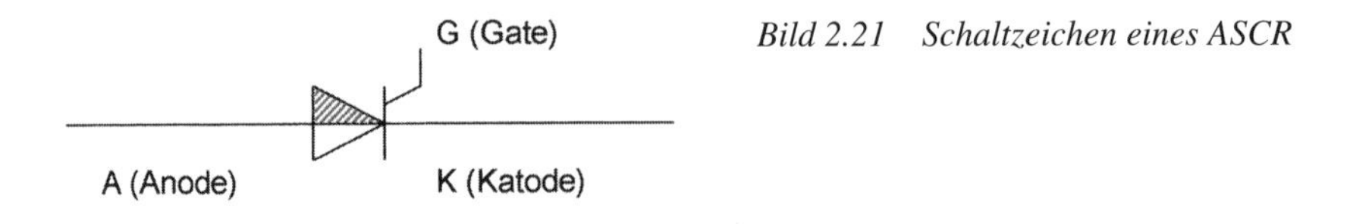

Bild 2.21 Schaltzeichen eines ASCR

2.3.8 Gate-Assisted-Turn-Off-Thyristor (GATT)

Durch das Anlegen einer negativen Steuerspannung U_{GK} wird die Freiwerdezeit t_q verkürzt und die Schonzeit t_c kann geringer gewählt werden. Das Abschalten wird also durch das Gate unterstützt (Gate-Assisted-Turn-Off = gateunterstütztes Abschalten). Der GATT ist aber kein abschaltbarer Thyristor wie beispielsweise ein GTO.
Die Freiwerdezeit kann so auf Werte unter 10 µs verringert werden. Das Schaltzeichen des GATT entspricht dem des Thyristors.

2.3.9 Rückwärtsleitender Thyristor (RCT)

Für Anwendungen in denen der Thyristor Ströme in Rückwärtsrichtung übernehmen muss, wurde der rückwärtsleitende Thyristor entwickelt. Er besitzt eine antiparallele Diode um Ströme in Rückwärtsrichtung führen zu können. Sein Aufbau entspricht dem des ASCR mit zusätzlicher Diode. Durch die Integration der Diode entfallen die bei externer Montage notwendigen Zuleitungen. Dadurch wird das Bauteil kompakter und die Induktivität ist geringer. Der rückwärtsleitende Thyristor wird in Englisch «Reverse-Conducting-Thyristor» (RCT) genannt. Für ihn gilt Schaltbild in Bild 2.22.

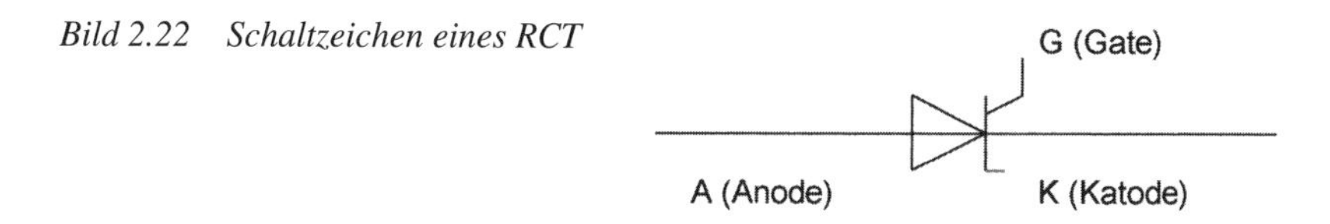

Bild 2.22 Schaltzeichen eines RCT

2.3.10 Light-Controlled-Thyristor (LCT)

Der LCT wird mit Hilfe von Lichtimpulsen gezündet. Die zur Zündung notwendigen Ladungsträger werden durch Licht erzeugt.

> *Bei einem LCT erfolgt die Zündung des Bauelementes mit einem Lichtimpuls.*

Mit Hilfe eines Lichtwellenleiters wird ein Lichtimpuls in das Innere des Kristalls geleitet. Die Gatestruktur muss eine hohe Empfindlichkeit haben, da der Energiegehalt des Lichtimpulses verhältnismäßig gering ist. Der Lichtimpuls hat eine Spitzenleistung von nur ca. 40 mW. Er bringt nur eine kleinen Teil des Bauelementes zum Leiten. Zusätzliche stromverstärkende Schichten müssen eingebracht werden, um das Bauelement vollständig leitend zu machen.
Der Lichtwellenleiter ist elektrisch nicht leitfähig. Dadurch entsteht eine sehr gute galvanische Trennung zwischen Steuer- und Lastkreis. Das ist vor allem bei sehr hohen Betriebsspannungen von Vorteil. Hochspannungsgleichstromübertragungen (HGÜ) arbeiten mit Spannungen um 500 kV. Bei solch hohen Betriebsspannungen ist die Trennung des Steuerkreises vom Lastkreis mit konventionellen Thyristoren nicht möglich. Bei einem Thyristordefekt würden bei konventionellen Anwendungen schwere Schäden an den anliegenden Schaltgruppen entstehen. Lichtgesteuerte Thyristoren sind für Sperrspannungen bis 7,5 kV lieferbar. Zudem

vertragen LCT höhere Stromsteilheiten, da ein integrierter Widerstand die Stromanstiege in Bereichen nahe am Gate begrenzt. Zudem schützt eine in der Thyristorscheibe integrierte Schutzdiode den Halbleiter vor Überspannungen. Steile Stromanstiegsgeschwindigkeiten können von LCT daher besser beherrscht werden als von konventionellen Thyristoren. Bild 2.23 zeigt einen Vergleich hinsichtlich des Bauteileaufwandes. Bei einem LCT fällt die aufwändige Zündendstufe weg. Dadurch benötigt eine Schaltung mit LCT erheblich weniger elektronische Bauelemente. Bild 2.24 zeigt eine typische Bauform eines LCT.

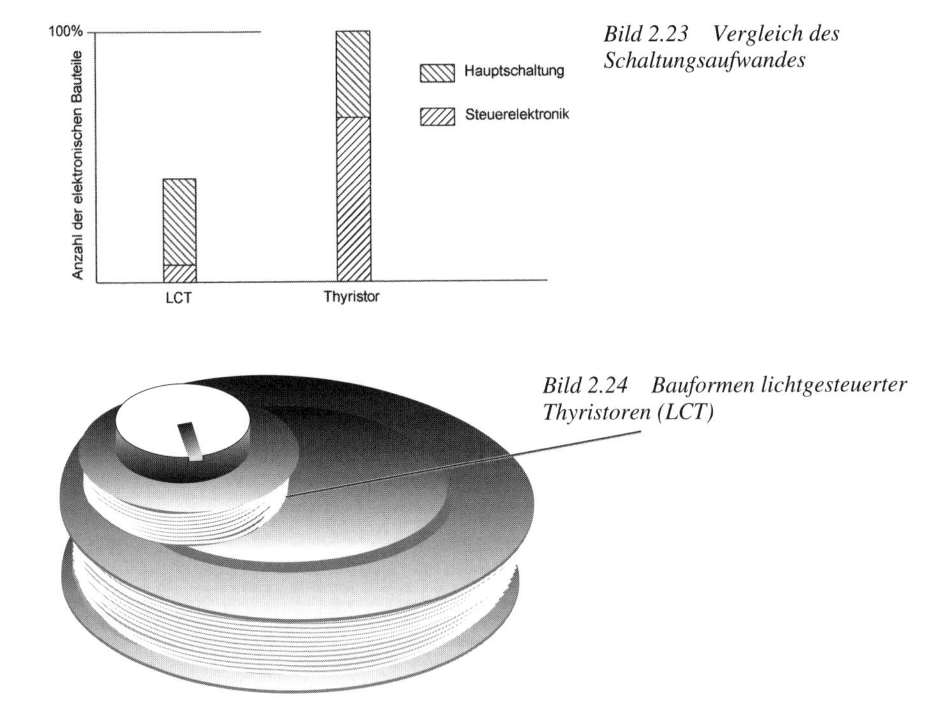

Bild 2.23 Vergleich des Schaltungsaufwandes

Bild 2.24 Bauformen lichtgesteuerter Thyristoren (LCT)

2.3.11 Gehäuseformen von Thyristoren

Bild 2.25 gibt einen Überblick der verschiedenen Gehäuseformen, die für Thyristoren verwendet werden:

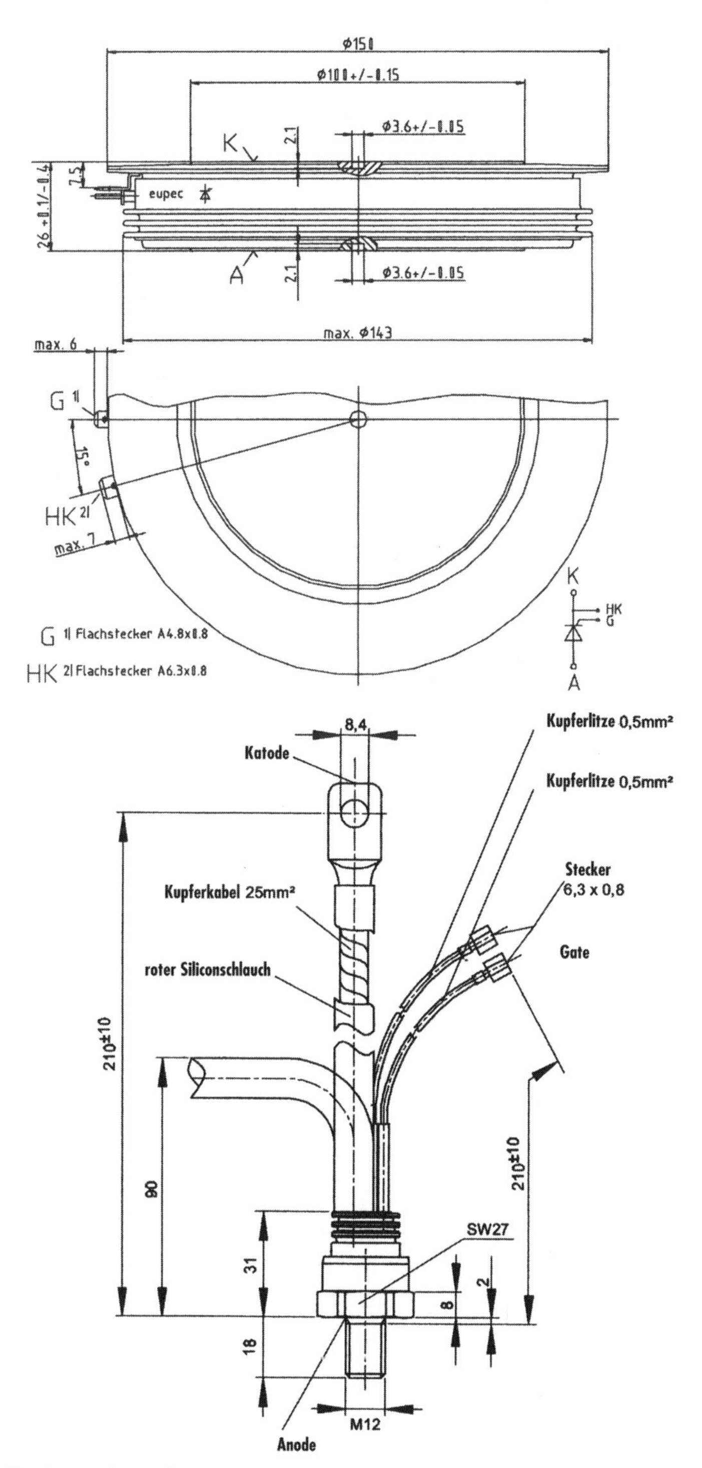

Bild 2.25 Thyristorgehäuseformen

2.3.12 Vor- und Nachteile von Thyristoren

Thyristoren sind sehr robust und sehr weit entwickelt. Sie können sehr hohe Ströme schalten und sind für Sperrspannungen bis zu 10 000 V geeignet. Nachteilig ist, dass sie sich nicht mit Gatesignalen abschalten lassen. Daher sind sie für viele moderne Anwendungen ungeeignet. F-Thyristoren, ASCR und GATT werden mehr und mehr durch abschaltbare Bauelemente ersetzt.

2.4 Triode-alternating-current-switch (Triac)

Triacs oder 2-Richtungs-Thyristortrioden bestehen aus 2 antiparallelen Thyristoren. Die beiden antiparallelen pnpn-Zonen ermöglichen den Stromfluss in beide Richtungen.

> *Der Triac ist ein bidirektionales, einschaltbares Bauelement.*

Der englische Name «alternating current switch» bedeutet wörtlich übersetzt «Schalter für Wechselstrom». Alternating Current (**AC**) steht im Englischen für Wechselstrom. Bild 2.26 zeigt das Schaltzeichen eines Triacs und seinen Aufbau. Die beiden pnpn-Schichtfolgen werden zu einem Bauelement zusammengeführt. Das Gate des Thyristors Th1 wird herausgeführt und steuert ihn durch, sobald eine gegenüber dem Anschluss A1 positive Spannung angelegt wird. Das Gate kann aber nicht das Thyristorsystem Th2 zünden. Um das Thyristorsystem Th2 zu zünden, wird eine zusätzliche n-Zone unterhalb des Gateanschlusses eindotiert (Bild 2.27). Spiegelsymmetrisch wird eine kleine n-Zone am Anschluss A2 erzeugt. Dadurch besitzt das Kristall 2 Hilfsthyristorstrecken. Bild 2.28 zeigt den Kristallaufbau eines Triacs.

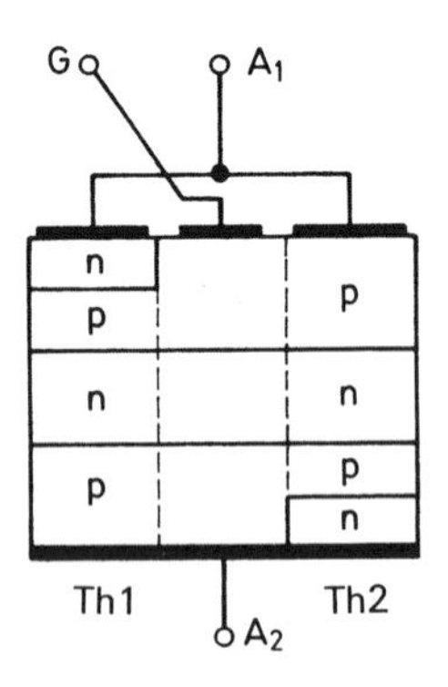

Bild 2.26 Schaltzeichen eines Triac und sein Kristallaufbau

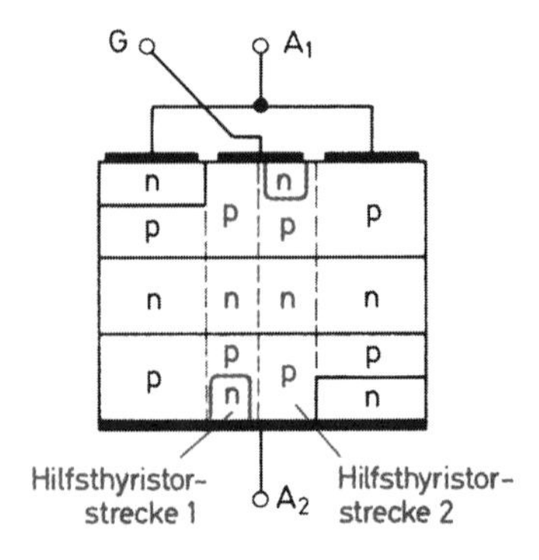

Bild 2.27 Kristallaufbau mit Hilfsthyristorstrecken

Bild 2.28 Schnitt durch einen Triac-Kristall

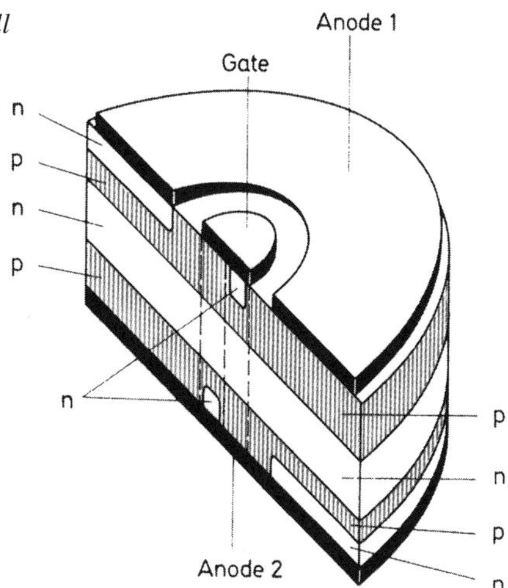

Um den Triac zu zünden, wird eine Steuerspannung U_s zwischen Gate und Anschluss A1 gelegt. Die Steuerspannung muss höher als die vom Hersteller vorgegebene **Gatetriggerspannung U_{GT}** liegen.

> *Ein Triac wird mit Hilfe einer Steuerspannung gezündet.*

Zudem muss der Gatestrom einen Mindestwert, den **Gatetriggerstrom I_{GT}** überschreiten. Nur dann zündet das Bauteil zuverlässig. Am gezündeten Triac fällt die **Durchlassspannung U_T** ab. In den Datenblättern ist ein Maximalwert, die maximale **Durchlassspannung U_{TM}** angegeben. Mit ihrer Hilfe lassen sich die Durchlassverluste nach oben abschätzen.
Bild 2.29 zeigt die Strom-Spannungskennlinie eines Triacs. Die Kennlinie weist sowohl im positiven als auch im negativen Bereich Blockier-, Übergangs- und Durchlassbereiche auf.
Die Polarität der Steuerspannung ist bei einem Triac beliebig. Der Triac steuert bei beiden Polaritäten durch. Es gibt 4 verschiedene Triggermodes (s. Elektronik 2 [1]). Sie unterscheiden sich im Wesentlichen in der erforderlichen Ansteuerleistung bzw. Steuerempfindlichkeit. Der Triac benötigt zum Einschalten die **Einschaltzeit t_{gt}.** Sie steht für die Zeit, die vom Eintreffen des Gateimpulses bis zum Erreichen von 90 % Durchlassstrom vergeht.

> *Ein Triac sperrt wie ein Thyristor erst nach Unterschreiten des Haltestroms I_H.*

Triacs werden nur für kleine Leistungen gebaut und meist zur Ansteuerung von Lampen eingesetzt. Durch die Ausnutzung beider Stromhalbwellen leuchten die Lampen dann mit voller Leistung, wenn das Triac angesteuert wird. Der Triac ist sehr empfindlich gegen zu hohe Spannungssteilheiten. Wie der Thyristor kann es zu ungewolltem Zünden des Triacs kommen. Der Wert der **kritischen Spannungssteilheit $(\Delta U/\Delta t)_{cr}$** darf daher nicht überschrit-

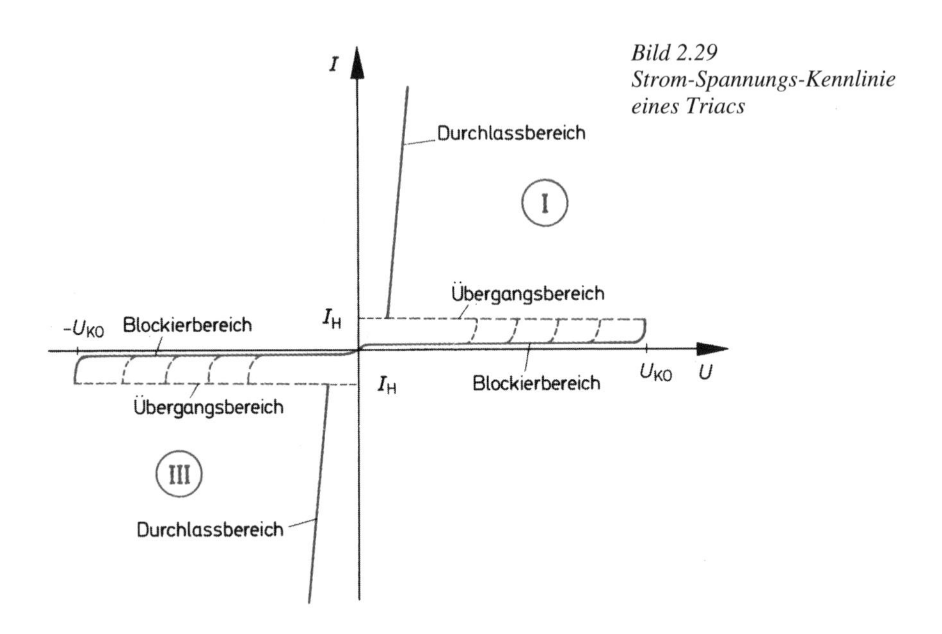

Bild 2.29
Strom-Spannungs-Kennlinie eines Triacs

ten werden. Wie bei den anderen Halbleiterbauelementen dürfen bestimmte Strom- und Spannungswerte nicht überschritten werden, um das Bauelement nicht zu zerstören. So darf der maximal zulässige **Durchlassstrom I_T** nicht überschritten werden. Nur sehr kurzzeitig ist der **Stoßstrom I_{TSM}** zulässig. Der Gatestrom darf einen Höchstwert, den **Gatespitzenstrom I_{GTM}** nicht überschreiten.
Die maximal zulässige Sperrspannung ist die periodische **Spitzensperrspannung U_{DROM}**.

2.5 Abschaltbare Thyristoren

2.5.1 Gate-Turn-Off-Thyristor (GTO)

Die in Abschnitt 2.3 beschriebenen Thyristoren bleiben leitend, bis der Haltestrom unterschritten wird. Auch das Anlegen einer negativen Steuerspannung führt bei diesen Thyristoren nicht zum Sperren, es kann allenfalls wie beim Gate-Assisted-Turn-Off (GATT) den Abschaltvorgang verkürzen. Ein direktes Abschalten ist nicht möglich. Diesen Vorzug bietet der Gate-Turn-Off-Thyristor (GTO).

> *Ein GTO ist ein mit Gatesignalen ein- und ausschaltbares Bauelement.*

Der GTO kann mit positiven Steuerströmen ein- und mit negativen Steuerströmen ausgeschaltet werden. Daher kommt ihm neben dem Thyristor große Bedeutung in der Leistungselektronik zu. Sein Aufbau entspricht im Wesentlichen dem eines Thyristors. Der GTO ist wie der Thyristor ein 4-Schicht-Element mit der Zonenfolge pnpn. Auch das aus 2 Tran-

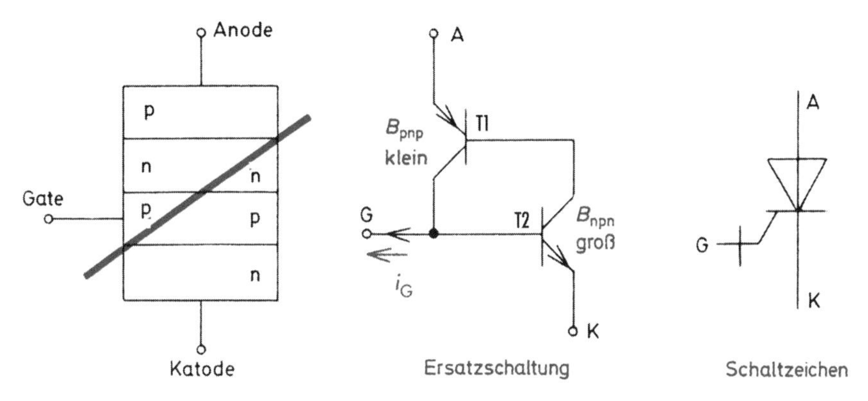

Bild 2.30 Aufbauschema, Ersatzschaltung und Schaltzeichen eines GTO-Thyristors

sistoren ist das Gleiche (Bild 2.30). Allerdings ist die Dotierung der Zonen sehr unsymmetrisch. Die Stromverstärkung B_{npn} von Transistor 2 wird groß gewählt. Die Stromverstärkung B_{pnp} von Transistor 1 wird mit Hilfe einer Schwermetallverunreinigung (Eisen usw.) so stark reduziert, dass sich nach dem Einschalten der niederohmige Zustand gerade noch sicher aufrechterhalten lässt. Speist man einen negativen Strom i_G in das Gate, vermindert sich der Basisstrom des npn-Transistors T2. Damit wird auch sein Kollektorstrom geringer, der gleichzeitig dem Basisstrom des pnp-Transistors T1 entspricht. Dadurch wird der Kollektorstrom des pnp-Transistors T1 kleiner, und das vermindert wieder den Basisstrom des npn-Transistors T2 usw. Prinzipiell ist ein solches Vorgehen auch mit einem normalen Thyristor möglich, nur sind wegen der fehlenden Schwermetalldotierung die so abschaltbaren Ströme sehr klein. Der wesentliche Unterschied kommt durch den Aufbau der 4 Halbleiterschichten. Das Abschaltverhalten wird durch das Schwächen der Stromverstärkung der n-Schicht des pnp-Transistors stark verbessert. Allerdings beträgt der erforderliche Abschaltstrom dann immer noch ca. 20 bis 30 % des Laststroms. Das Verhältnis von Laststrom I_{TQS} zu Abschalt-Steuerstrom I_{GQ} definiert die **Abschaltverstärkung G_{GQ}.**

$$G_{GQ} = I_{TQS}/I_{GQ}$$

Die Abschaltverstärkung G_{GQ} liegt ca. bei 3 bis 5. Ein GTO mit einem Durchlassstrom von 5000 A benötigt somit einen Abschaltstrom von ca. 1000 A. Zudem muss die Steilheit des Abschaltimpulses hohen Anforderungen genügen und ca. 50 A pro µs betragen.

Ein GTO benötigt zum Abschalten einen verhältnismäßig hohen Steuerstrom.

GTO benötigen also sehr leistungsfähige Steuerschaltungen, die solch hohe Ströme aufbringen können. Auch die Stromsteilheit muss sehr hoch sein, damit der GTO schnell abschaltet. Die Industrie ist daher bemüht, die Abschaltverstärkung zu erhöhen.

Einschalten eines GTO

Bild 2.31 zeigt das Ein- und Ausschaltverhalten eines GTO. Zum Einschalten wird ein positiver Stromimpuls i_{FG} an das Gate gelegt. Der Einschaltimpuls muss nicht so leistungsstark wie der Abschaltimpuls sein. Der Scheitelwert des Einschaltimpulses muss ca. 1 % des Laststromeffektivwertes betragen. Der Impuls muss möglichst steil sein, um die Einschaltzeiten und damit die Einschaltverluste klein zu halten. Nach Ablauf der **Verzögerungszeit t_d** beginnt der **Durchlassstrom i_T** innerhalb der **Anstiegszeit t_r** steil anzusteigen. Die Steuerelektronik muss gewährleisten, dass der Einschalt-Steuerstrom I_{GT} so lange fließt, bis der Durchlassstrom i_T soweit angestiegen ist, dass er den Wert des **Einraststroms i_L** erreicht hat. Danach kann der Steuerstrom abgeschaltet werden. Die **Einschaltzeit t_{ein}** ist als Summe von Verzögerungszeit t_d und Anstiegszeit t_r definiert.

Betriebswerte		*Zeiten*	
Spannung zwischen Anode und Katode	U_{AK}	Einschaltzeiten (tgt)	t_{ein}
Sperrspannung	U_D	Verzögerungszeit (delay time)	t_d
Durchlassspannung	U_T	Anstiegszeit (rise time)	t_r
Laststrom	I_T	Ausschaltzeit (t_{gq})	t_{aus}
Schwanzstrom (Nachstrom)	I_{tail}	Speicherzeit (storage time)	t_s
		Abfallzeit (fall time)	t_f
		Nachstromzeit (tail time) (Schwanzstromzeit)	t_{tail}

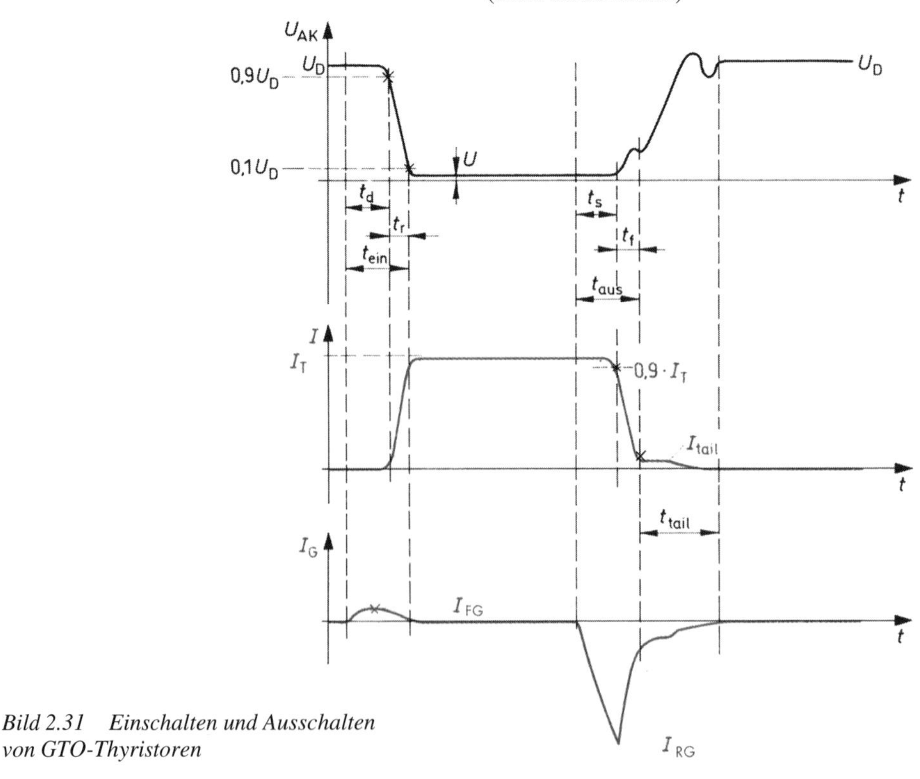

Bild 2.31 Einschalten und Ausschalten von GTO-Thyristoren

Im Vergleich zu Thyristoren ist der Haltestrom jedoch höher, und es ist so leichter möglich, dass der GTO ungewollt in den Sperrzustand übergeht. Dies kann ein weiter anstehender geringer Steuerstrom verhindern. Eine vorgeschaltete Drossel verhindert einen steilen Stromanstieg und damit ein Überschreiten der **kritischen Stromsteilheit** $(\mathrm{d}i/\mathrm{d}t)_{cr}$.

Ausschalten eines GTO
Das Ausschalten des **Durchlassstroms** i_{TQ} geschieht mit einem linear ansteigenden **negativen Gatestrom** I_{RG}. Die Abschaltverstärkung G_{GQ} bestimmt die Höhe des Gatestroms. Nach Ablauf der **Speicherzeit** t_S fällt der Laststrom steil ab. Die Speicherzeit t_S kann durch einen steilen Gatestromanstieg verkürzt werden. Nach Ablauf der Speicherzeit fällt der Durchlassstrom während der **Abfallzeit** t_f auf den Wert des **Schwanzstroms** I_{tail}. Die Speicherzeit t_s und die Abfallzeit t_f ergeben addiert die **Ausschaltzeit** t_{aus}. In der **Schwanzstromzeit** t_{tail} rekombinieren die restlichen Ladungsträger im anodenseitigen pn-Bereich, die über die Steuerelektrode nicht abgebaut werden können. Das gleichzeitige Auftreten von positiver Sperrspannung und von positivem Durchlassstrom während der Abfallzeit führt zu kurzzeitig hohen Verlusten. Diese Ausschaltverlustleistung muss durch die im folgenden Abschnitt beschriebene Schutzschaltung vermindert werden.

Verlustleistungen eines GTO
Die Verlustleistungen eines GTO entsprechen denen eines Thyristors zuzüglich der Steuerleistung für das Abschalten. Die Abschaltsteuerleistung ist verhältnismäßig hoch, da der Abschaltstrom bis zu einem Drittel des Laststroms betragen kann. Diese hohe Leistung muss durch das Steuerteil aufgebracht werden. Die hohe Abschaltsteuerleistung ist der wesentliche Nachteil des GTO gegenüber anderen abschaltbaren Bauelementen.

Schutzbeschaltung eines GTO
Die Beschaltung ist etwas aufwendiger als beim Thyristor. Die vorgeschaltete Drossel L dämpft den steilen Anstieg des Laststroms beim Einschalten. Dadurch verringern sich die Einschaltverluste. Die parallele Diode D2 dient der Drossel als Freilaufdiode. Die Drossel kann so die gespeicherte Energie über die Diode wieder abgeben (Bild 2.32a).

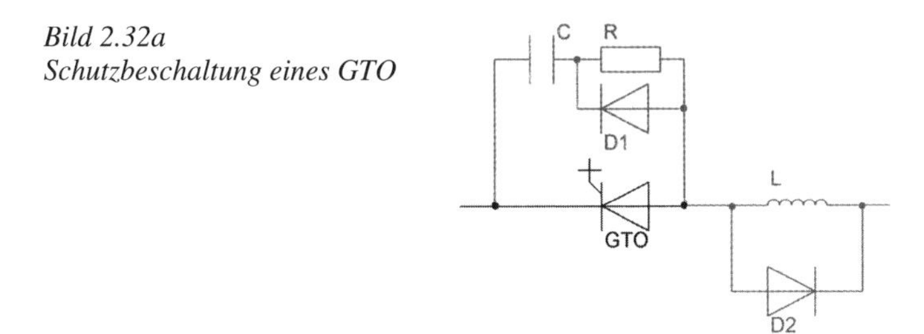

Bild 2.32a
Schutzbeschaltung eines GTO

Die parallele Diode und der Kondensator begrenzen den Anstieg der Sperrspannung und bieten so einen Überspannungsschutz für das Bauelement. Der Kondensator C kann sich über den Widerstand R entladen und so seine Energie wieder abgeben.
Wie in allen anderen Gebieten der Elektronik geht auch in der Leistungselektronik die Entwicklung in Richtung kompakte Modulbausteine. Die meistens benötigte Freilaufdiode wird

daher in der Regel in den GTO-Modulen mit integriert. Dadurch entfallen die Zuleitungen, deren Induktivitäten das Schaltverhalten verschlechtern.

Vor- und Nachteile eines GTO

Der GTO hat gegenüber dem Thyristor den großen Vorteil, dass er mit Gatesignalen abschaltbar ist. Er erreicht jedoch nicht die hohen Sperrspannungen eines konventionellen Thyristors. Die maximale Sperrspannung die heute möglich ist, liegt bei ca. 9000 V. Der maximal zulässige Durchlassstrom liegt bei ca. 6000 A.

> *Die hohe Steuerleistung, die zum Abschalten benötigt wird, ist ein Nachteil des GTO.*

Die im Folgenden beschriebenen abschaltbaren Bauelemente benötigen weniger Abschaltsteuerleistung. Neben einem IGBT der gleichen Sperrspannungsbelastbarkeit verursacht der GTO weniger Durchlassverluste.

> *Ein GTO hat vergleichsweise niedrige Durchlassverluste.*

Seine Schaltverluste und die Abschaltverzögerung sind jedoch höher als bei einem IGBT. Ein GTO benötigt zudem immer eine Schutzbeschaltung, die ihn vor Überspannungen schützt.

2.5.2 Hard-Driven GTO (HDGTO)

Unter einem HDGTO wird eine Weiterentwicklung des GTO verstanden, bei dem die Ansteuerung sehr hart erfolgt. Der Anstieg des Abschaltstroms ist sehr steil, dadurch verkürzen sich die Abschaltzeiten erheblich. Konventionelle GTO erlauben eine maximale Gatestromsteilheit von ca. 60 A/µs. Bei einem HDGTO wird die Stromsteilheit auf Werte um die 4000 A/µs eingestellt. Dies ist durch eine Erhöhung der Gatespannung und eine Reduzierung der Gateinduktivität (ca. 5 nH) möglich.

2.5.3 MOS-Controlled-Thyristor (MCT)

Bei den Thyristoren ist zur Ansteuerung ein Strom bestimmter Größe notwendig. Besonders der beim GTO notwendige Abschaltstrom erfordert leistungsstarke Ansteuereinrichtungen. Um diese Ansteuerleistung zu verringern, wurde der MOS-gesteuerte Thyristor entwickelt. Er besitzt 2 zusätzliche Feldeffekttransistoren.

> *Der MCT ist ein Thyristor mit vorgeschaltetem Ein- und Ausschalt-MOSFET*

Das Ersatzschaltbild zeigt Bild 2.32b. Durch die vorgeschalteten MOS-Feldeffekttransistoren wird kaum Steuerleistung benötigt. Nur das Umladen der Eingangskapazität verbraucht noch etwas Energie.

Bild 2.32b Ersatzschaltbild eines MCT

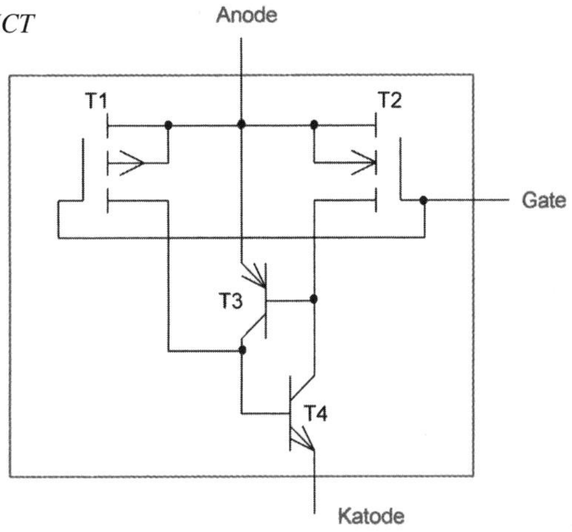

Durch Anlegen einer Spannung positiver Polarität zwischen Anode und Gate wird der Transistor T1 durchgesteuert. Eine positive Anoden-Katoden-Spannung vorausgesetzt, fließt ein Strom über T1 in die Basis von T4. Deshalb steuert T4 durch, T3 erhält einen Basisstrom, steuert ebenfalls durch, und die Gesamtanordnung wird leitend.
Der MCT sperrt erst wieder, wie der Thyristor, wenn der Haltestrom unterschritten wird. Im Gegensatz zum Thyristor lässt sich aber der MCT abschalten. Hierzu wird eine Steuerspannung negativer Polarität zwischen Anode und Gate angelegt und T2 steuert durch. Da T2 zwischen Basis und Emitter von T3 geschaltet ist, fließt nun ein großer Teil des Basisstroms über T2, und T3 geht in den Sperrzustand über. Nun sperrt auch T4, da der Basisstrom zu gering ist.
MCT können derzeit Durchlassströme bis zu 3000 A und Sperrspannungen bis ca. 4500 V schalten.

2.5.4 MOS-Turn-Off-Thyristor (MTO)

Der MOS-Turn-Off-Thyristor ist ein GTO mit vorgeschaltetem MOSFET und damit dem ETO (s. Abschnitt 2.5.6) und dem MCT ähnlich. Er besitzt jedoch nur einen Abschalt-MOSFET (Bild 2.32c). Neben den geringeren Schaltverlusten durch den MOSFET-Eingang hat der MTO den Vorteil eines geringeren Aufwandes bei der Steuerschaltung. Um den MTO auszuschalten, wird die Gate-Katoden-Strecke kurzgeschlossen. Die Ausschaltverzögerung ist sehr kurz und mit der des IGCT vergleichbar.

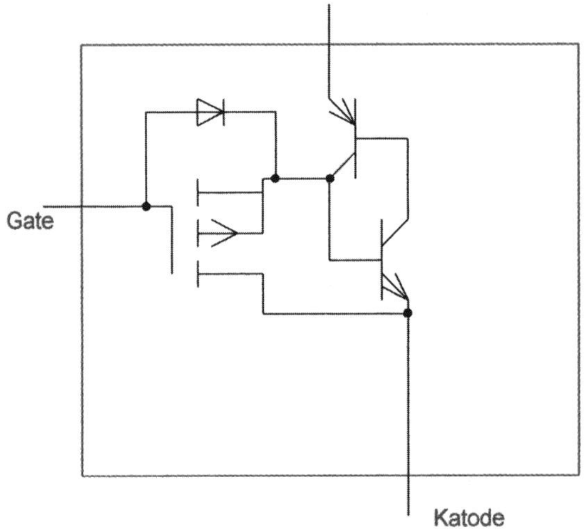

Bild 2.32c
Ersatzschaltbild eines MTO

2.5.5 Integrated-Gate-Communicated-Thyristor (IGCT)

Der IGCT ist vom GTO abgeleitet worden. Bild 2.32d zeigt den Halbleiteraufbau und das Ersatzschaltbild. Durch verringerte Induktivitätswerte des Steueranschlusses und weitere Verbesserungen im Ansteuerverhalten lassen sich schnellere Abschaltzeiten durch niedrigere Abschaltverzögerungszeiten erreichen.

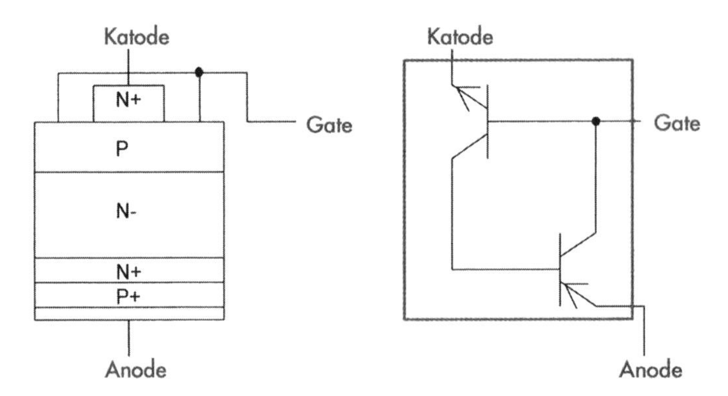

Bild 2.32d Aufbau und Bauform eines IGCT

> *Der IGCT besitzt das gute Abschaltvermögen des bipolaren Transistors und die guten Durchlasseigenschaften des GTO in einem Bauelement.*

IGCT werden als rückwärtsleitende und als asymmetrisch sperrende Ausführung angeboten. Wie bei dem noch später erläuterten IGBT werden auch die IGCT als Module mit integrierter Freilaufdiode angeboten. Die Ansteuerelektronik wird von den Herstellern mitgeliefert, da sie genau auf das Bauteil abgestimmt sein muss. Eine weitere externe Steuerelektronik wird dann nicht mehr benötigt.
Verglichen mit dem IGBT hat der IGCT ein besseres Verlustverhalten. Besonders die Einschaltverluste sind geringer als beim IGBT. Daher reduziert sich auch der Aufwand bei der Auswahl und Montage der Kühlkörper. Ein IGCT schaltet wie ein Transistor und bietet niedrige Durchlassverluste bei hoher Sperrspannung. Der IGCT hat eine sehr geringe Ausschaltverzögerung.
Die IGCT haben, wie große Thyristoren, eine Scheibenform und können die Verlustleistung daher optimal über 2 Seiten abführen. Bild 2.32e zeigt ein Beispiel eines IGCT-Bausteins. Der IGCT wird im Bereich von 500 kVA bis zu mehreren MVA eingesetzt. Die Vorteile des IGCT sind sein robuster, bipolarer Aufbau und damit verbundene Zuverlässigkeit, kurze Schaltzeiten und niedrige Verluste sowie ein geringer externer Beschaltungsaufwand. Heutige IGCT erlauben Durchlassströme bis zu 6500 A und können Sperrspannungen bis 8000 V vertragen.

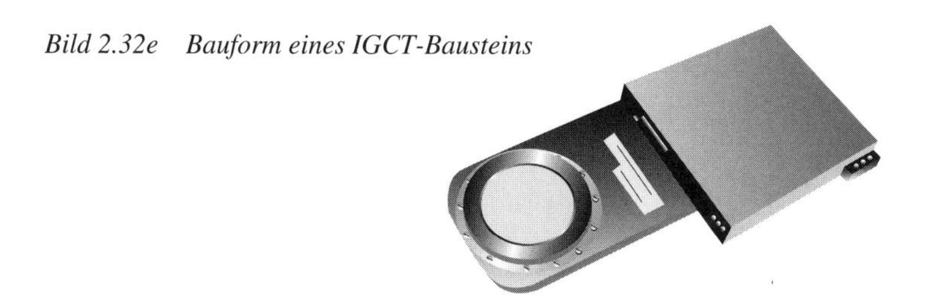

Bild 2.32e Bauform eines IGCT-Bausteins

2.5.6 Emitter-Turn-Off-Thyristor (ETO)

Der ETO ist eine GTO-MOSFET Zusammenschaltung. Bild 2.32f zeigt das Ersatzschaltbild eines ETO. Um den ETO einzuschalten, wird der MOSFET 1 über G1 durchgesteuert und der MOSFET 2 über G2 gesperrt. Gleichzeitig wird ein hoher Einschaltimpuls auf das GTO-Gate G3 gegeben. Der GTO steuert durch und die Gesamtanordnung wird leitend. Zum Abschalten wird der MOSFET 1 gesperrt und der MOSFET 2 durchgesteuert. Dadurch wird der GTO-Katodenstrom i_K augenblicklich zum Gateanschluss G3 geleitet und die Gesamtanordnung schaltet ab.

Der ETO ist, wie der IGCT, dem IGBT hinsichtlich der auftretenden Verluste und im Temperaturverhalten überlegen.

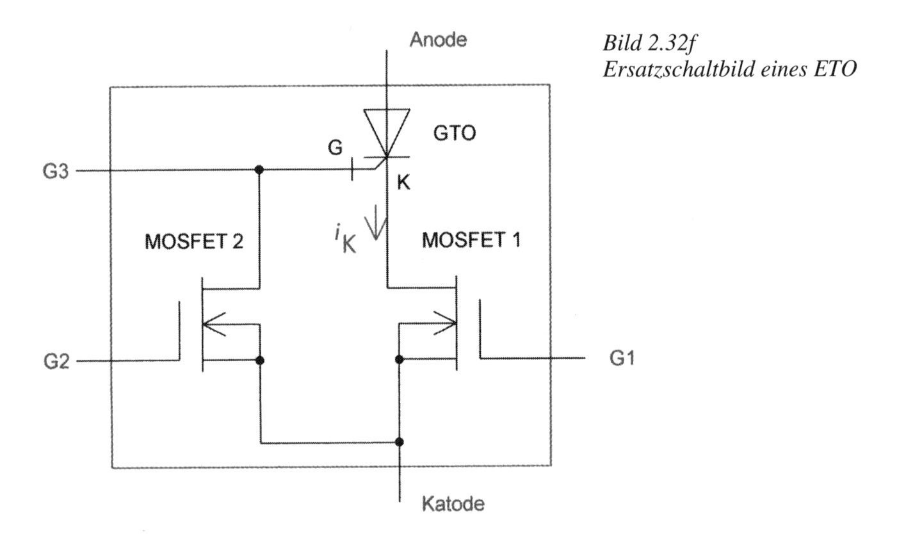

Bild 2.32f
Ersatzschaltbild eines ETO

2.6 Bipolare Leistungstransistoren (npn-Transistoren)

Die Arbeitsweise von bipolaren Transistoren wird detailliert in Elektronik 2 [1] beschrieben. Im Folgenden wird daher nur auf die wesentlichen Funktionen und auf die speziellen Bauformen der Leistungstransistoren eingegangen.

> *In der Leistungselektronik wird der Transistor fast immer als Schalter angesteuert.*

Ein stetiges Aufsteuern durch Variation des Basisstroms ist aufgrund der hohen Verluste meist unwirtschaftlich. Eine Ausnahme bildet die Audiotechnik. Hier werden Leistungstransistoren zur Verstärkung von kleinen Strömen wie in der Nachrichtentechnik linear angesteuert. Die von Leistungstransistoren bereitgestellten Endstufenleistungen erreichen mehrere 1000 W. Verstärkerschaltungen werden im Band Elektronik 3 [2] detailliert behandelt.
In der Leistungselektronik wird meistens der npn-Transistor verwendet. Die Funktionsweise des pnp-Transistors ist in Band Elektronik 2 [1] detailliert beschrieben.
Als Kristallmaterial kommt bei heutigen Leistungstransistoren fast ohne Ausnahme Silizium zur Anwendung. Das Kristall eines npn-Transistors besteht aus 2 n-leitenden Zonen, zwischen denen sich eine p-leitende Zone befindet. Bild 2.33 zeigt den Grundaufbau und das Schaltzeichen eines npn-Transistors. Die beiden Diodenstrecken bilden zusammen den Transistor. Bei einem npn-Transistor wird der Emitter-Basis-pn-Übergang in Durchlassrichtung gepolt. Der Basis-Kollektor-Übergang wird in Sperrichtung gepolt. Bild 2.34 zeigt die Polung der Spannungen beim npn-Transistor.
Basis und Kollektor haben bezogen auf den Emitter positive Spannungswerte. Unter dem Einfluss der Basis-Emitterspannung U_{BE} wandern die freien Elektronen des Emitters über die abgebaute Sperrschicht Emitter-Basis in die Basiszone. Dieser Vorgang heißt **Ladungsträger-**

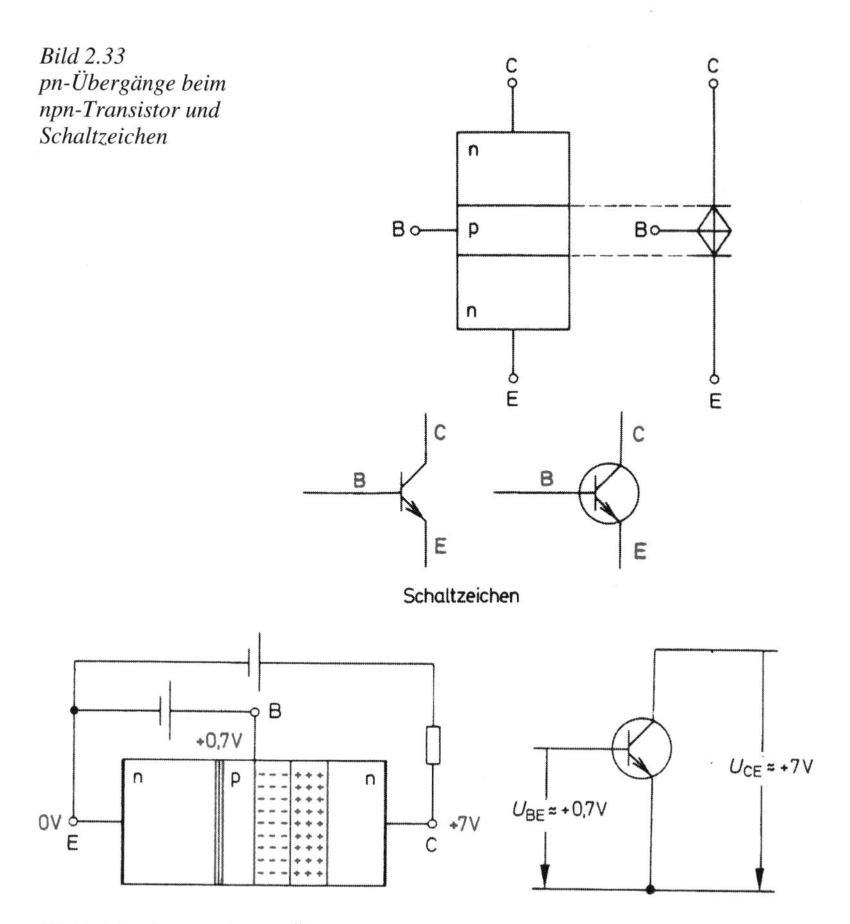

Bild 2.33
pn-Übergänge beim npn-Transistor und Schaltzeichen

Bild 2.34 Polung der pn-Übergänge und ungefähre Speisespannungswerte beim npn-Transistor

injektion. Da der pn-Übergang Basis-Kollektor in Sperrrichtung gepolt ist, stellt er eine Ladungsträgerfalle dar.

Die neutrale Basiszone ist sehr dünn. Es herrscht ein großer Ladungsträgerüberschuss. Der größte Teil der injizierten Ladungsträger gerät in die Sperrschicht Basis-Kollektor und wird durch das elektrische Feld zum Kollektor hin beschleunigt. Über 99 % der vom Emitter ausgesendeten Elektronen werden vom Kollektor aufgenommen. Das bedeutet, dass die Gleichstromverstärkung B sehr hoch ist. Die Gleichstromverstärkung ist das Verhältnis von Kollektorstrom I_C zu Basisstrom I_B.

$$B = I_C / I_B$$

Bei heutigen Transistoren beträgt sie ca. $B = 999$.

2.6.1 Spannungs- und Stromverhältnisse am npn-Transistor, Kennlinien

Der Emitter des Transistors ist Bezugspunkt für alle Ströme und Spannungen. Am Transistor liegen 3 Spannungen an: Die **Basis-Emitterspannung** U_{BE}, die **Kollektor-Basisspannung** U_{CB} und die **Kollektor-Emitterspannung** U_{CE}. Mit der Maschenregel der Elektrotechnik berechnet man (s. Bild 2.35):

$$U_{CE} = U_{CB} + U_{BE}$$

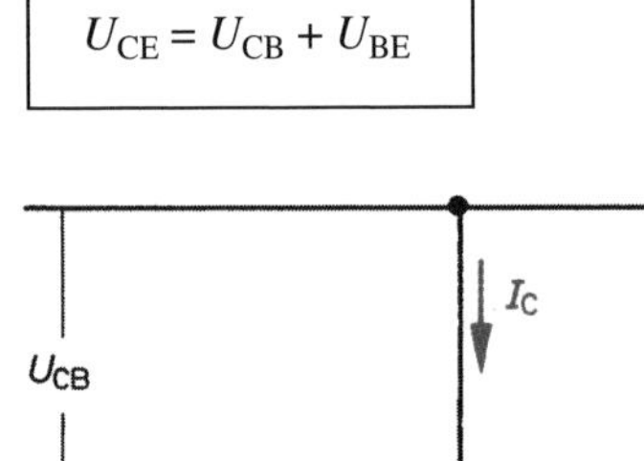

Bild 2.35 Bezeichnung der Ströme und Spannungen beim npn-Transistor

Der in die Basis hineinfließende Strom heißt **Basisstrom i_B**. Der **Kollektorstrom i_C** fließt in den Kollektor und der **Emitterstrom i_E** fließt aus dem Emitter heraus. Die Knotenregel der Elektrotechnik liefert

$$i_E = i_C + i_B$$

Bild 2.35 erläutert die Spannungs- und Stromverhältnisse.
Es gibt 3 Transistorgrundschaltungen: Die Emitterschaltung, die Basisschaltung und die Kollektorschaltung (Bild 2.36). In der Leistungselektronik wird fast ausschließlich die Emitterschaltung verwendet. Daher wird auf die Emitterschaltung genauer eingegangen.

Um den Transistor in seiner Funktion zu beschreiben, werden 4 Kennlinienfelder verwendet.

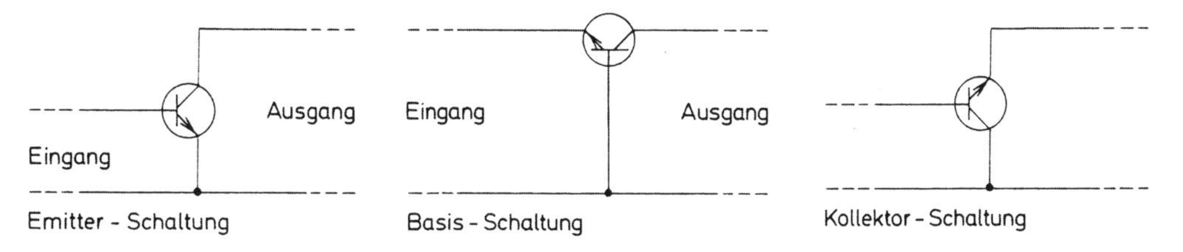

Bild 2.36 Eingangs- und Ausgangspole bei den 3 Transistorgrundschaltungen (npn-Transistoren)

- ❑ Eingangskennlinienfeld,
- ❑ Ausgangskennlinienfeld,
- ❑ Stromsteuerungskennlinienfeld und
- ❑ Rückwirkungskennlinienfeld.

Das **Eingangskennlinienfeld** gibt den Zusammenhang zwischen den Eingangsgrößen Basis-Emitterspannung U_{BE} und Basisstrom i_B an. Da es sich bei der Basis-Emitterstrecke um einen pn-Übergang handelt, sieht die Eingangskennlinie wie eine Durchlasskennlinie einer Diode aus. Auch hier ist, wie bei der Diode, ein Ersatzwiderstand, der differentielle **Widerstand r_{BE}**, definiert (Bild 2.37).

$$r_{BE} = \Delta U_{BE}/\Delta I_B$$

Der Punkt A in Bild 2.37 auf der Eingangskennlinie heißt **Arbeitspunkt.** Der Arbeitspunkt wird durch die Wahl des Basisstroms bzw. der Basis-Emitterspannung eingestellt.
Das **Ausgangskennlinienfeld** gibt den Zusammenhang zwischen den Ausgangsgrößen Kollektorstrom i_C und Kollektor-Emitterspannung U_{CE} an. Es wird auch I_c/U_{CE}-Kennlinienfeld genannt. Die Ausgangskennlinien verschieben sich mit zunehmendem Basisstrom i_B nach oben (Bild 2.38). Jedem Basisstromwert ist eine Kennlinie zugeordnet. Im Ausgangskennlinienfeld ist der **differentielle Widerstand r_{CE}** definiert. Der Anstieg der Ausgangskennlinie in einem bestimmten Arbeitspunkt.

$$r_{CE} = \Delta U_{CE}/\Delta I_C$$

Das **Stromsteuerungskennlinienfeld** gibt den Zusammenhang zwischen dem Kollektorstrom i_C und dem Basisstrom i_B an. Aus dem Stromsteuerungskennlinienfeld kann die Gleichstromverstärkung B für jeden Arbeitspunkt abgelesen werden (Bild 2.39). Die Gleichstromverstärkung B ist nicht konstant. Das ist an der leicht gekrümmten Kennlinie zu erkennen. Der differentielle Wert der Gleichstromverstärkung heißt **Stromverstärkungsfaktor β.**
Das Rückwirkungskennlinienfeld beschreibt die Rückwirkung einer Veränderung der Kollektorspannung U_{CE} auf die Eingangsspannung U_{BE}.
Diese Rückwirkung ist sehr unerwünscht und die Hersteller sind bemüht, sie möglichst gering zu halten. Bild 2.40 zeigt ein Rückwirkungskennlinienfeld. Je flacher die Kennlinien verlaufen, desto geringer sind die Rückwirkungen auf den Eingang.

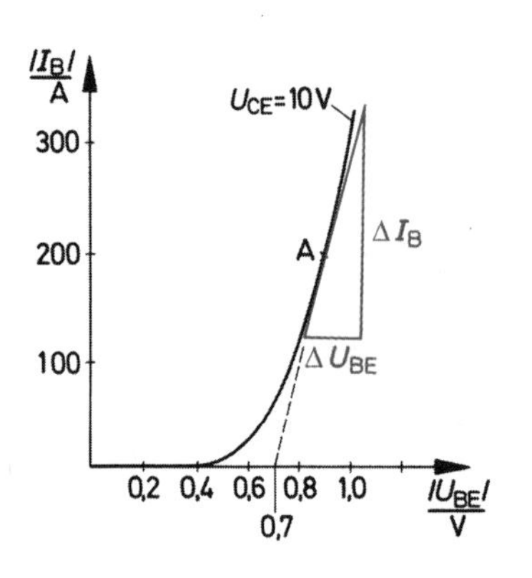

Bild 2.37 Eingangskennlinie

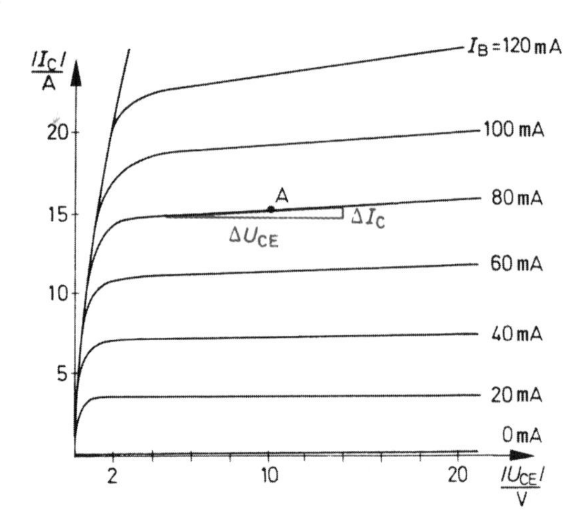

Bild 2.38 Ausgangskennlinienfeld

Alle 4 Kennlinien bilden zusammen das ***4-Quadranten-Kennlinienfeld*** *(Bild 2.41).*

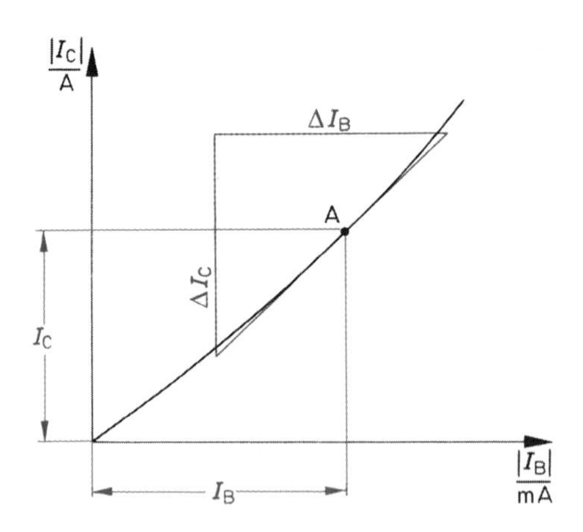

Bild 2.39 Bestimmung von Gleichstromverstärkung B und Stromverstärkungsfaktor β für den Arbeitspunkt A

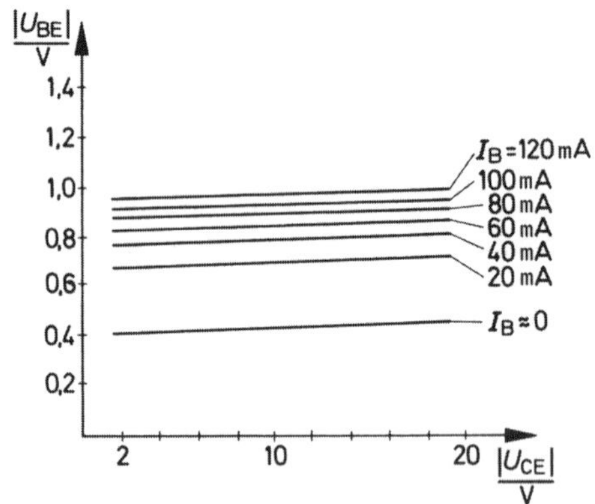

Bild 2.40 Rückwirkungskennlinienfeld

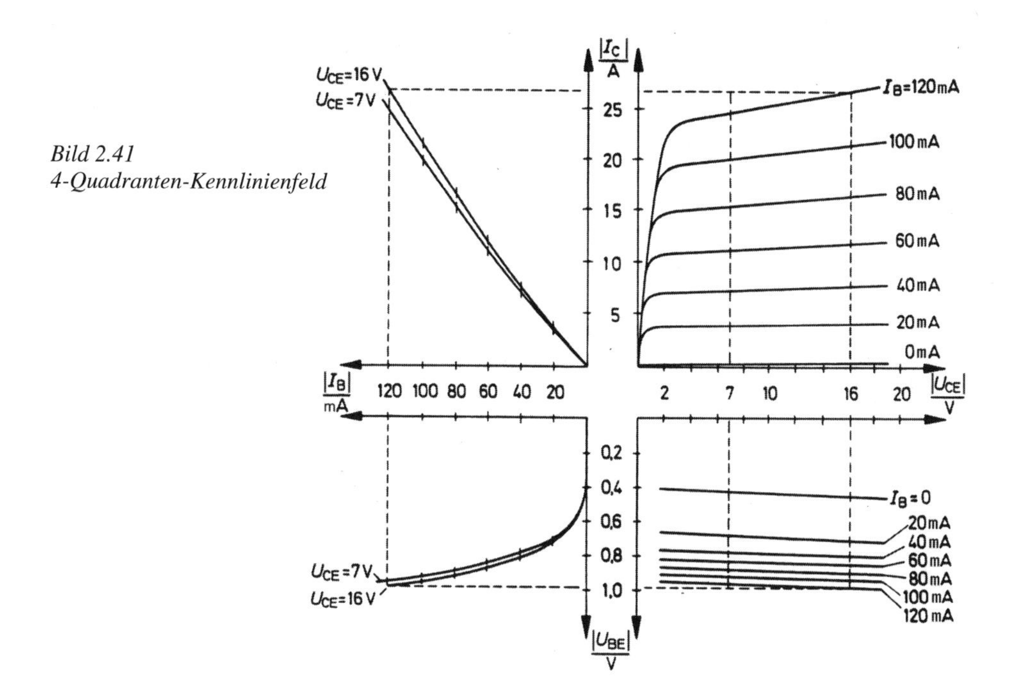

Bild 2.41
4-Quadranten-Kennlinienfeld

Die Wahl des Arbeitspunktes hängt von den Anforderungen ab. In der Leistungselektronik soll der Transistor als Schalter eingesetzt werden. Im ausgeschalteten Zustand sollte der Kollektorstrom I_C möglichst = 0 sein. Der Arbeitspunkt liegt in Bild 2.42 im Punkt P1. Im eingeschalteten Zustand soll der Spannungsabfall im Lastkreis möglichst gering sein.

> *Es wird daher ein Arbeitspunkt gewählt, bei dem die Kollektor-Emitterspannung U_{CE} möglichst gering ist.*

Bild 2.42 Ausgangskennlinienfeld eines Schalttransistors mit Angabe der Arbeitspunkte

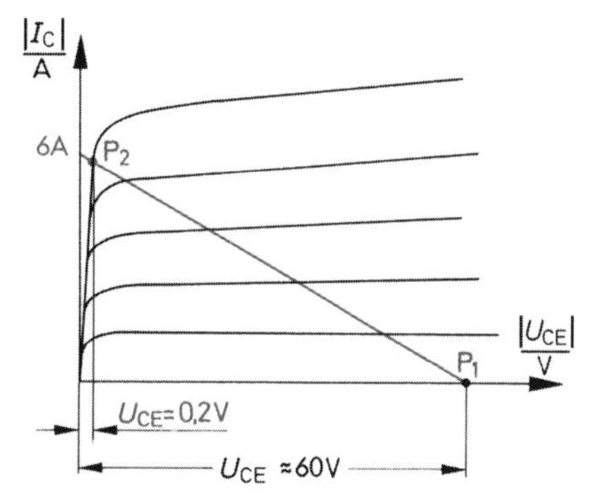

Der Arbeitspunkt wird daher auf dem steilen Teil einer Ausgangskennlinie liegen (P2 in Bild 2.42). Je größer der Basisstrom i_B, desto niederohmiger wird die Kollektor-Emitter-Strecke. Ab einem bestimmten Wert verringert sich die Kollektor-Emitterspannung U_{CE} nicht mehr. Diese Kollektor-Emitter-Sättigungsspannung U_{CEsat} liegt bei ca. 0,2 V. Der Transistor befindet sich im Übersteuerungszustand. Er ist voll durchgesteuert. Der Kollektorstrom I_C wird nur noch durch die äußere Schaltung bestimmt und muss durch einen Widerstand begrenzt werden. Dieser Widerstand definiert die Widerstandsgerade zwischen P1 und P2 in Bild 2.42. Arbeitspunkte müssen sowohl auf der Widerstandsgeraden als auch auf einer Kennlinie des Ausgangskennlinienfeldes liegen. Daher ergibt sich der Punkt P2 als Arbeitpunkt eines Transistorschalters.

Ist der Kollektorstrom I_C = 0, liegt am Transistor Betriebsspannung, da am Widerstand R_L keine Spannung abfällt. Der maximal mögliche Strom ergibt sich aus dem Ohm'schen Gesetz und wird nur durch den Widerstand R_L begrenzt. Bild 2.43 zeigt eine Beispielschaltung. In der Leistungselektronik wird der bipolare Transistor fast ausschließlich in der Emitterschaltung [2] betrieben.

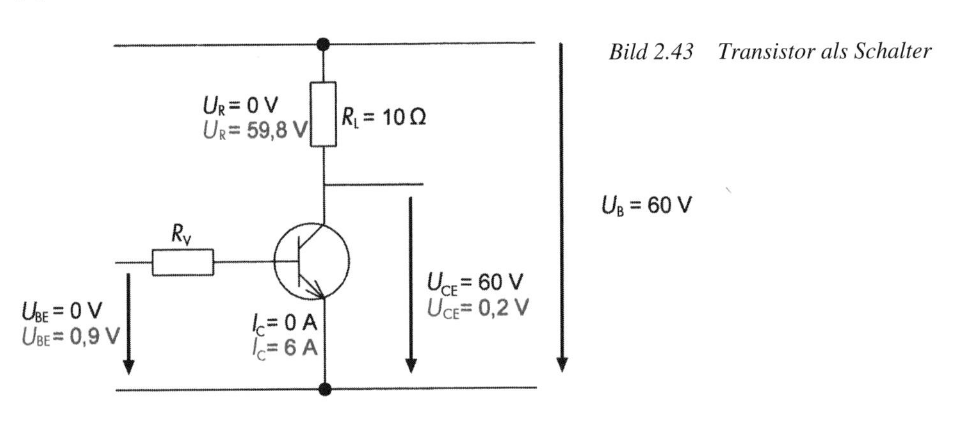

Bild 2.43 Transistor als Schalter

Im ausgeschalteten Zustand gilt unter Vernachlässigung des sehr hohen Transistorwiderstandes R_{CE} (100 MΩ):

$$I_C = 0$$
$$U_{BE} = 0$$
$$U_{CE} = U_B = 60\ \text{V}$$

Im eingeschalteten Zustand gilt:

$$I_C = 6\ \text{A}$$
$$U_{BE} = 0{,}9\ \text{V}$$
$$U_{CE} = 0{,}2\ \text{V}$$
$$U_R = 59{,}8\ \text{V}$$

Der Kollektorstrom darf den **maximalen Kollektorstrom I_{cmax}** nicht dauerhaft überschreiten. Kurzzeitig darf der Kollektorstrom über diesem Grenzwert liegen. Der **Kollektorspitzen-**

strom I_{CM} darf jedoch nicht länger als 10 ms überschritten werden, da ansonsten Zerstörungsgefahr besteht.
Weitere wichtige Grenzwerte sind die höchstzulässigen Sperrspannungen der Übergänge Kollektor/Basis (U_{CB0}), Kollektor/Emitter (U_{CE0}), und Emitter/Basis (U_{EB0}). Auch hier kann eine Überschreitung zur Zerstörung des Transistors führen. Vor allem Schaltvorgänge können aufgrund der im Schaltkreis stets vorhandenen Induktivitäten zu hohen Überspannungen führen.

2.6.2 Einschalten eines bipolaren Leistungstransistors

Das Einschalten geschieht durch Erhöhen des Basisstroms bzw. der Basisspannung bis der Transistor vollständig durchgesteuert ist und sich im gesättigten Zustand befindet. In Bild 2.42 wandert der Arbeitspunkt von P1 zu P2. Bild 2.44 zeigt den Einschaltvorgang. Nach dem Einschalten des Basisstroms beginnt nach einer **Verzögerungszeit t_d** (d = Engl.: delay = verzögern) der Kollektorstrom I_C anzusteigen. Der Strom steigt steil an und erreicht dann seinen Endwert. Zeitgleich sinkt die Kollektorspannung U_{CE} ab.

Im Moment des Einschaltens treten hohe Werte der Verlustleistung $P_V = I_C \cdot U_{CE}$ auf.

Um diese Einschaltverluste zu begrenzen, muss die Einschaltzeit kurz gehalten werden. Das wird durch steile und hohe Basisstromimpulse erreicht. Dies führt allerdings an den stets vorhandenen Induktivitäten der Zuleitungen und des Bauteils selbst zu Überspannungen. Hier gilt es einen Kompromiss zu finden um den Transistor nicht durch Überspannungen zu gefährden. Eine weitere, auch bei anderen Bauelementen verwendete Methode die Schaltverluste zu begrenzen ist das Verzögern des Stromanstiegs mit Hilfe einer in Reihe geschalteten Drossel L_d (Bild 2.45). Durch diese Maßnahme trifft das Maximum des Kollektorstroms I_C nicht mehr mit dem der Kollektorspannung U_{CE} zusammen.

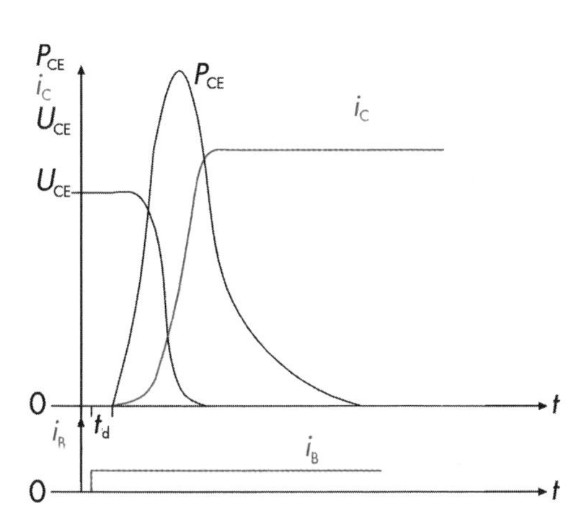

Bild 2.44 Einschaltvorgang bei einem bipolaren Transistor

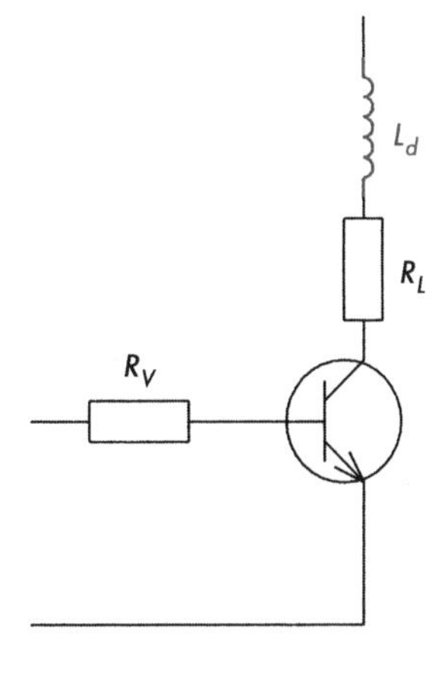

Bild 2.45 Transistorschalter mit Stromanstiegsbegrenzungsdrossel L_d

Eine vorgeschaltete Drossel verlangsamt den Stromanstieg und verringert die Schaltverluste.

2.6.3 Ausschalten eines bipolaren Leistungstransistors

Um die Ausschaltverluste niedrig zu halten, muss das Ausschalten beschleunigt ablaufen. Hierzu kann man den Transistor mit einem geringen negativen Basisstrom ausschalten (Bild 2.46). Er entlädt die Basis-Emitter-Zone und der Transistor sperrt früher, da die Zahl der Ladungsträger schneller abnimmt.

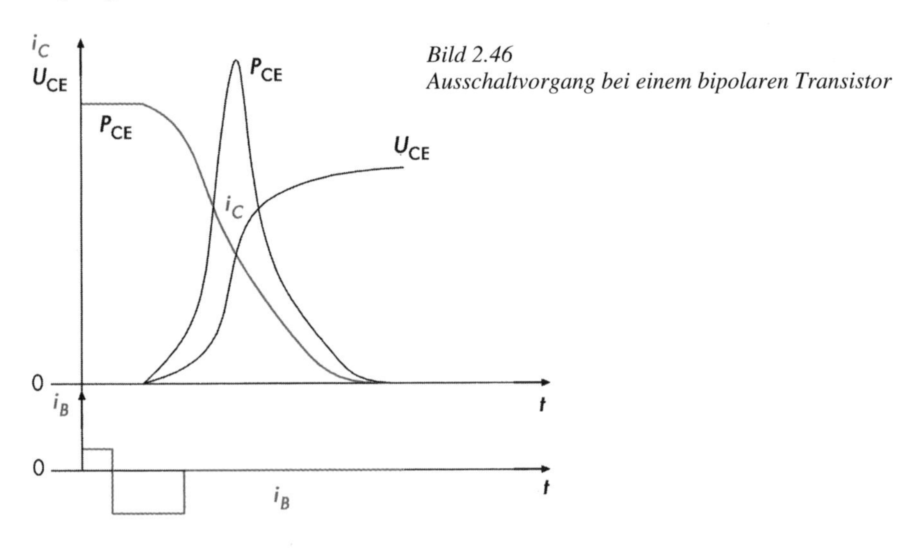

Bild 2.46
Ausschaltvorgang bei einem bipolaren Transistor

Erst nachdem alle Ladungsträger ausgeräumt sind, beginnt der Transistor zu sperren. In Bild 2.46 ist der zeitliche Verzug zwischen dem Einschalten eines negativen Basisstroms und dem Abfallen des Kollektorstroms ersichtlich.

Da der Basisstrom schnell abgebaut werden soll, darf er nicht unnötig hoch sein. Er wird so eingestellt, dass der Transistor gerade noch im gesättigten Zustand betrieben wird. Zudem soll die Kollektorspannung möglichst niedrig sein. Eine geringe Kollektorspannung ergibt niedrige Verluste. Die Ansteuerschaltung muss den Transistorbasisstrom exakt so einstellen, dass er in jedem Betriebspunkt zum Kollektorstrom passt.

Eine weitere Möglichkeit, die Ausschaltverluste zu begrenzen, besteht in der Verzögerung des Anstieges der Kollektor-Emitter-Spannung. Die Beschaltung ist in Bild 2.47 dargestellt und heißt aufgrund der verwendeten Bauelemente **RCD-Beschaltung.** Die RCD-Beschaltung wird auch bei anderen Bauelementen als Überspannungsschutz verwendet. Der Widerstand dient dazu, den Kondensator zu entladen, wenn der Transistor leitend ist und begrenzt den Entladungsstrom über den Transistor.

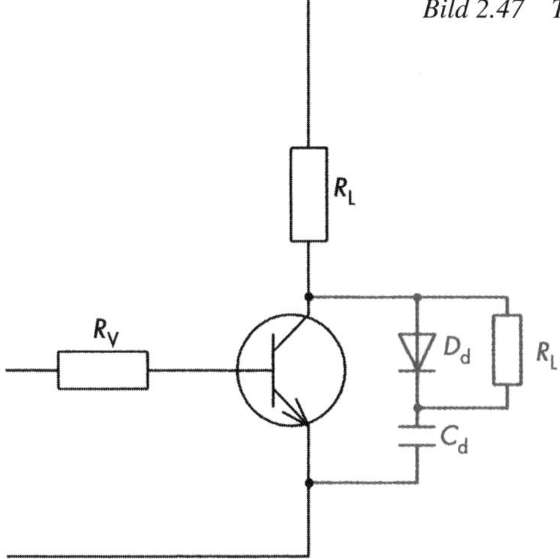

Bild 2.47 Transistorschalter mit RCD-Beschaltung

> *Eine RCD-Beschaltung verringert die Schaltverluste und schützt vor Überspannungen.*

2.6.4 Verlustleistungen und sicherer Arbeitsbereich

Die Schaltverluste, die Kollektor-Emitter-Durchlassverluste P_{CE} und die Basis-Emitter-Verluste P_{BE} ergeben zusammen die **Gesamtverlustleistung P_{tot}**.

$$P_{tot} = P_{CE} + P_{BE} = U_{CE} \cdot I_C + U_{BE} \cdot I_B$$

Die Basis-Emitter-Verluste (Steuerverluste) sind gegenüber den Kollektor-Emitter-Durchlassverlusten verhältnismäßig klein und können daher oft vernachlässigt werden. Dann gilt vereinfacht:

$$P_{tot} = P_{CE} = U_{CE} \cdot I_C$$

Da der Wert für P_{max} festliegt, ergibt sich für jeden Wert U_{CE} ein Wert I_{Cmax}. Dieser Wert lässt sich in das Ausgangskennlinienfeld des Transistors eintragen. Alle Punkte zusammen ergeben die **Verlusthyperbel** (Bild 2.48).
Wie bei den im Vorigen behandelten Leistungsbauteilen müssen die Verluste meist über Kühlkörper abgeleitet werden. Kapitel 3 geht auf die Vorgänge bei der Kühlung detailliert ein.
Der sich beim Ansteuern des Transistors einstellende Arbeitspunkt muss immer im sicheren Arbeitsbereich (Safe-operating area = **SOA**) liegen. Der SOA grenzt im U_{CE}/I_C-Kennlinien-

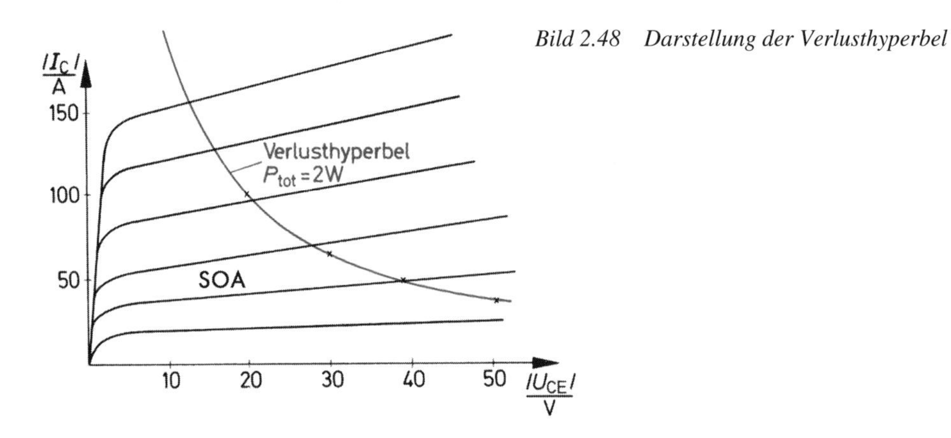

Bild 2.48 Darstellung der Verlusthyperbel

feld einen Bereich ab, in dem die Hersteller den fehlerfreien Betrieb garantieren (Bild 2.48). Er liegt links der Verlusthyperbel.

> *Um eine Zerstörung zu vermeiden, muss ein Leistungstransistor immer in der SOA betrieben werden.*

2.6.5 Darlingtonschaltung

Um die Stromverstärkung (s. Elektronik Band 2 [1]) zu erhöhen, werden auch Leistungstransistoren in Darlingtonschaltung verschaltet (Bild 2.49). Damit verringern sich die zur Ansteuerung notwendigen Basisströme. Solche Zusammenschaltungen werden meist auf ein Kristall geätzt und in einem Gehäuse untergebracht.

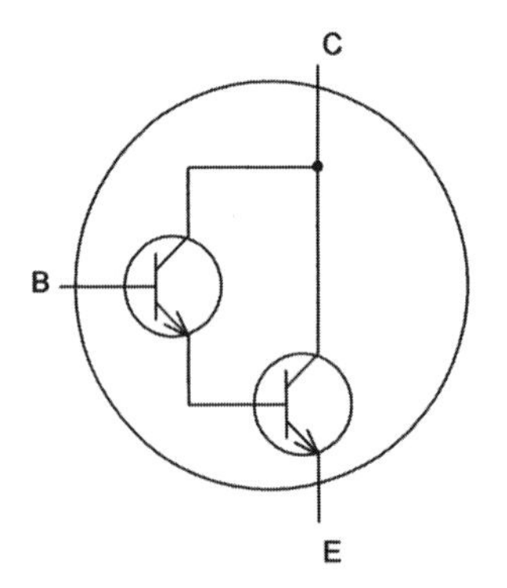

Bild 2.49
Darlingtonschaltung zweier bipolarer Transistoren

2.6.6 Schutzbeschaltung eines bipolaren Leistungstransistors

Um den Leistungstransistor vor zu großer Verlustleistung zu schützen, wird in den Kollektorstromkreis häufig eine Drossel gelegt, die die Anstiegsgeschwindigkeit des Stroms dämpft. Diese Drossel benötigt ab einer bestimmten Baugröße eine Freilaufdiode. Sie ermöglicht den Abbau der gespeicherten magnetischen Energie in der Spule. Wie beim GTO, kann auch der Transistor mit einer RCD-Beschaltung (Bild 2.47) versehen werden. Durch den Kondensator werden zusätzlich Überspannungen gedämpft.

2.6.7 Gehäuseformen von bipolaren Leistungstransistoren

Die folgenden Bilder geben einen Überblick der verschiedenen Gehäuseformen, die für Leistungstransistoren verwendet werden (Bild 2.50).

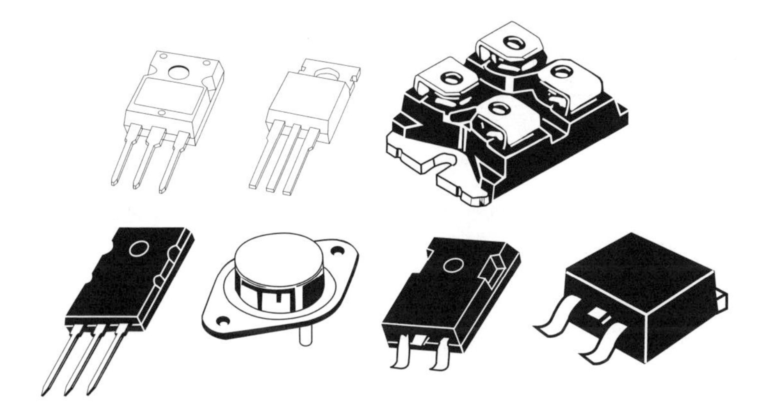

Bild 2.50 Leistungstransistor-Gehäuseformen

2.6.8 Vor- und Nachteile eines bipolaren Leistungstransistors

Vorteilhaft sind die verhältnismäßig kurzen Schaltzeiten. Nachteilig wirken sich geringe Lastströme und hohe Steuerströme aus. Die im Folgenden beschriebenen Bauteile MOSFET und IGBT verdrängen mehr und mehr den bipolaren Leistungstransistor. Er benötigt verhältnismäßig viel Steuerleistung und besitzt, nachdem der Nachteil des MOSFET, die Empfindlichkeit gegen Überspannungen durch statische Aufladungen fast vollständig beseitigt wurde, keine nennenswerten Vorteile mehr.

2.7 Feldeffektleistungstransistoren (FET bzw. MOSFET)

Der Feldeffektleistungstransistor ist ein Transistor, der mit Hilfe eines elektrischen Feldes auf und zugesteuert werden kann. Da das elektrische Feld nahezu leistungslos veränderbar ist, ist fast keine Steuerleistung notwendig. Die Steuerung des Durchlassstroms geschieht nahezu leistungslos.

Ein MOSFET ist ein nahezu leistungslos steuerbarer Transistor.

Die grundlegenden Betrachtungen zu Feldeffekttransistoren (n-Typen, p-Typen, Schaltbilder) finden sich in [1]. Im Folgenden wird auf den heute in der Leistungselektronik sehr häufig verwendeten MOSFET (Metall-oxide-semiconductor-field-effect-transistor) eingegangen.
Beim MOSFET wird zwischen Verarmungs- und Anreicherungstypen unterschieden. Bei einem **Anreicherungstyp** ist die Strecke Drain-Source, die den Laststrom trägt, gesperrt, wenn keine Steuerspannung U_{GS} anliegt. Dieser Typ wird daher auch **selbstsperrender Typ** genannt.
Ein **Verarmungstyp** ist auch ohne Steuerspannung leitfähig und heißt daher auch **selbstleitender Typ.** Die Leitfähigkeit des Verarmungstyps lässt sich durch die Spannung U_{GS} erhöhen oder absenken. Eine Verringerung von U_{GS} führt zu einer schlechteren Leitfähigkeit.
Im Unterschied zur signalverarbeitenden Elektronik werden in der Leistungselektronik kaum Verarmungstypen- bzw. selbstleitende MOSFET verwendet. Der Anreicherungs- bzw. selbstsperrende Typ dominiert stark. Bild 2.51 zeigt den Halbleiteraufbau.

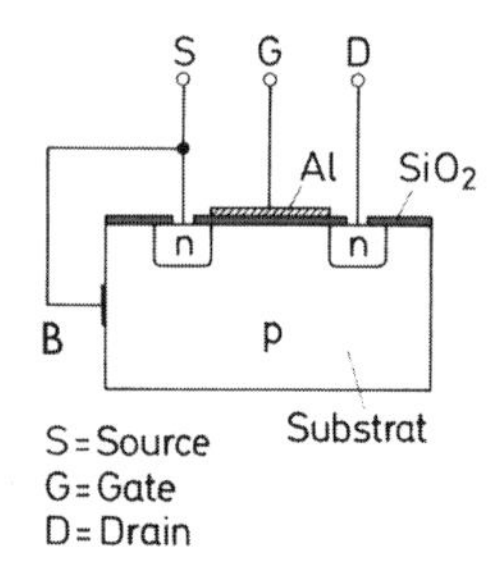

Bild 2.51
Grundaufbau eines MOSFET (n-Kanal-Anreicherungstyp)

In der Leistungselektronik wird meist der selbstsperrende MOSFET verwendet.

In ein p-Substrat sind 2 leitende Inseln eindotiert. Das ganze Kristall erhält eine Abdeckschicht aus Siliziumdioxid (SiO_2). Die Anschlussflächen für die beiden Anschlüsse Source und Drain werden ausgespart. Die Siliziumdioxidschicht ist hochspannungsfest und dient als Isolierung. Auf diese Isolierschicht wird die Steuerelektrode (Gate) in Form einer Aluminiumschicht aufgedampft. Das p-Substrat erhält einen besonderen Anschluss B und wird mit dem Sourceanschluss S verbunden oder herausgeführt.

2.7.1 Spannungs- und Stromverhältnisse am MOSFET, Kennlinien

Liegt zwischen dem Drainanschluss und dem Sourceanschluss eine positive Spannung, fließt kein Strom. Auch nach Umpolen der Spannung fließt kein Strom. Der MOSFET ist in beide Richtungen gesperrt. Es fließt nur ein sehr kleiner Reststrom.

> *Ohne Steuerspannung fließt nur ein kleiner Sperrstrom durch den MOSFET.*

Durch Anlegen einer ausreichend großen Steuerspannung zwischen Gate und Source entsteht im p-Substrat ein elektrisches Feld. Der positive Gateanschluss zieht die freien Elektronen im p-Substrat an (Bild 2.52). Sie wandern unter dem Einfluss der Kräfte des elektrischen Feldes bis unmittelbar an die Siliziumdioxidschicht und sammeln sich dort. An dieser Stelle herrscht jetzt ein Elektronenüberschuss. Daher hat die Zone n-leitenden Charakter bekommen. Sie bildet eine Brücke zwischen den beiden n-Inseln. Über diese Brücke können die Elektronen vom Sourceanschluss zum Drainanschluss fließen.

Bild 2.52 MOSFET: Entstehung der n-leitenden Brücke zwischen Source und Drain

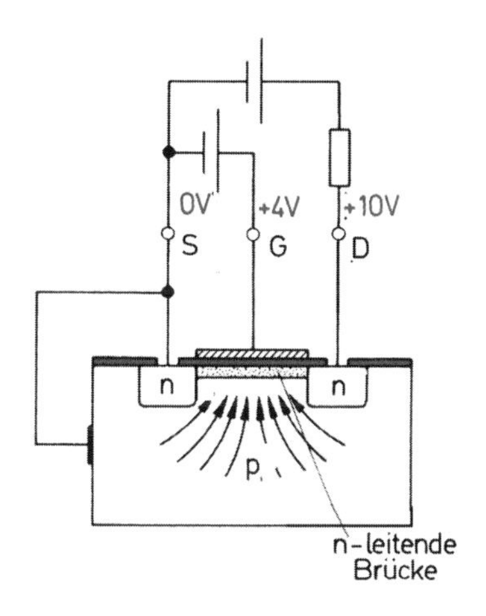

> *Durch das Anlegen einer positiven Gatespannung U_{GS} gegenüber Source und Substrat entsteht eine n-leitende Brücke zwischen Source und Drain.*

Die Steuerung der Leitfähigkeit der Brücke geschieht mit Hilfe der Gatespannung U_{GS}. Sie bestimmt die Größe des elektrischen Feldes, das die Elektronen anzieht. Wird die Spannung und damit das Feld verringert, werden weniger Elektronen angezogen und die Leitfähigkeit der Brücke wird geringer. Umgekehrt führt eine Vergrößerung der Gatespannung zu einer Erhöhung der Leitfähigkeit.

> *Die Leitfähigkeit der Brücke kann durch Verändern der Gatespannung U_{GS} geändert werden.*

Die Leitfähigkeit bestimmt den Laststrom I_D durch den MOSFET. Dieser Drainstrom I_D wird daher ebenfalls durch die Gatespannung gesteuert.

> *Der Drainstrom I_D wird durch die Gatespannung U_{GS} leistungslos gesteuert.*

Fließt über die n-leitende Brücke ein Drainstrom, entsteht entlang des Brückenweges ein Spannungsabfall (Bild 2.53). Der Sourceanschluss und das Substrat haben das Potential 0. Dort, wo die Brücke ein Potential von +2 V besitzt, besteht eine Sperrspannung von 2 V. Dort, wo die Brücke ein Potential von +9 V hat, besteht eine Sperrspannung von 9 V.
Zwischen der n-leitenden Brücke und dem Substrat entsteht daher eine Sperrschicht. Die Breite der Sperrschicht an einer bestimmten Stelle entspricht der dort herrschenden Sperrspannung (Bild 2.54). Eine Sperrschicht entsteht ebenfalls zwischen der n-leitenden Draininsel und dem Substrat.

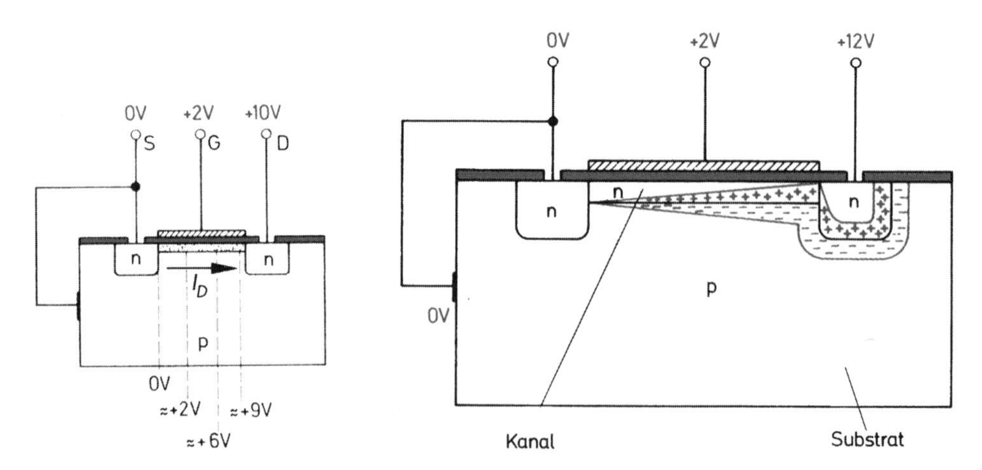

Bild 2.53 Spannungsabfall entlang der n-leitenden Brücke

Bild 2.54 Ausbildung der Sperrschicht bei einem n-Kanal-MOSFET

Gerät ein Elektron aus der n-leitenden Brücke in die Sperrschicht, so wird es zurückgetrieben. Den Elektronen steht als Stromweg nur die neutrale Zone zur Verfügung.

> *Die neutrale Zone der n-leitenden Brücke wird Kanal genannt.*

Je größer der Drainstrom wird, desto größer wird der Spannungsfall entlang des Brückenweges. Dadurch vergrößert sich auch die Breite der Sperrschicht. Ab einem bestimmten Drainstrom ist die Sperrschicht so breit, dass es zu einer Abschnürung des Kanals kommt. Eine weitere Erhöhung des Drainstroms ist nicht möglich. Der MOSFET begrenzt seinen Laststrom daher selbst (Bild 2.55).
Der bisher betrachtete MOSFET-Typ war ein Typ mit n-leitender Brücke. Er wird n-Kanal-Typ genannt. Es ist aber auch möglich, MOSFET mit p-Kanal herzustellen. Dazu wird eine Brücke unterhalb der Siliziumdioxidschicht und des Gateanschlusses eindotiert (Bild 2.56).

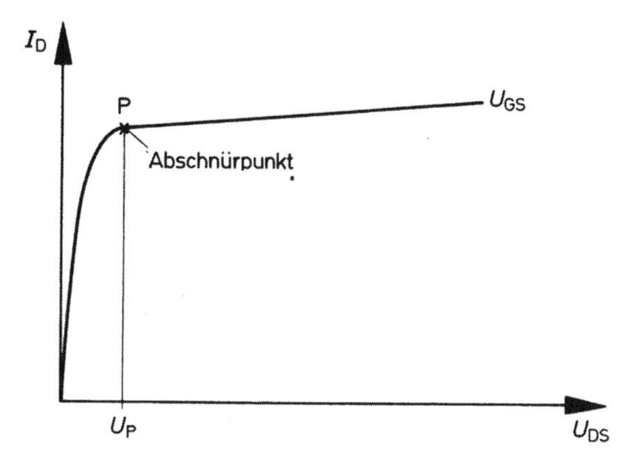

Bild 2.55 I_D-U_{DS}-Kennlinie: Oberhalb des Abschnürpunktes P steigt die Kennlinie nur geringfügig an.

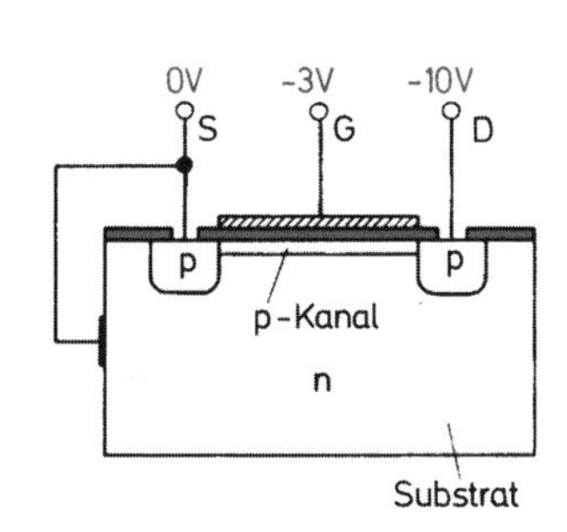

Bild 2.56 Grundaufbau eines p-Kanal-MOSFET

Die Schaltzeichen der in der Leistungselektronik gebräuchlichen selbstsperrenden MOSFET zeigt Bild 2.57. Die Kreise müssen entfallen, wenn der MOSFET kein eigenes Gehäuse hat und Teil einer integrierten Schaltung ist.

Bild 2.57 Schaltzeichen von selbstsperrenden Leistungs-MOSFET

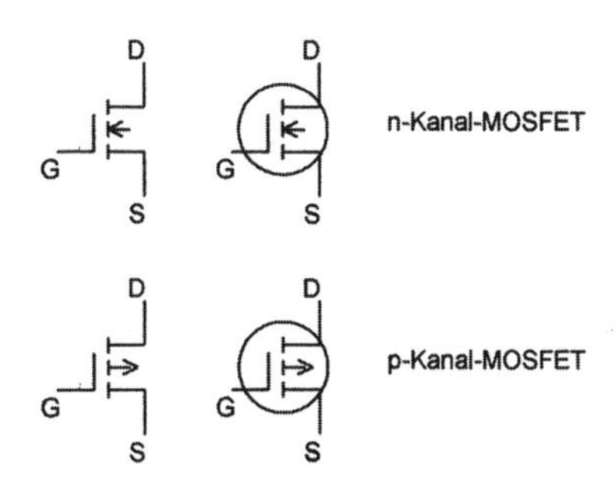

MOSFET besitzen 2 Kennlinienfelder:

- ❑ **I_D-U_{DS}-Kennlinienfeld** (auch Ausgangskennlinienfeld) und
- ❑ **I_D-U_{GS}-Kennlinienfeld** (auch Steuerkennlinienfeld genannt).

Bild 2.58 zeigt das I_D-U_{DS}-Kennlinienfeld eines n-Kanal-MOSFET. Zum Aufbau einer n-leitenden Brücke ist eine Mindest-Gatespannung erforderlich. Sie liegt zwischen 1 und 2 V. Bei kleinerer Gatespannung fließt nur ein kleiner Leckstrom durch den MOSFET.
Die in Bild 2.58 eingezeichnete gestrichelt eingezeichnete Linie markiert den Bereich, von wo an der n-Kanal abgeschnürt wird. Von diesen Schnittpunkten an verlaufen die Kennlinien nur noch mit leichter Steigung, da eine Erhöhung von U_{DS} kaum mehr zu einer Erhöhung von I_D führt.

Bild 2.58 I_D-U_{DS}-Kennlinienfeld eines selbstsperrenden MOSFET (n-Kanal-Typ)

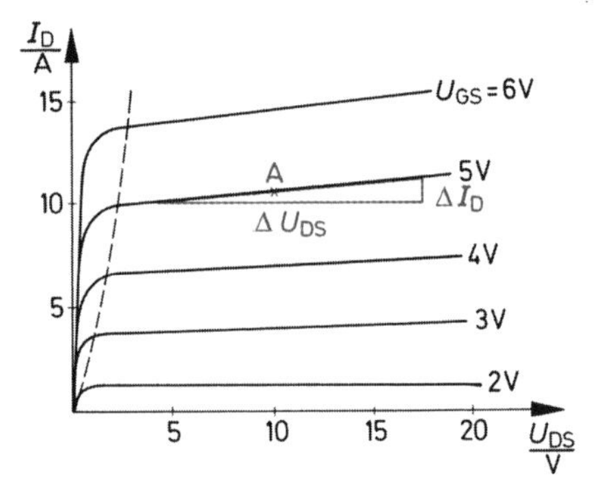

Der Anstieg der Ausgangskennlinie in einem Arbeitspunkt A definiert den Wert des **differentiellen Widerstandes r_{DS}.**

$$r_{DS} = \Delta U_{DS}/\Delta I_D$$

Aus dem I_D-U_{DS}-Kennlinienfeld kann man das Steuerkennlinienfeld I_D-U_{GS} konstruieren. Es gibt an, wie der Drainstrom zunimmt, wenn die Steuerspannung (bei konstanter Drainspannung) erhöht wird. Für jede Drainspannung U_{DS} erhält man eine Kennlinie. Bild 2.59 zeigt die Steuerkennlinien für U_{DS} = 5 V, 10 V und 15 V.

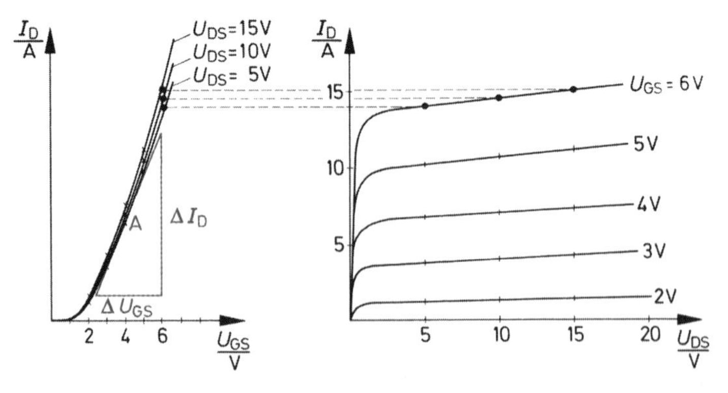

Bild 2.59 I_D-U_{GS}-Kennlinienfeld und I_D-U_{DS}-Kennlinienfeld eines selbstsperrenden MOSFET

Der Anstieg der I_D-U_{GS}-Kennlinie kennzeichnet die Steuereigenschaft des MOSFET und ergibt in einem bestimmten Arbeitspunkt A den Wert der Steilheit S.

$$S = \Delta I_D / \Delta U_{GS}$$

2.7.2 Einschalten eines MOSFET

Das Schaltverhalten eines MOSFET wird durch seine Eingangs- und Ausgangskapazitäten bestimmt. Bild 2.60 zeigt die Kapazitäten. Am MOSFET sind 3 Kapazitäten definiert:

1. Gate-Drain-Kapazität C_{GD},
2. Gate-Source-Kapazität C_{GS},
3. Drain-Source-Kapazität C_{DS}.

Bild 2.60 MOSFET-Kapazitäten

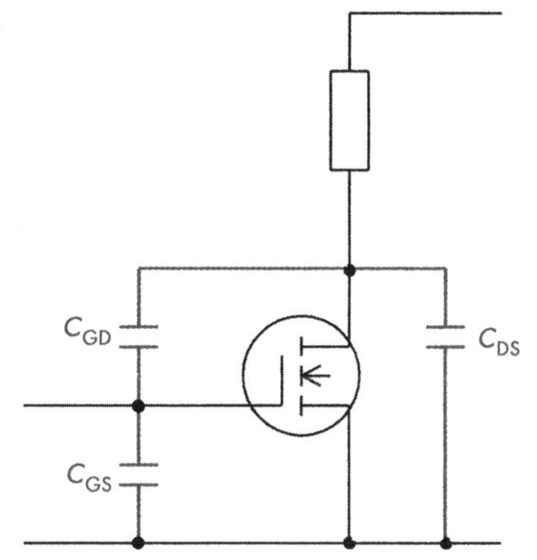

Durch Anlegen einer ausreichend hohen Gatespannung U_{GS} wird der MOSFET eingeschaltet (Bild 2.61). Im Moment des Einschaltens muss zunächst die Eingangskapazität des MOSFET aufgeladen werden. Die Eingangskapazität C_E errechnet man mit:

$$C_E = C_{GD} + C_{GS}$$

Die Aufladung der Eingangskapazität C_E verursacht eine Einschaltverzögerung. Sobald die Mindest-Gatespannung erreicht ist, beginnt der MOSFET zu leiten. Der Drainstrom I_D steigt steil an, und zusammen mit der Drain-Source-Spannung U_{DS} entsteht eine **Einschaltverlustleistung P_E.**

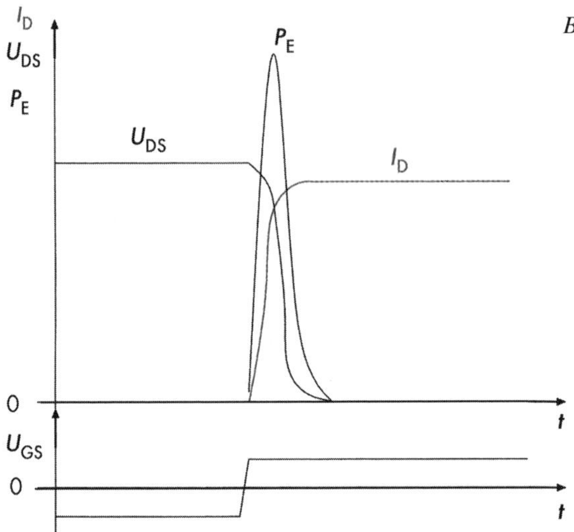

Bild 2.61 Einschalten eines MOSFET

> *Die Eingangskapazität des MOSFET verursacht eine Einschaltverzögerung.*

2.7.3 Ausschalten eines MOSFET

Bild 2.62 zeigt den Ausschaltvorgang eines MOSFET. Wird die Gatespannung U_{GS} wieder abgeschaltet vergeht zunächst die Entladezeit der Eingangskapazität bis der MOSFET zu sperren beginnt. Sobald die Mindest-Gatespannung unterschritten ist, beginnt der MOSFET zu sperren. Die Entladung der Eingangskapazität C_E verursacht eine Abschaltverzögerung und der Drainstrom I_D nimmt erst danach ab.

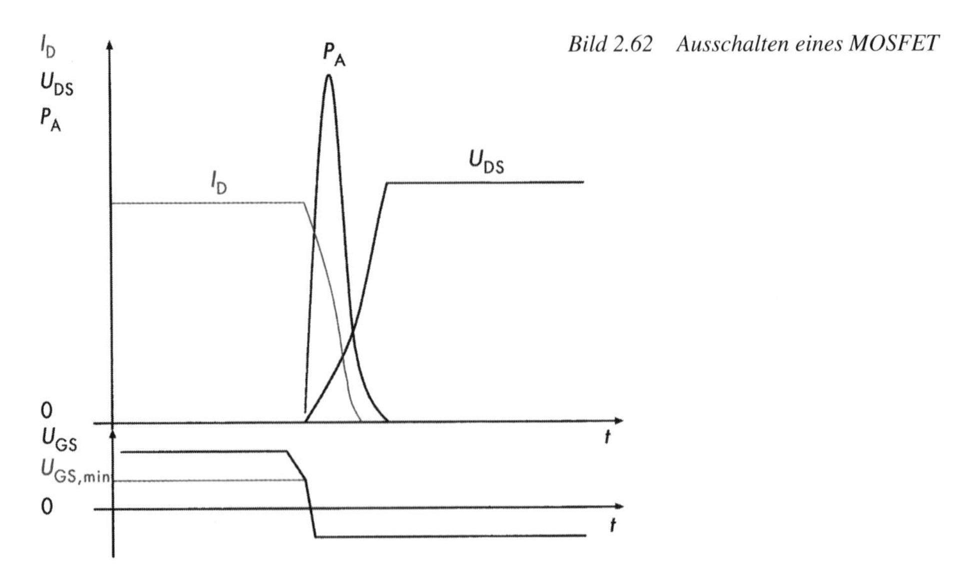

Bild 2.62 Ausschalten eines MOSFET

Die Eingangskapazität verursacht eine Ausschaltverzögerung.

Der steile Abfall erzeugt durch das gleichzeitige Vorhandensein der Drain-Source-Spannung U_{DS} eine **Abschaltverlustleistung P_A.**
Das Abschalten kann nicht wie beim bipolaren Transistor durch einen negativen Basisstrom unterstützt werden. Eine negative Gatespannung kann allerdings Störeinflüsse vermeiden.

2.7.4 Verlustleistungen und Grenzwerte eines MOSFET

Für MOSFET-Transistoren sind ähnliche Grenzwerte wie für bipolare Transistoren definiert. Die **maximale Drainspannung U_{DSmax}** darf nicht überschritten werden. Das Überschreiten der Grenzwerte kann zur Zerstörung des Bauteils führen. Weitere Grenzspannungen sind die **maximale Drainspannung gegen das Substrat U_{BSmax}** und die maximale **Gatespannung U_{GSmax}**. Wie auch bei den anderen Bauelementen ist ein maximaler Laststromeffektivwert, der **maximale Drainstrom I_{Dmax}** definiert.

Ein MOSFET benötigt fast keine Steuerleistung.

Die beim MOSFET entstehenden Verluste sind, aufgrund der fast leistungslosen Ansteuerung, im Wesentlichen Durchlassverluste. Sie berechnet man aus dem Produkt von Durchlassspannung U_{DS} und Durchlassstrom I_D.

$$P_{tot} = U_{DS} \cdot I_D$$

Um einen MOSFET mit geringen Verlusten zu konzipieren, muss die stromleitende Schicht möglichst niederohmig gehalten werden. Das steht beim MOSFET im Widerspruch zur Sperrfähigkeit. Eine hohe Sperrfähigkeit fordert große Schichtdicken, die schwächer dotiert werden. Dadurch ergibt sich ein höherer Spannungsfall. Für höhere Spannungen eignet sich besser der nachfolgend beschriebene IGBT.

Leistungs-MOSFET bestehen aus Parallelschaltungen vieler tausend Einzeltransistoren die dann gemeinsam einen hohen Laststrom führen können.

In der Leistungselektronik wird der MOSFET weitestgehend in der Sourceschaltung betrieben (Bild 2.63). Sie entspricht in der Funktionsweise der Emitterschaltung des bipolaren Transistors.

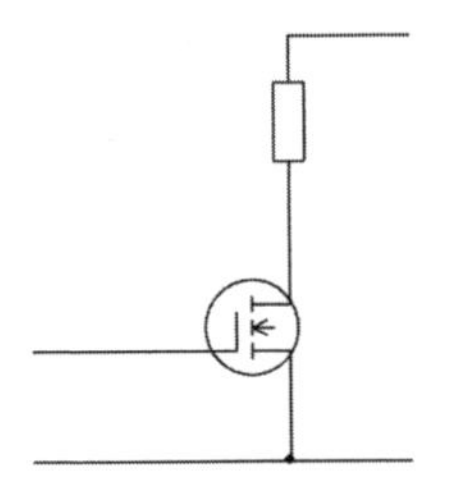

Bild 2.63 MOSFET in Sourceschaltung

2.7.5 Schutzbeschaltung eines MOSFET

Der MOSFET kann wie der bipolare Transistor mit einer RCD-Beschaltung nach Bild 2.47 vor Überspannungen geschützt werden.

2.7.6 Vor- und Nachteile eines MOSFET

Wie erwähnt, benötigt der MOSFET so gut wie keine Steuerleistung. Das ist gegenüber den bipolaren Transistoren ein großer Vorteil. Wird die Schaltfrequenz sehr hoch, macht sich allerdings auch hier der kleine Strom, der für das Umladen der Kapazitäten (s. Abschnitt 2.7.2 und Abschnitt 2.7.3) aufgebracht werden muss, bemerkbar.
Der MOSFET eignet sich durch seine geringe Steuerleistung vor allem für hohe Schaltfrequenzen. Das Umladen der Kapazitäten erfolgt auch schneller als das Ausräumen der Ladungsträgerzonen beim bipolaren Transistor. Daher kann der MOSFET auch schneller schalten. Ein Nachteil des MOSFET ist sein gegenüber Thyristoren und bipolaren Transistoren verhältnismäßig hoher Durchlasswiederstand von ca. 2 Ω. Das verursacht höhere Durchlassverluste.

2.8 Insulated-Gate-Bipolar-Transistor (IGBT)

Der IGBT ist eine Weiterentwicklung des MOSFET-Leistungstransistors. Er besteht aus der Darlingtonschaltung eines MOSFET mit einem bipolaren pnp-Transistor. Es wird dadurch möglich, einen bipolaren Transistor leistungslos zu steuern. Er verbindet das gute Schaltverhalten eines MOSFET mit den günstigen Durchlasseigenschaften des bipolaren Transistors.

> *Der IGBT ist eine Darlingtonschaltung eines MOSFET mit einem bipolaren Transistor.*

Der IGBT ist neben dem Thyristor und dem GTO eines der heute am meisten verwendeten Bauelemente der Leistungselektronik. Er wird daher besonders eingehend behandelt.

2.8.1 Spannungs- und Stromverhältnisse am IGBT, Kennlinien

Bild 2.64 zeigt sein Ersatzschaltbild, den Halbleiteraufbau und sein Schaltzeichen. Der IGBT ist ein 4-Schicht-Bauelement. Das Ersatzschaltbild entsteht durch Zusammenschaltung eines MOSFET mit einem pnp-Transistor. Im Halbleiteraufbauschema bedeutet der Buchstabe n einen Bereich mit Elektronenüberschuss und der Buchstabe p einen Bereich mit Elektronenmangel. Der Zusatz + deutet auf einen besonders stark dotierten Bereich hin. Gemäß des Spannungszählpfeils im Bild liegt zwischen Kollektor und Emitter eine Spannung an. Ansonsten liegen keine Spannungen an. Der pn-Übergang der durch die p+- und n– -Schicht gebildet wird sperrt. Es fließt allerdings auch bei kurzgeschlossenem Steuereingang ein kleiner **Kollektor-Emitter-Reststrom I_{CES}.** Die **Kollektor-Emitter-Sperrspannung U_{CES}** definiert den höchstzulässigen Wert der Sperrspannung wenn Gate und Emitter kurzgeschlossen sind.
Der IGBT wird durch sein Ausgangskennlinienfeld beschrieben. Das Ausgangskennlinienfeld ist dem eines MOSFET ähnlich (Bild 2.65). Wie beim MOSFET gibt es auch beim IGBT einen linearen Bereich und einen Sättigungsbereich. Der Kollektorstrom I_C beginnt erst zu fließen, wenn die Kollektor-Emitter-Spannung U_{CE} größer als der Spannungsabfall des pnp-Transistors ist.

Bild 2.64 Ersatzschaltbild und Schaltzeichen eines IGBT

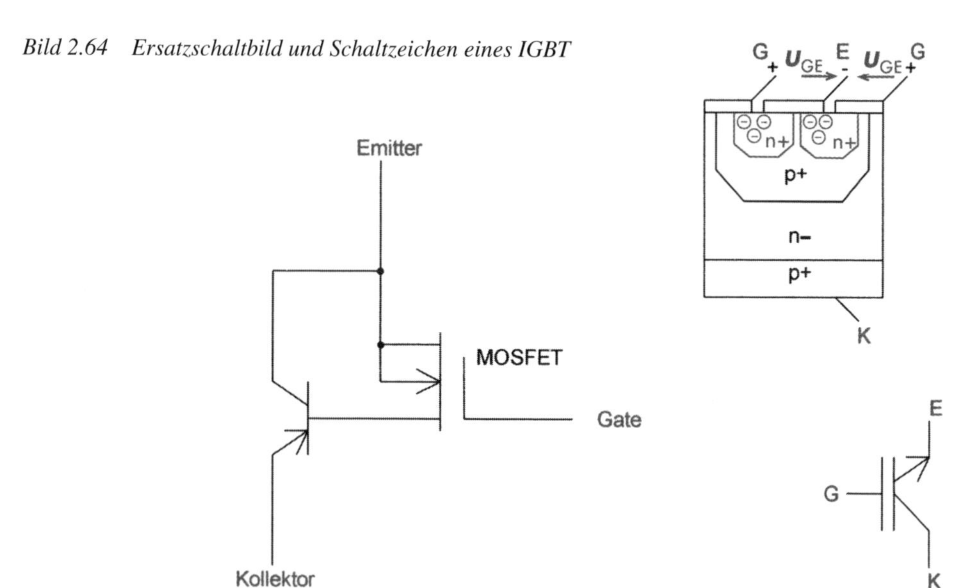

In der Leistungselektronik wird man einen Arbeitspunkt A (Bild 2.65) im Sättigungsbereich wählen, bei dem U_{CE} möglichst gering ist. Dann sind die Durchlassverluste gering.

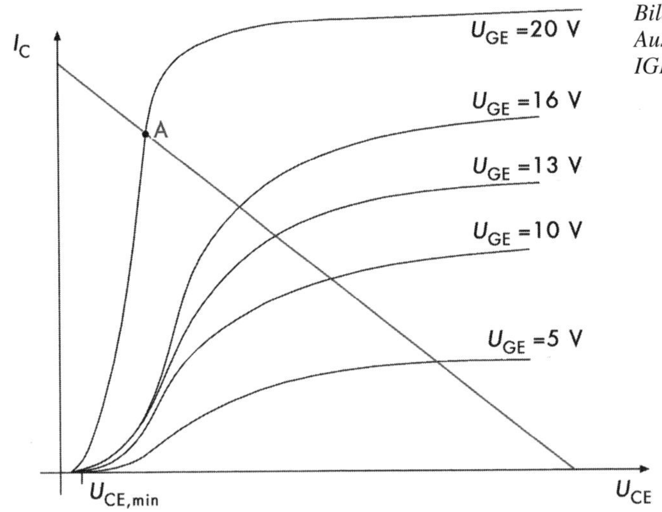

Bild 2.65
Ausgangskennlinienfeld eines IGBT

2.8.2 Einschalten eines IGBT

Wird, wie im Bild 2.64, eine Spannung U_{GE} zwischen Gate und Emitter gelegt, so dass der Emitter negativer als das Gate ist, beginnen Elektronen sich in den n+-Schichten unterhalb der Gateanschlüsse zu sammeln. Diese Elektronenanreicherung führt bei ausreichend großer Spannung zwischen Gate und Emitter zu einer leitfähigen Bahn zwischen den n+-Gebieten und dem n– -Gebiet. Dadurch kann ein Strom fließen. Dieser Strom bewirkt ein Durchsteuern des pnp-Transistors und die Gesamtanordnung schaltet in einen niederohmigen Zustand.
Bild 2.66 zeigt einen typischen Einschaltvorgang. Das Schaltverhalten ist durch den vorgeschalteten MOSFET geprägt. Wie beim MOSFET bewirkt die Eingangskapazität eine Verzögerung der Schaltvorgänge.

Der MOSFET-Eingang des IGBT verursacht eine Einschaltverzögerung.

Nach Überschreiten einer Schleusenspannung $U_{GE,min}$ (s. Mindest-Gatespannung beim MOSFET) schaltet der IGBT die Kollektor-Emitterstrecke durch. Nach der **Einschaltverzögerungszeit t_d** steigt der Kollektorstrom I_C in der **Anstiegszeit t_r** steigt steil an und verursacht zusammen mit der abfallenden Kollektorspannung eine **Einschaltverlustleistung P_{on}**. Die Gesamtzeit, in der der Strom I_C auf 90 % seines Endwertes ansteigt heißt **Einschaltzeit t_{on}**.
IGBT ermöglichen, bei gleicher Sperrfähigkeit, höhere Lastströme, da sie im Vergleich zu MOSFET niedrigere Durchlasswiderstände besitzen. Werden nur geringe Sperrspannungen gefordert, besitzen jedoch MOSFET die geringeren Durchlasswiderstände.
Im eingeschalteten Zustand darf maximal der vom Hersteller angegebene höchstzulässige **Kollektor-Dauergleichstrom I_C** dauernd fließen. Er darf kurzzeitig überschritten werden. Der **Kollektorspitzenstrom I_{CRM}** darf aber nicht überschritten werden.

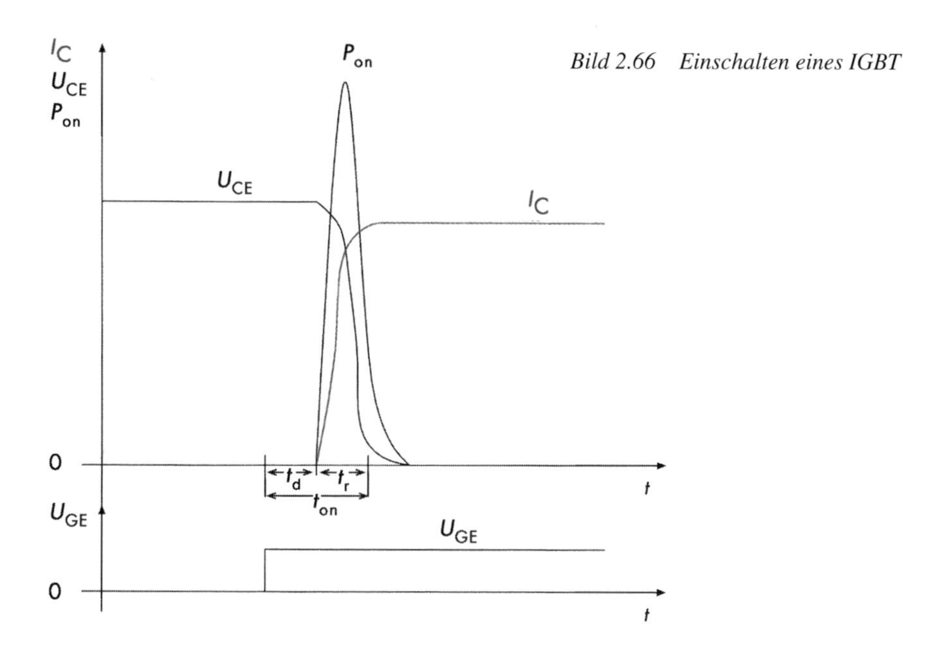

Bild 2.66 Einschalten eines IGBT

2.8.3 Ausschalten eines IGBT

Bild 2.67 zeigt den Ausschaltvorgang eines IGBT. Das Ausschaltverhalten entspricht durch die MOSFET-Eingangsstruktur dem eines MOS-Feldeffekttransistors. Nachdem die Steuerspannung U_{GE} den Wert der Mindest-Gatespannung $U_{GE,min}$ unterschritten hat, wird die Eingangskapazität entladen. Dies führt zu einer kurzen Verzögerung, der **Speicherzeit t_s.**

Der MOSFET-Eingang des IGBT verursacht eine Abschaltverzögerung.

Der IGBT kann durch seinen MOSFET-Eingang nicht wie der bipolare Leistungstransistor durch einen negativen Basisstrom beim Abschalten unterstützt werden.

Das Abschalten eines MOSFET kann nicht durch negative Ansteuerung unterstützt werden.

Die Ladungsträger des nachgeschalteten pnp-Transistors müssen rekombinieren (s. Elektronik Band 2 [1]). Im Anschluss daran reißt der Kollektorstrom I_C in der **Fallzeit t_f** steil ab, und die Kollektor-Emitter-Spannung steigt steil an. In der Fallzeit t_f sinkt der Kollektorstrom von 90 % auf 10 % seines Anfangswertes ab. Wie bei den anderen Bauelementen kommt es auch hier zu einer **Ausschaltverlustleistung P_{off}.** Die Gesamtzeit des Ausschaltvorganges wird **Abschaltzeit t_{off}** genannt.

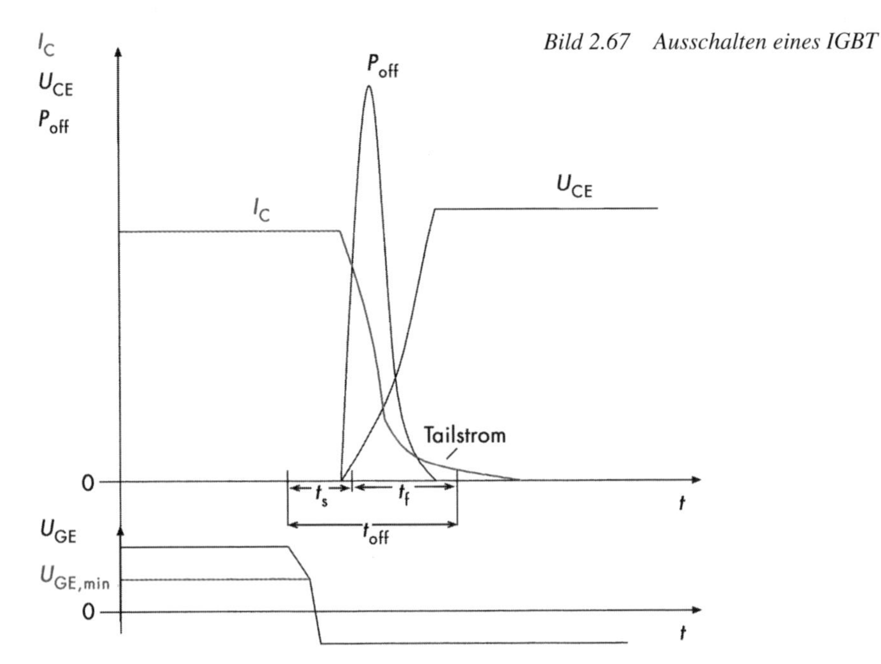

Bild 2.67 Ausschalten eines IGBT

Gegen Ende des Ausschaltvorganges nimmt der Strom durch den pnp-Transistor nur noch langsam ab. Die Ladungsträger des nachgeschalteten pnp-Transistors müssen rekombinieren (s. Elektronik Band 2 [1]). Dadurch entsteht ein **Tailstrom** (Engl.: tail = Schwanz). Das ist ein Nachteil gegenüber dem Ausschaltverhalten eines MOSFET (s. Bild 2.62). Der MOSFET-Drainstrom I_D fällt ohne das Ausbilden eines Tailstroms ab und erreicht daher früher den Wert des Reststroms.

> *Der IGBT bildet beim Abschalten einen Tailstrom.*

Obwohl der IGBT bereits durch das Abschalten der Mindest-Gatespannung $U_{GE,min}$ in den sperrenden Zustand übergeht, wird, um Störungseinflüsse zu vermeiden, der IGBT nach dem Abschalten oft weiter mit negativer Gatespannung betrieben. Es wird dann von **negativer Ansteuerung** gesprochen. Diese Spannung wird als **Emitter-Gate-Spannung U_{EG}** bezeichnet.

2.8.4 Verlustleistungen und Grenzwerte eines IGBT

Wie bei den im Vorigen besprochenen Bauelementen sind Grenzwerte für Sperrspannungen und Durchlassströme definiert.

Neben der maximal zulässigen Kollektor-Emitter-Sperrspannung U_{CES} geben die Hersteller auch die **Gate-Emitter-Spitzenspannung U_{GE}** an. Sie darf von der Steuerschaltung nicht überschritten werden.

Die **Gesamtverlustleistung P_{tot}** ergibt sich aus der Durchlassverlustleistung P_{CE}, der Einschaltverlustleistung P_{on} und der Abschaltverlustleistung P_{off}. Die Schaltverluste P_S spielen wie beim MOSFET kaum eine Rolle. Erst bei sehr hohen Frequenzen sind sie nicht mehr zu vernachlässigen.

$$P_{tot} = P_{CE} + P_{on} + P_{off}$$

Der erlaubte Arbeitsbereich eines IGBT wird durch folgende Grenzwerte bestimmt:

- Maximale Gesamtverlustleistung $P_{tot,\ max}$
- Sperrschichttemperatur T_{vj}
- Kollektorspannung U_{CE}
- Kollektor-Dauergleichstrom I_C und
- Kollektor-Spitzenstrom I_{CRM}

Das Produkt aus Kollektorstrom I_C und Kollektorspannung U_{CE} ergibt eine Verlustleistung P_{tot}. Dividiert man die maximal zulässige Verlustleistung $P_{tot,\ max}$ durch eine frei gewählte Kollektorspannung U_{CE} ergibt sich ein maximal zulässiger Kollektorstrom I_C. Zu jeder gewählten Kollektorspannung gehört ein Kollektorstrom bei dem die maximal zulässige Verlustleistung gerade noch nicht überschritten wird. Trägt man diese Werte in ein Diagramm ein, erhält man eine Gerade (Bild 2.68). Links der Geraden liegt der Bereich des sicheren Betriebes (**safe-operating-area, SOA**) bei dem der IGBT nicht zerstört wird. Rechts der Geraden

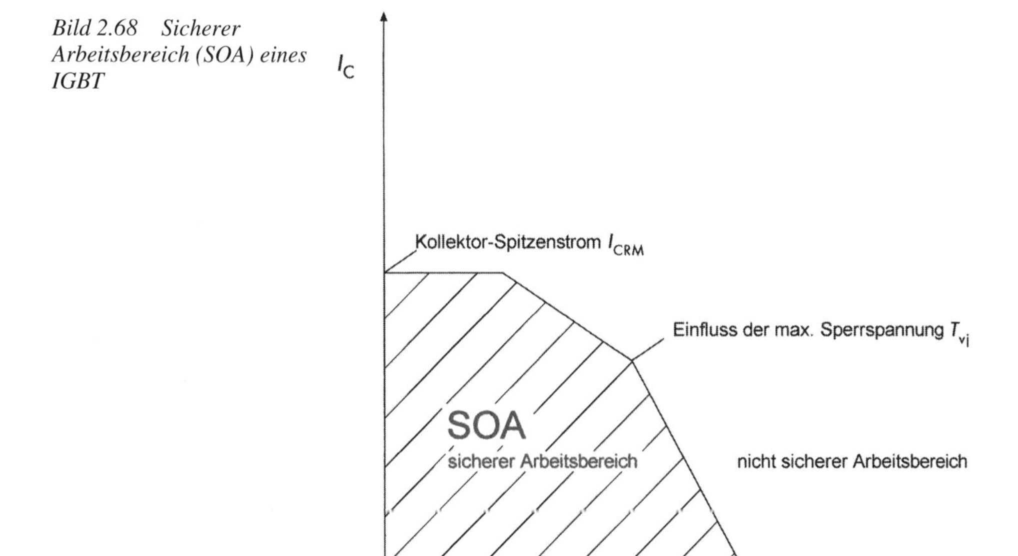

Bild 2.68 Sicherer Arbeitsbereich (SOA) eines IGBT

besteht für das Bauteil Zerstörungsgefahr. Da noch weitere Einflüsse wie Kollektor-Spitzenstrom und Sperrschichttemperatur den sicheren Betrieb beeinflussen, knickt die Gerade im Bereich höherer Ströme ab.

2.8.5 Gehäuseformen eines IGBT

IGBT werden häufig als Module mit integrierter Freilaufdiode bis hin zu komplett integrierten Wechselrichterschaltungen geliefert. IGBT-Module haben meist eine Blockform und daher nur 1 Seite die zur Wärmeabgabe dient. Bild 2.69 zeigt eine typische Bauform des IGBT, Bild 2.70 gibt entsprechende Abmessungen wieder. Teilweise werden auch ganze Brückenschaltungen in einem Modul aufgebaut, so dass sich der externe Verdrahtungsaufwand auf ein Minimum reduzieren lässt. Manche IGBT werden auch im Scheibengehäuse ausgeliefert und können dann effektiver gekühlt werden.

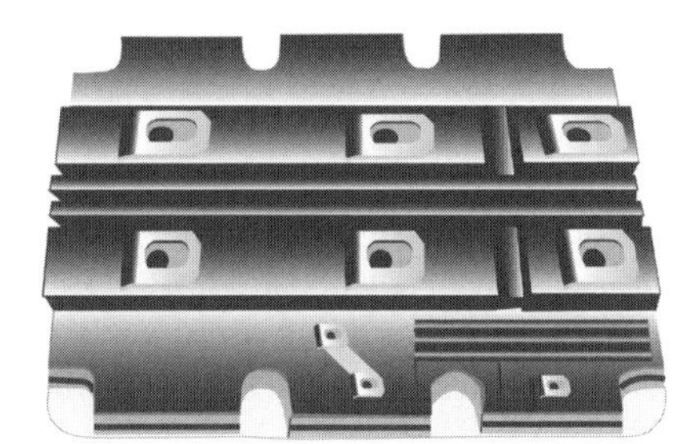

Bild 2.69 Bauform eines IGBT

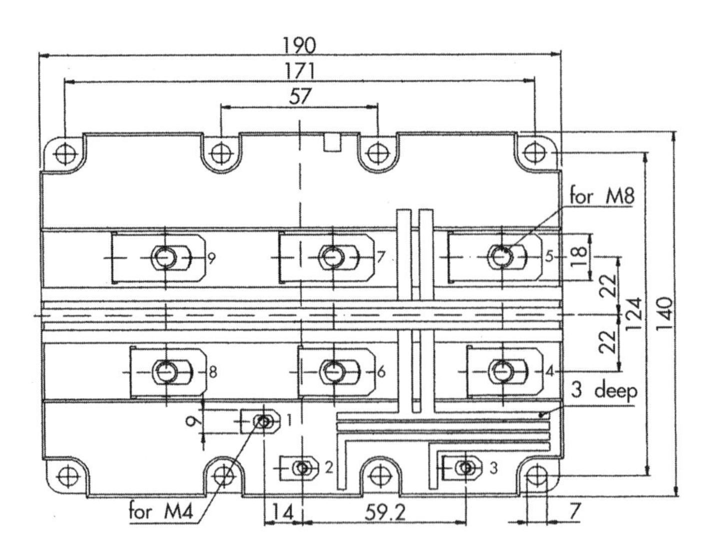

Bild 2.70 Abmessungen eines IGBT-Moduls (Quelle: eupec GmbH)

2.8.6 Vor- und Nachteile eines IGBT

Die Vorteile des IGBT sind sein geringer Steuerleistungsbedarf aufgrund des MOSFET-Einganges und eine hohe Kurzschlussfestigkeit, da der IGBT den Kurzschlussstrom auf ein Vielfaches des Nennstroms begrenzt. Daher benötigt der IGBT keine Schutzbeschaltung gegen Überströme.

> *Ein IGBT ist kurzschlussfest und benötigt keine zusätzlichen Schutzelemente gegen Überstrom.*

Nachteilig ist, dass die erreichbaren Sperrspannungen nicht an die der Thyristoren und GTO heranreichen. Auch die Durchlassverluste sind etwas höher als beim GTO.
Derzeit sind Bauelemente mit Durchlassströmen bis zu 2400 A und mit Sperrspannungen bis zu 6500 V erhältlich. Dabei ist aber zu beachten, dass die hohen Durchlassströme nur unter Rücknahme der Sperrspannung möglich sind. Ein Bauteil das 2400 A Durchlassstrom verträgt besitzt daher nur eine Sperrspannung von 1700 V.

2.9 Static-Induction-Transistor (SIT)

Der SIT arbeitet nach dem Steuerungsprinzip einer Triodenröhre. Durch Ladungsträgerinjektion wird eine hochohmige Schicht in der Leitfähigkeit gesteuert. Das geschieht durch elektrostatische Induktion. Daher lässt sich der SIT mit Feldeffekttransistoren vergleichen. Bild 2.71 zeigt seinen Kristallaufbau.

Bild 2.71 Halbleiterstruktur des Static-Induction-Transistors (SIT)

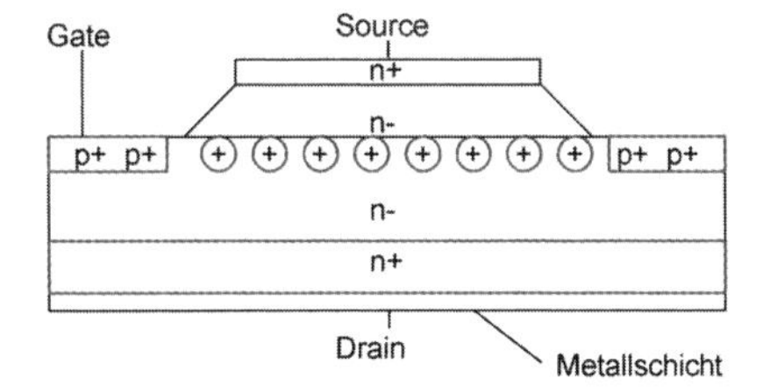

2.10 Parallel- und Reihenschaltung von Halbleiterbauelementen

Trotz der enormen Fortschritte, die bei der Entwicklung von Halbleiterbauelementen gemacht wurden, gibt es Anwendungsfälle, bei denen die Belastbarkeit der Halbleiter überschritten wird. Ist z.B. die Strombelastbarkeit des Halbleiters für die gewählte Anwendung zu gering, können 2 Halbleiter parallel geschaltet werden. Der Strom teilt sich dann auf die beiden Halbleiter auf.

Um eine möglichst gleichmäßige Aufteilung zu erreichen, müssen die Halbleiter ähnliche Kennlinien besitzen.

Der Spannungsabfall in Durchlassrichtung sollte unter der Voraussetzung, dass die beiden Halbleiter je vom halben Laststrom durchflossen werden, gleich groß sein (Bild 2.72). Unter der Bedingung dass $i_1 = i_2$ ist, haben 2 exakt gleiche Halbleiter denselben Spannungsfall $U_1 = U_2$. Dann teilt sich der Strom ideal auf.

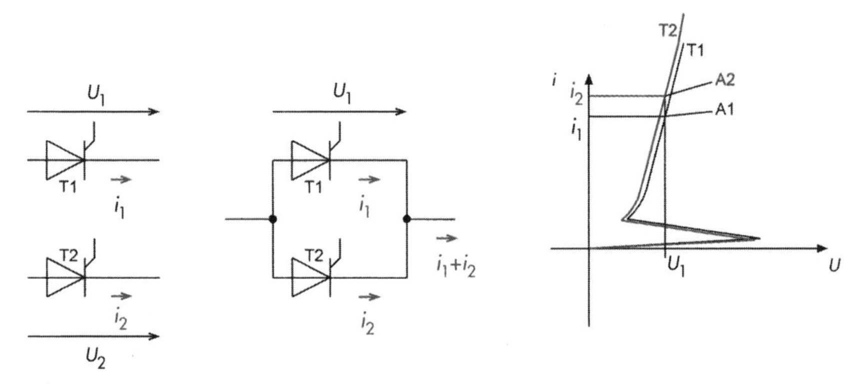

Bild 2.72 Parallelschaltung zweier Thyristoren

Bei Parallelschaltung muss eine gleichmäßige Laststromaufteilung auf die Bauelemente angestrebt werden.

Da in der Praxis aber 2 exakt gleiche Halbleiter nicht realisierbar sind, haben die beiden Halbleiter unterschiedliche Durchlasskennlinien. Durch den Schaltungszwang muss an beiden Halbleitern die gleiche Spannung abfallen. Trägt man die Spannung U_1, die bei der Parallelschaltung abfällt, in das Kennlinienbild ein, ergeben sich auf den beiden Thyristorkennlinien T1 und T2 die Arbeitspunkte A1 und A2. Es ergeben sich schon bei der im Beispiel gewählten geringen Abweichung sehr unterschiedliche Ströme i_1 und i_2. Deshalb werden Halbleiter, die parallel arbeiten sollen, sehr genau ausgesucht. Zudem verursachen unterschiedliche Bauelementtemperaturen eine Abweichung der Kennlinien voneinander. Daher ist es zweckmäßig, die Bauelemente auf einen gemeinsamen Kühlkörper zu montieren.
Die Abweichungen, die sich bei schnellen Stromanstiegen ergeben, können in Reihe geschaltete Drosseln verbessern (Bild 2.73). Selbstverständlich muss die Ansteuerung der Halbleiter absolut symmetrisch erfolgen. Wird ein Halbleiter abweichend vom anderen angesteuert, ergeben sich große Abweichungen, die zur Zerstörung der Bauelemente führen können.
Genügt die maximale Spannungsbelastbarkeit eines Halbleiters nicht den Anforderungen, können Halbleiter auch in Reihe geschaltet werden. Prinzipiell tritt hier das gleiche Problem auf. Die beiden Halbleiter werden durch Schaltungszwang vom selben Strom i_1 durchflossen

Bild 2.73 Parallelschaltung zweier Thyristoren mit Ausgleichdrosseln

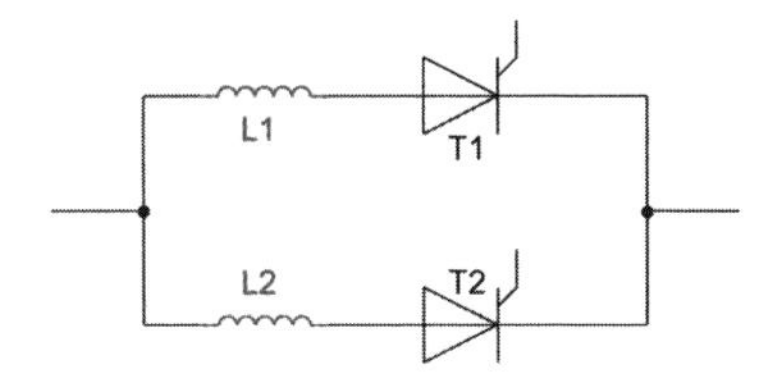

Bild 2.74 Reihenschaltung zweier Thyristoren

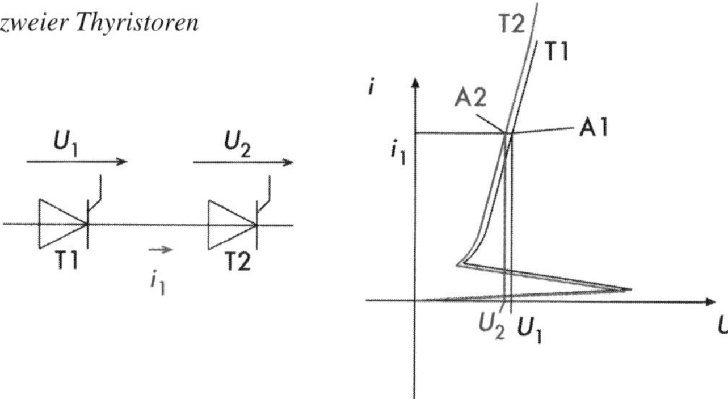

(Bild 2.74). Durch die Abweichung der Kennlinien ergeben sich unterschiedliche Spannungsabfälle, die durch den Strom i_1 hervorgerufen werden.

> *Bei Reihenschaltung muss eine gleichmäßige Sperrspannungsaufteilung auf die Bauelemente angestrebt werden.*

Bild 2.75 zeigt eine Ausgleichsbeschaltung. Die beiden Widerstände *R*2 und *R*2' gleichen Spannungsabweichungen im stationären, eingeschwungenen Zustand aus. Unterschiede in der Spannungsaufteilung bei steilen Änderungen der Sperrspannung werden von den parallelgeschalteten Kondensatoren C1 und C1' gedämpft. R1 und R1' dämpfen den Stromfluss im Kondensator und bilden zusammen mit ihm einen Überspannungsschutz für den Halbleiter. Eine plötzliche Überspannung an einem Halbleiter lädt zunächst den parallelen Kondensator auf und verteilt sich dann über die Widerstände R2 und R2' auf beide Halbleiter. Die Ansteuerung der Halbleiter muss unbedingt synchron erfolgen, um große Ausgleichsvorgänge zu vermeiden.

Bild 2.75 Reihenschaltung zweier Thyristoren mit Ausgleichsbeschaltung

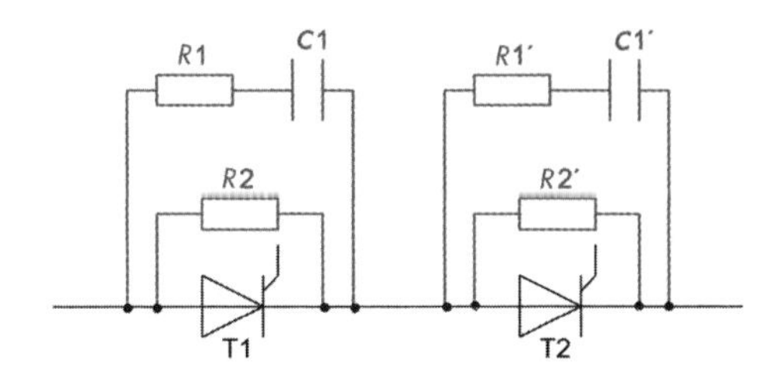

2.11 Anwendungen von Leistungshalbleiterbauelementen

Die im Vorangegangenen behandelten Bauelemente lassen sich nicht alle gleich gut für die unterschiedlichen Aufgaben einsetzen. Es wurde schon eingangs darauf hingewiesen, dass schnelle Schaltgeschwindigkeiten und hohe Sperrspannungen nur unter Abstrichen bei der Hochstromfähigkeit zu erzielen sind. Netzgleichrichterdioden können heute Ströme bis zu 13 000 A und Sperrspannungen von 8500 V bewältigen.
Sehr hohe Ströme (über 10 000 A) lassen sich auch mit Thyristoren schalten. Solche Stromstärken werden nur von Netzthyristoren bewältigt. Die maximale Sperrspannung liegt bei solchen Netzthyristoren bei 2200 V. Thyristoren können auch hohe Sperrspannungen vertragen. Es sind Netzthyristoren mit Sperrspannungen bis zu 8000 V lieferbar. Allerdings können diese Typen nur ca. 5600 A schalten. Solche Höchstleistungsthyristoren sind in **Hochspannungs-Gleichstrom-Übertragungsanlagen (HGÜ)** eingesetzt. Auch der Einsatz als Hochspannungsschalter in Schaltanlagen ist möglich.
Thyristoren haben den Nachteil, dass sie nicht abschaltbar sind. Das macht sie für die Verwendung bei vielen modernen selbstgeführten Stromrichtern unattraktiv. Löschschaltungen für Thyristoren, die eine Abschaltung ermöglichen aber aufwendig sind, werden kaum noch realisiert.
Werden abschaltbare Bauelemente benötigt, kommen GTO, MOSFET und die neueren IGBT, IGCT und ETO zum Einsatz. Die Entwicklung bei den GTO macht Fortschritte, und Ströme bis zu 2000 A sind heute üblich. Sowohl GTO als auch Thyristoren können hinsichtlich der Schaltgeschwindigkeit mit bipolaren Transistoren und MOSFET nicht konkurrieren. Sie haben zu lange Speicherverzugszeiten. Deswegen kommen Thyristoren und GTO für sehr hohe Schaltfrequenzen nicht in Betracht. Zudem benötigt ein GTO einen Abschaltstrom, der ca. ¼ des Durchlassstroms beträgt. Dieser vergleichsweise hohe Strom bringt hohe Abschaltverluste und aufwendige Steuerschaltungen hoher Leistung mit sich.
MOSFET lassen sich nahezu leistungslos steuern. Das ist bei den hohen Schaltfrequenzen moderner Stromrichter von großem Vorteil. Allerdings können MOSFET nur Ströme bis ca. 100 A schalten. Bild 2.76 zeigt die jeweiligen Grenzbereiche. Zudem haben MOSFET für

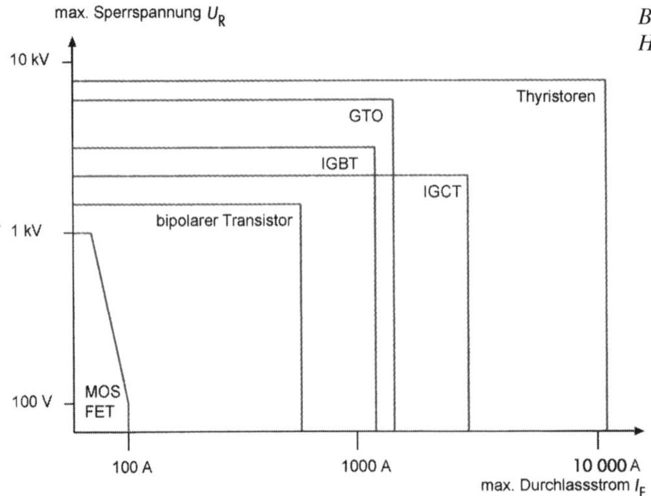

Bild 2.76 Vergleich der Halbleiterschaltleistungen

hohe Sperrspannungen im Vergleich zu bipolaren Transistoren verhältnismäßig hohe Durchlassverluste, da der Durchlasswiderstand höher ist als bei den bipolaren Transistoren. Die Domäne der MOSFET sind Anwendungen bei hohen Frequenzen (>70 kHz). Hier können sie den Vorteil der sehr geringen Steuerleistung ausspielen, da die Steuerleistung mit zunehmender Schaltfrequenz mehr ins Gewicht fällt.
Für Bauelemente mit hoher Sperrspannung lag es nahe, eine «Kreuzung» aus MOSFET und bipolarem Transistor zu entwerfen. Der IGBT vereint den MOSFET-Vorteil des nahezu leistungslosen Steuerns mit dem Vorteil des bipolaren Transistors einen niedrigen Durchlasswiderstand zu haben. Tabelle 2.1 zeigt eine Gegenüberstellung der Eigenschaften.

Tabelle 2.1 Vergleich von IGBT, MOSFET und bipolarem Transistor

	IGBT 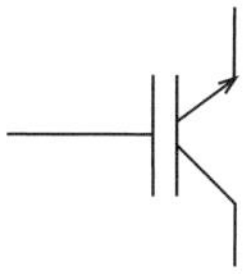	MOSFET 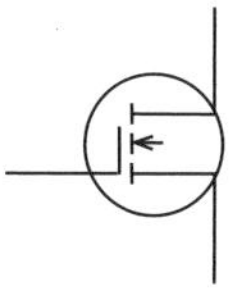	bipolarer Transistor 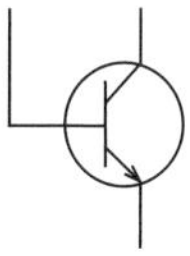
Strombelastbarkeit	sehr gut	befriedigend	gut
Durchlassverluste	gering	hoch	gering
Sperrvermögen	sehr gut	befriedigend	gut
maximale Schaltfrequenz	ca. 20 kHz	ca. 200 kHz	ca. 50 kHz
Einschaltzeit	mittel	kurz	mittel
Ausschaltzeit	mittel	kurz	lang
Schaltverluste	mittel	gering	hoch
Komplexität der Steuerschaltung	niedrig	niedrig	hoch
Steuerleistung	niedrig	niedrig	hoch

Die neuen Bauelemente IGBT, IGCT und ETO sind dabei, die Anwendungsbereiche von MOSFET und GTO zu erobern. Der IGBT erobert sich einen immer größeren Marktanteil. Sperrspannungen von bis zu 6500 V und Durchlassströme bis zu 2400 A machen ihn sehr universell einsetzbar. Der IGCT hat viele Vorteile hinsichtlich des älteren GTO. Der Aufwand an äußerer Beschaltung ist geringer. Er benötigt weniger aufwendige Schutzbeschaltungen und auch der Steuergenerator kann kleiner gebaut werden, da die Ansteuerströme geringer sind. Das alles reduziert die Kosten des Umrichters.

2.12 Zuverlässigkeit von Halbleiterbauelementen

Leistungshalbleiter sind im Betrieb hohen Durchlassströmen und Sperrspannungen ausgesetzt. Die an den Durchlasswiderständen entstehenden Verluste belasten das Halbleitermaterial. Hohe Sperrspannungen beanspruchen die Isolationsschichten.

> *Ein Überschreiten der maximalen Sperrspannung führt zur Alterung der Isolationsschicht.*

Um einen störungsfreien, zuverlässigen Betrieb zu gewährleisten, muss ein Halbleiter während des Betriebs alle seine Funktionen fehlerfrei ausführen. Da es aber keine statistische Auswertung des Langzeitbetriebes von Halbleiterbauelementen gibt, lassen sich Zuverlässigkeitsaussagen nur durch Lebensdauertests in Laboratorien herausfinden. Da die Lebensdauer von Halbleiterbauelementen bei nomineller Belastung im Bereich von Jahrzehnten liegt, müssen Tests entwickelt werden, die innerhalb einer kurzen Testdauer Rückschlüsse auf das Langzeitverhalten des Halbleiters geben. Diese Kurzzeittests belasten das Bauelement höher, um den Langzeitbetrieb zu simulieren.
Folgende Tests werden durchgeführt:

- Rückwärtsstrom bei Hochtemperatur HTRB (High Temperature Reverse Bias)
- Gatestrom bei Hochtemperatur HTGB (High Temperature Gate Bias)
- Leistungstest
- Temperaturtest
- Feuchtigkeitstest und
- mechanischer Belastungstest

Beim **HTRB-Test** wird der Halbleiter mit einem konstanten Rückwärtssperrstrom belastet. Die Temperatur an der Sperrschicht wird auf 125 °C eingestellt. Dadurch wird das Isolationsvermögen geprüft. Thyristoren und Dioden werden mit 70 % der im Datenblatt angegebenen Maximallast geprüft, IGBT und MOSFET mit 80 %. Die Ausfallrate wird nach 168 h Dauertest bestimmt.
Der **HTGB-Test** wird an MOSFET und IGBT durchgeführt. Bei einer Temperatur von 125 °C wird eine positive Gatespannung angelegt. Die Spannung beträgt 80 % der maximal zulässigen Gatespannung.
Beim **Temperaturtest** wird getestet wie gut das Bauelement Temperaturschwankungen verträgt. Dazu wird es abwechselnd der minimal bzw. maximal zulässigen Temperatur ausgesetzt. Dadurch dehnen sich die unterschiedlichen Materialien verschieden stark aus, und es kommt zu mechanischen Belastungen im Bauelement.
Der **Leistungstest** überprüft die Zuverlässigkeit bei häufigem Ein- und Ausschalten. Dazu wird das Bauteil auf einem Kühlkörper montiert und in Betrieb genommen. Die Einschaltzeit wird so gewählt, dass sich bei bekannten Wärmewiderständen von Kühlkörper und Bauelement eine Sperrschichttemperatur von 125 °C ergibt.
Der **Feuchtigkeitstest** überprüft, inwieweit sich das Sperrvermögen des Halbleiterbauelements bei 100 % Luftfeuchtigkeit in 168 h verschlechtert. Zudem kann Feuchtigkeit zu innerer Korrosion führen.

Ein **mechanischer Belastungstest** überprüft die Auswirkungen von Beschleunigungen, Vibrationen und Schlägen auf das Bauteil.
Ein wichtiger Begriff zur Beurteilung der Zuverlässigkeit ist die **MTTF** (Mean Time To Failure). Sie gibt die Zeitdauer an, nach der 62,3 % der Bauelemente ausgefallen sind.

> *Der Begriff Mean Time To Failure (MTTF) gibt die Ausfallrate eines Bauelementtyps an.*

Werden die Ausfälle in einem Diagramm über der Betriebszeit aufgetragen, ergibt sich eine badewannenförmige Kurve (Bild 2.77).

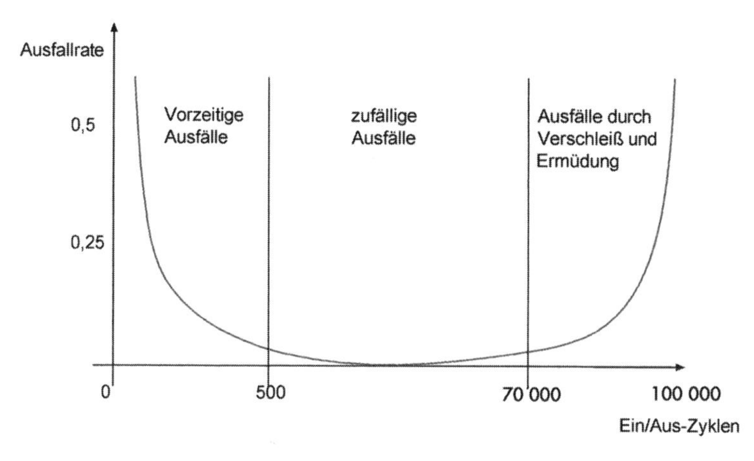

Bild 2.77 Ausfälle bei Halbleiterbauelementen

Das Bild zeigt die Ergebnisse eines Leistungstests. Bei den Tests treten 3 Ausfalltypen auf:

- vorzeitige Ausfälle (early failure),
- zufällige Ausfälle (random failure) und
- Ausfälle durch Verschleiß und Ermüdung (wear-out-failure).

Schließt man eine Überlastung durch den Anwender aus, entstehen vorzeitige Ausfälle i.A. durch Materialfehler. Die vorzeitigen Ausfälle durch Materialfehler könnten durch einen Probebetrieb vor der Auslieferung erkannt werden. Das ist jedoch nicht wirtschaftlich. Die Hersteller sind bemüht, durch Überwachung des Herstellungsprozesses fehlerhafte Bauteile auf ein Minimum zu reduzieren.
Zufällige Ausfälle entstehen meist durch kurzzeitige Überlastungen während des Betriebs. Die Hersteller versuchen die Ausfallraten durch Sicherheitsfaktoren bei der Angabe von Grenzwerten zu reduzieren.
Leistungshalbleiter sind sehr langzeitstabil. Ausfälle durch Verschleiß und Ermüdung treten selbst bei Kurzzeittests mit erhöhten Belastungen sehr spät auf.

Die Ausfälle durch Verschleiß und Ermüdung lassen sich schon in der Entwurfsphase des Bauelements einschränken. Die Wahl der Halbleiterstruktur, der Materialstärke und die Materialqualität beeinflussen die Zuverlässigkeit ebenso.
Je höher die Materialstärke und je besser die Materialqualität, desto höher die Lebensdauer. Die Materialstärke kann jedoch nicht beliebig stark ausgeführt werden. Die elektrische Kapazität des Bauteils ändert sich mit zunehmender Materialstärke mit dem Nachteil, dass sich die Schaltgeschwindigkeit des Bauteils verringert. Der Materialqualität sind wirtschaftliche Grenzen gesetzt.

3 Steuer- und Schutzbeschaltungen von Halbleiterbauelementen, Kühlung

3.1 Sicheres Zünden

Leistungshalbleiter müssen an ihren Steuereingängen ein Steuersignal angelegt bekommen. Beim Thyristor muss ein Strom (Zündstrom) bestimmter Höhe und Dauer durch den Gateanschluss fließen. Bei einem Feldeffekttransistor muss eine Spannung (Zündspannung) bestimmter Größe (MOSFET) am Steueranschluss anliegen, um ihn anzusteuern.
Die Zündgrößen sind temperaturabhängig. Daher gibt es zu jedem Bauelement Kennlinien für sicheres Zünden. Sie beschreiben einen Bereich in dem der Zündwert liegen muss, damit das Bauteil sicher zündet. In Kapitel 2 wird für den Thyristor solch eine Kennlinie erläutert (Bild 2.14). Zunächst muss abgeschätzt oder berechnet werden, welchen Temperaturen das Bauelement während des Betriebs ausgesetzt werden wird. Dann können die Werte für sicheres Zünden ermittelt werden.

3.2 Steuerschaltungen

Eine Steuerschaltung besteht aus einem impulsformenden Teil und einem Impulsverstärker. Um eine Rückwirkung der hohen Spannungen und Ströme des Leistungsteils zu vermeiden, werden die Impulse über eine galvanische Entkopplung (Übertrager oder Glasfaser) übertragen.

Leistungshalbleiter werden heute fast ausschließlich über Mikroprozessoren angesteuert.

Mikroprozessorgesteuerte Schaltungen formen mit Hilfe nachgeschalteter Endstufen die Steuerimpulse.
Der Mikroprozessor ermittelt den Zeitpunkt des Zündens und löst dann einen Steuerimpuls definierter Länge und Höhe aus, der im Folgenden, wegen der geringen Ausgangsleistung digitaler Baugruppen, noch verstärkt werden muss. Der Mikroprozessor überwacht meist noch die Temperatur und andere Größen, um die Steuerimpulse notfalls zu unterdrücken und die Bauelemente vor Überlast zu schützen.
Jeder Steuerimpuls verursacht im Halbleiterbauteil Steuerverluste, die sich aus dem Produkt von Steuerstrom und Steuerspannung ergeben. Die maximalen Steuerverluste dürfen nicht überschritten werden, da sonst das Bauteil Schaden nehmen kann und die Schaltung ausfällt. Bild 3.1 zeigt einen typischen Steuerimpuls. Die Mindestimpulshöhe i_{min} muss erreicht werden, um das Bauteil zu zünden.

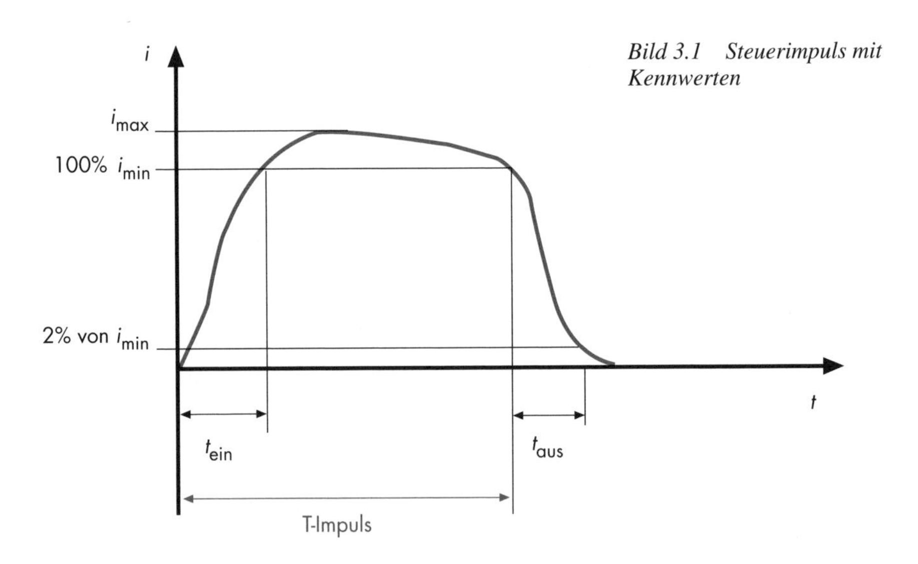

Bild 3.1 Steuerimpuls mit Kennwerten

> *Die Zeit, die vom Erreichen von 2 % i_{min} bis zu 100 % i_{min} vergeht, wird Anstiegszeit genannt.*

Als Impulsdauer wird die Zeit bezeichnet, die vom Erreichen von 2 % i_{min} bis zum Wiederabfallen auf 100 % i_{min} verstreicht. Nach der Abstiegszeit ist der Strom schließlich wieder auf 2 % i_{min} abgefallen.

Bild 3.2 zeigt eine Thyristor-Steuerschaltung. Der Thyristor zündet, wenn ein Gatestrom in das Bauelement fließt. Dazu muss eine gegenüber der Katode positive Gatespannung U_{G} anliegen. Die Steuergeneratorspannung U_{L} stellt diese Spannung zur Verfügung. Der Impulsgeber steuert den pnp-Transistor an und formt einen Impuls definierter Größe. Die

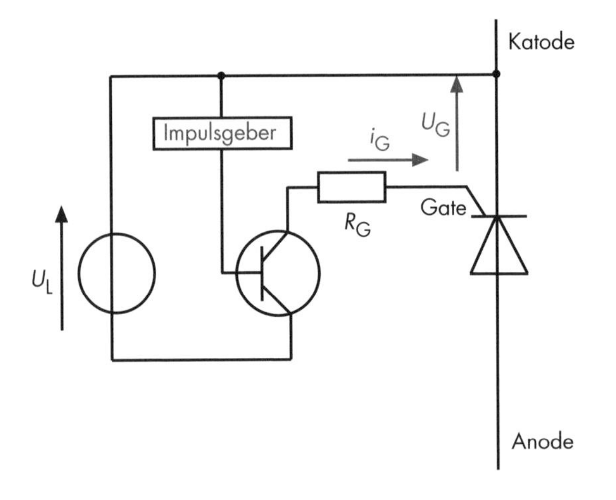

Bild 3.2 Steuerschaltung für einen Thyristor

Steuerstromhöhe i_{GM} und die **Steuerimpulsdauer t_G** werden vom Thyristorhersteller vorgegeben. Dabei darf die kritische **Gatestromsteilheit $\Delta i_G/\Delta t$** nicht überschritten werden. Der Steuerstromkreis Widerstand R_G dient zur Bemessung des Steuerstroms i_G.
Die in Bild 3.3 und Bild 3.4 gezeigte Schaltung dient zur Steuerung eines IGBT. Der IGBT kann durch eine gegenüber dem Emitter positive Gatespannung U_{GE} eingeschaltet (Bild 3.3) und durch eine entsprechend negative Spannung (Bild 3.4) wieder ausgeschaltet werden. Dazu steuert der Impulsgenerator 2 pnp-Transistoren an. Wird der jeweilige Transistor leitend, liegt am Gate eine positive oder negative Steuerspannung an. Der Steuerkreiswiderstand R_G dient als Kurzschlussschutz. Ein Steuerstrom fließt beim IGBT so gut wie nicht (s. Abschnitt 2.8). Der Impulsgenerator muss gewährleisten, dass die Gatespannung mindestens für die **Dauer der Gateemitterspannung t_{fg}** anliegt. Der vom Hersteller angegebene Höchstwert der Gateemitter-Spitzenspannung U_{GE} darf nicht überschritten werden.

Bild 3.3
Steuerschaltung für einen IGBT, Schaltzustand «Ein»

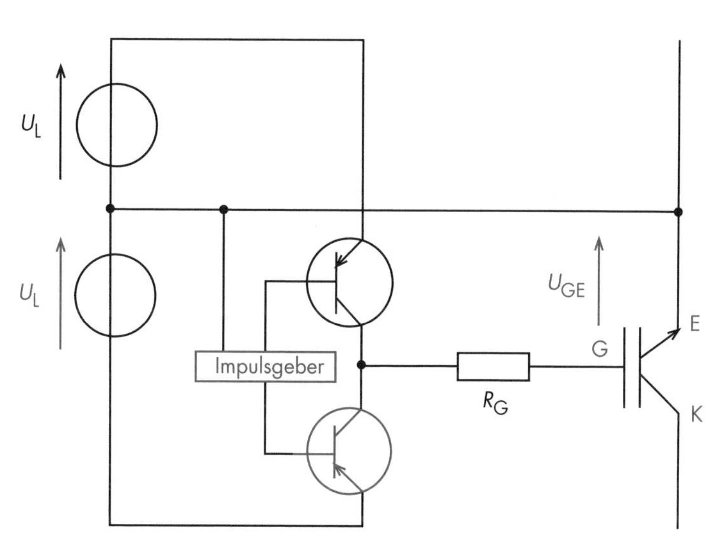

Bild 3.4
Steuerschaltung für einen IGBT, Schaltzustand «Aus»

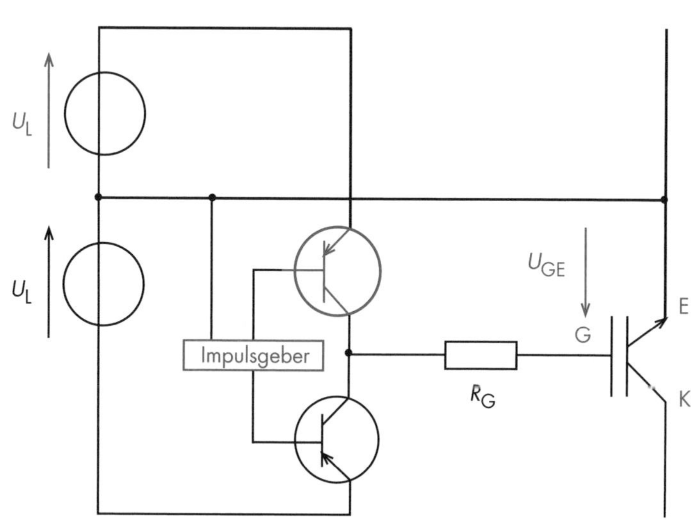

3.3 Schutzbeschaltungen

3.3.1 Schutz vor dynamischen Überströmen

In Kapitel 2 wurde zum Teil schon auf die Notwendigkeit eingegangen, die Bauteile durch Schutzschaltungen vor hohen Stromanstiegsgeschwindigkeiten und steilen Spannungsanstiegen zu schützen. Der Stromanstieg wird durch in Reihe geschaltete Drosseln begrenzt. Parallel geschaltete Kondensatoren begrenzen die Spannungssteilheit.
Bild 3.5 zeigt einen IGBT-Einschaltvorgang ohne Strombegrenzungsdrossel. Der Strom schwingt beim Einschalten stark über und kann im ungünstigen Fall den maximal zulässigen Spitzenstrom überschreiten und das Bauelement zerstören. Der starke Überschwinger führt

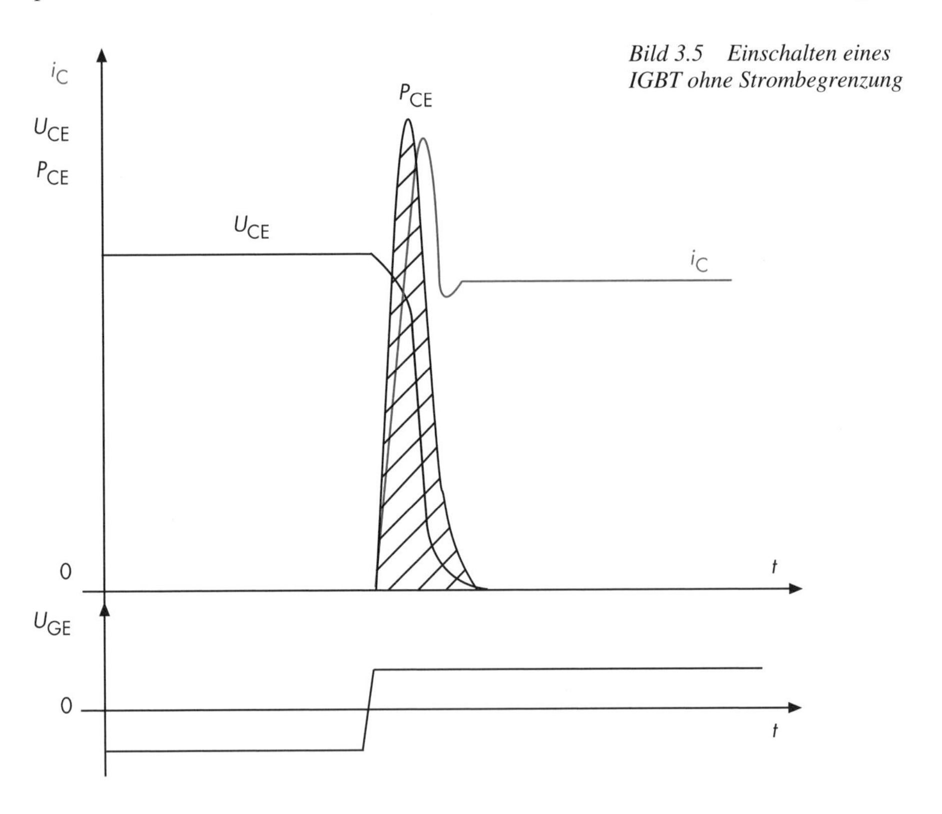

Bild 3.5 Einschalten eines IGBT ohne Strombegrenzung

zudem zu einer großen Einschaltverlustleistung. Bild 3.6 zeigt die Beschaltung des IGBT mit einer in Reihe geschalteten Drossel L. Parallel zur Drossel L muss eine Diode D geschaltet werden. Wird der IGBT abgeschaltet, baut die Spule eine Spannung auf, um den Strom weiter fließen zu lassen. Da der Strom wegen des gesperrten IGBT nicht mehr über die Last fließen kann, muss ihm ein Weg über die Diode D geschaffen werden. Es bildet sich ein Kreisstrom, der nur durch den Widerstand R begrenzt wird. Die Freilaufdiode muss, vor allem bei hohen Schaltfrequenzen, ein schnell schaltender Typ sein.

Bild 3.6
Überstromschutzbeschaltung eines IGBT

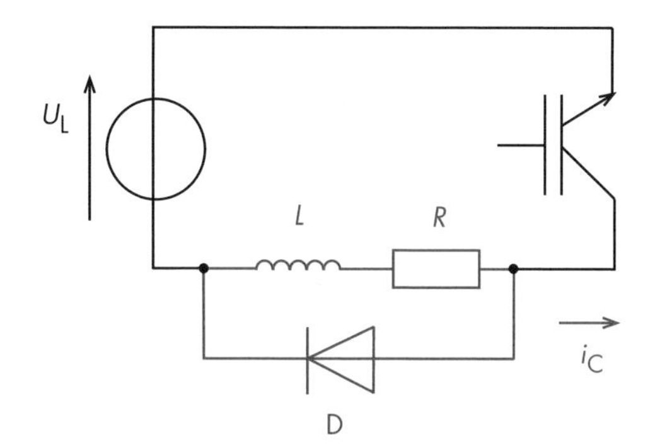

> *In Reihe geschaltete Drosseln begrenzen den Stromanstieg bei Schaltvorgängen und vermindern Schaltverluste.*

Wird der IGBT mit langsamer Taktfolge eingeschaltet, kann sich die Energie in der Strombegrenzungsdrossel immer wieder abbauen. Ab einer bestimmten Taktfrequenz ist dies nicht mehr möglich. Dann nimmt die Wirkung der Strombegrenzung ab.

> *Mit zunehmender Taktfrequenz nimmt die Wirkung einer Strombegrenzungsdrossel ab.*

3.3.2 Schutz vor dynamischen Überspannungen

An einem Halbleiterbauelement können Überspannungen auftreten. Sie können entweder aus der Stromversorgung (Netz des Energieversorgers) oder durch Schaltvorgänge an Induktivitäten entstehen. Überspannungen aus dem Versorgungsnetz entstehen durch Schaltvorgänge, häufig aber auch durch atmosphärische Einwirkungen wie z.B. Blitze.
Induktivitäten sollten möglichst klein gehalten werden. Schon beim Layout des Bauelementes und der Verdrahtung ist auf die Vermeidung parasitärer Induktivitäten zu achten.
Je steiler die Stromänderung verläuft, bzw. je höher die Stromanstiegs- oder Abfallgeschwindigkeit ist, desto größer sind die an Induktivitäten auftretenden Spannungen. Solche Überspannungen können durch Parallelschaltung eines Kondensators begrenzt werden. Bild 3.7 zeigt eine Überspannung beim Abschalten eines Transistors. Die Überspannungen führen zu hohen Abschaltverlusten P_{CE}.
Bild 3.8 zeigt am Beispiel eines IGBT wie die Überspannungen begrenzt werden können. Der durch den Kondensator fließende Ladestrom muss mit einem Widerstand R begrenzt werden.

> *Parallelgeschaltete Kondensatoren begrenzen Spannungsanstiege bei Schaltvorgängen und vermindern die Schaltverluste.*

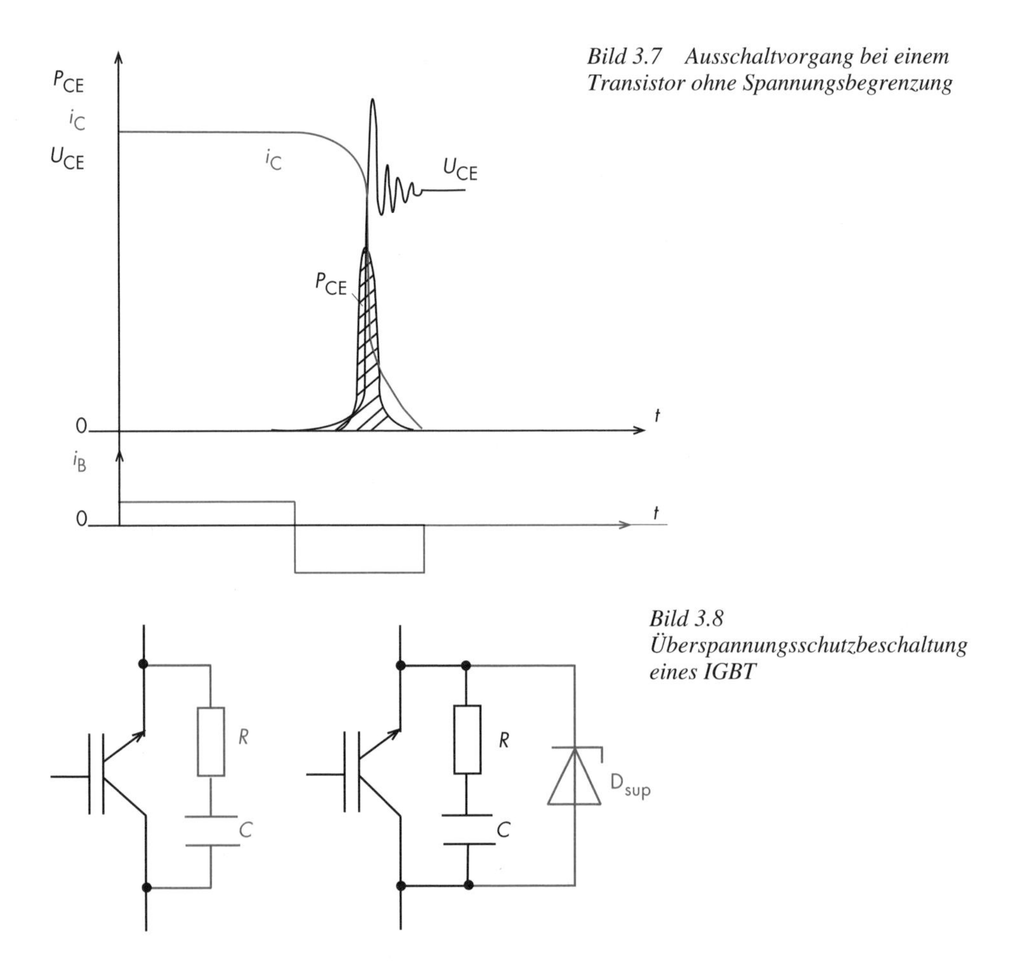

Bild 3.7 Ausschaltvorgang bei einem Transistor ohne Spannungsbegrenzung

Bild 3.8 Überspannungsschutzbeschaltung eines IGBT

Eine parallel geschaltete Zenerdiode bzw. Suppressordiode kann zusätzlichen Schutz bieten. Zenerdioden (s. Elektronik Band 2 [1]) werden ab einer bestimmten Spannungshöhe auch in Sperrrichtung leitend und schließen daher Spannungen über ihre Durchbruchspannung kurz. Dadurch wird das Bauelement geschützt. Auch Metalloxidvaristoren [1] bieten einen Schutz vor Überspannungen. Varistoren sind Widerstände, die bei höheren Spannungen leitfähiger werden. Sie sind belastbarer, können jedoch nicht so schnell schalten wie Dioden.

3.3.3 Schutz vor statischen Überströmen

Statische Überströme treten im Gegensatz zu den dynamischen Überströmen nur im Störfall auf. Ein Störfall ist z.B. eine falsche Ansteuerung der Bauelemente, die dazu führt, dass 2 Bauelemente einer Brückenschaltung gleichzeitig leitend sind und dadurch einen Kurzschluss verursachen. Auch ein kurzgeschlossener Lastkreis kann die Ursache eines statischen Überstroms sein.

> *Statische Überströme müssen erfasst und abgeschaltet werden.*

Der Überstrom muss zum Schutz des Bauteils möglichst sofort abgeschaltet werden. Die Messung des Überstroms kann direkt im Lastkreis oder an der Spannungsquelle bzw. bei Zwischenkreisumrichtern im Zwischenkreis gemessen werden (Bild 3.9). Sobald über die Stromwandler ein Überstrom gemessen wird, werden die Bauelemente ausgeschaltet.

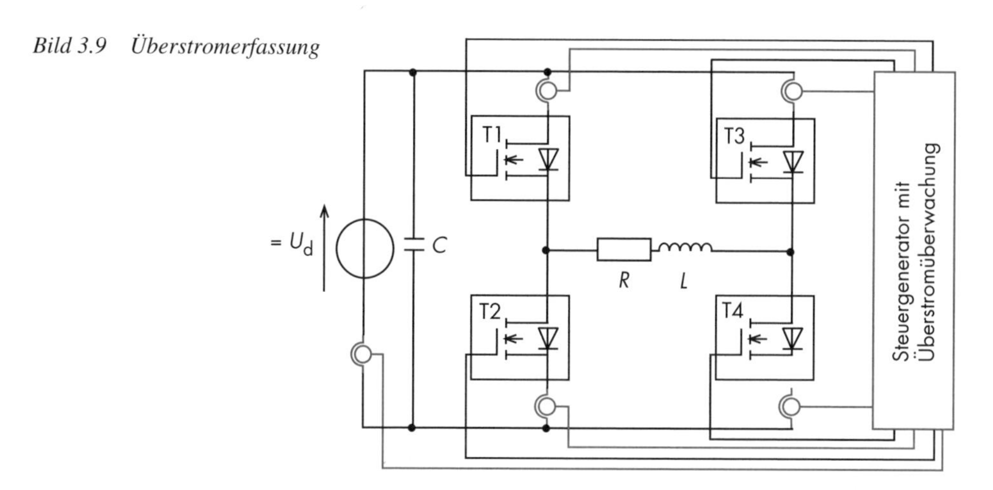

Bild 3.9 Überstromerfassung

3.4 Kühlung

Die folgenden Abschnitte behandeln das Problem der Wärmeabfuhr. Die Schaltungen der Leistungselektronik entwickeln aufgrund der hohen umgesetzten Leistungen teilweise erhebliche Wärmemengen, die abgeführt werden müssen, um Halbleiter und andere Bauteile (Elektrolytkondensatoren u.a.) nicht zu schädigen.

3.4.1 Entstehung der Wärme

In einem Halbleiterbauelement entstehen sowohl Verluste im Sperr- als auch im Durchlassbetrieb. Im Sperrbetrieb ist die Spannung, die am Halbleiterbauelement anliegt, hoch, der fließende Sperrstrom jedoch gering. Das Produkt von Sperrstrom und Sperrspannung liefert die **Sperrverluste**. Bei der Weiterentwicklung von Bauelementen wird daher versucht, den Sperrstrom auf ein Minimum zu reduzieren, um damit die Verluste weiter zu verkleinern. Das ist durch Einsatz besonders reiner Kristalle möglich.
Im Durchlassbetrieb ist die am Bauelement abfallende Spannung U_F klein. Dafür ist der Durchlassstrom I_F sehr hoch. Das Produkt ergibt die **Durchlassverluste**.

$$P_{tot} = U_F \cdot I_F$$

> *Die Durchlassspannung der Halbleiterbauelemente ist ein entscheidendes Kriterium für die Auswahl des geeigneten Halbleiterbauteils.*

Die Verlustwärme entsteht vor allem in der Sperrschicht des Halbleiters. Dadurch erhöht sich dort die Temperatur. Da die Sperrschicht nur eine bestimmte Temperatur verträgt, muss die Wärme abgeführt werden. Dazu ist es hilfreich, wenn die Fläche zur Wärmeabfuhr möglichst groß ist. Aus diesem Grund werden große Leistungshalbleiter als flache, pillenförmige Bauelemente ausgeführt. Über die so entstehende große Fläche kann die Wärme gut abgegeben werden. Die maximal zulässige Temperatur steht im Datenblatt des Halbleiterbauelementes. Die maximal zulässige Sperrschichttemperatur und die zu erwartende Verlustwärme bestimmen den notwendigen Kühlungsaufwand.
Im Moment des Ein- bzw. Ausschaltens entstehen zusätzliche **Schaltverluste**. Während des Einschaltvorganges gibt es Momente in denen die Sperrspannung noch anliegt, der Strom durch das Bauelement jedoch schon deutlich angestiegen ist. Ähnliches gilt für das Ausschalten. Zu diesen Zeitpunkten entstehen zum Teil erhebliche Verluste, die zwar nur kurzzeitig auftreten, aber mit der Häufigkeit des Schaltens, also mit der Betriebsfrequenz, zunehmen. Sie können daher zu einer deutlichen Erwärmung der Halbleiter führen. Auch die Steuerströme, die in die Steueranschlüsse des Bauelementes fließen, verursachen Verluste.

3.4.2 Thermisches Ersatzschaltbild

Die im Halbleiter an der Sperrschicht entstehende Wärme Q wird über Wärmeleitung an das Gehäuse abgegeben. Ist das Gehäuse auf einen Kühlkörper montiert, wird die Wärme weiter an den Kühlkörper gegeben. Die Wärmeleitung lässt sich physikalisch mit einem Stromfluss vergleichen. Daher kann für die Wärmeleitung ein **thermisches Ersatzschaltbild** aufgestellt werden (Bild 3.10). Es gilt für den statischen Zustand in dem ein Halbleiter bereits längere Zeit von einem konstanten Strom durchflossen wird. Dynamische Vorgänge wie periodisches Ein- und Ausschalten erfordern andere Betrachtungen, auf die später eingegangen wird.

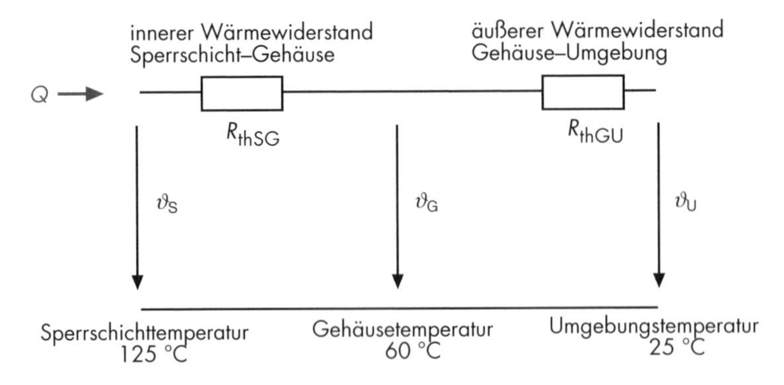

Bild 3.10 Thermisches Ersatzschaltbild

Das thermische Ersatzschaltbild beschreibt den Wärmefluss von der Sperrschicht bis zum Kühlkörper.

Im Ersatzschaltbild wird die Verlustleistung P_{tot} als **Wärmestrom Q** in eine Reihenschaltung von Widerständen eingespeist. Temperaturen entsprechen im Ersatzschaltbild Spannungspotentialen.
Die Widerstände sind als Verhältnis von Temperaturanstieg zu der zugeführten Verlustleistung definiert.

$$R_{th} = \Delta\vartheta / P_{tot}$$

Die Einheit des Wärmewiderstands R_{th} ist K/W (Kelvin pro Watt).

Je kleiner der Wärmewiderstand, desto besser ist seine Wärmeleitung. Die Wärmewiderstände Sperrschicht–Gehäuse (R_{thSG}) und Gehäuse–Umgebung (R_{thGU}) können dem Datenblatt entnommen werden.
Die eingespeiste Wärme verursacht Temperaturabfälle an den Wärmewiderständen. Bei bekannter max. Verlustleistung P_{tot} und bekannten Wärmewiderständen R_{th} lässt sich mit Hilfe des Ersatzschaltbildes in Bild 3.10 die Sperrschichttemperatur ϑ_S in Abhängigkeit der Umgebungstemperatur berechnen. Als Außentemperatur sollte die maximal auftretende Raumtemperatur zuzüglich eines Sicherheitszuschlages eingesetzt werden, also z.B. 50 °C.

$$\vartheta_S = \vartheta_U + P_{tot} \cdot (R_{thSG} + R_{thGU})$$

Ergibt diese Berechnung eine zu hohe Sperrschichttemperatur ϑ_S muss ein Kühlkörper zur Verbesserung der Wärmeabfuhr montiert werden. Das entsprechende Ersatzschaltbild zeigt Bild 3.11. Die Montage des Kühlkörpers verbessert die Wärmeabfuhr. Der Wärmewiderstand R_{thGU} wird durch die Reihenschaltung $R_{thGK} + R_{thKU}$ ersetzt.
Der Gesamtwärmewiderstand $R_{thGK} + R_{thKU}$ ist durch die große Oberfläche des Kühlkörpers sehr viel kleiner als der Wärmewiderstand R_{thGU}. Durch den kleineren Wert sinkt die Sperrschichttemperatur ϑ_S, und je nach dem, ob der Kühlkörper groß genug gewählt wurde, ergibt sich eine Sperrschichttemperatur ϑ_S im Betrieb, die unterhalb der maximal zulässigen Sperrschichttemperatur ϑ_{Smax} liegt.
Der Übergangswärmewiderstand R_{thGK} ist abhängig von der Güte der Verbindung von Halbleitergehäuse und Kühlkörper. R_{thGK} lässt sich mit Hilfe von Wärmeleitpaste zwischen den Bauteilgrenzen verbessern. Zudem spielt die Rauigkeit der Montageoberflächen von Halbleitergehäuse und Kühlkörper eine wichtige Rolle.

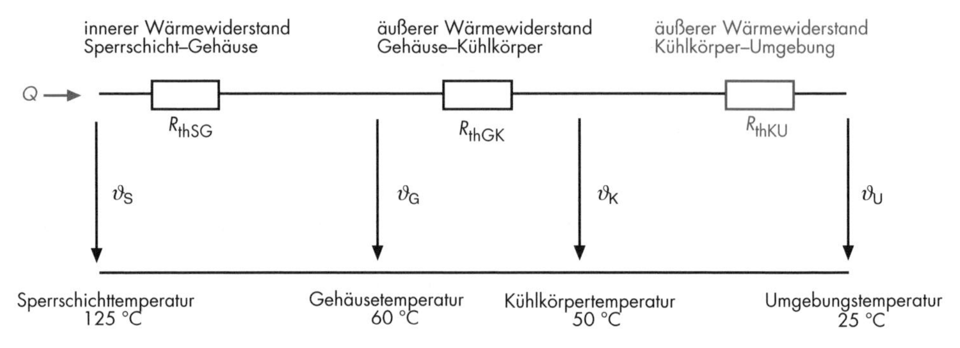

Bild 3.11 Thermisches Ersatzschaltbild mit Kühlkörper

Wärmeleitpaste verbessert die Leitfähigkeit zwischen Bauelement und Kühlkörper.

In den meisten Anwendungen sind die Ströme nicht konstant wie in der vorhergehenden Betrachtung angenommen. Die Halbleiter werden fast immer mit pulsierenden Strömen belastet. Die Wärmekapazitäten C_S der Sperrschicht und C_{GK} des Gehäuses mit Kühlkörper können dann nicht mehr vernachlässigt werden. Es ergibt sich das Ersatzschaltbild in Bild 3.12.

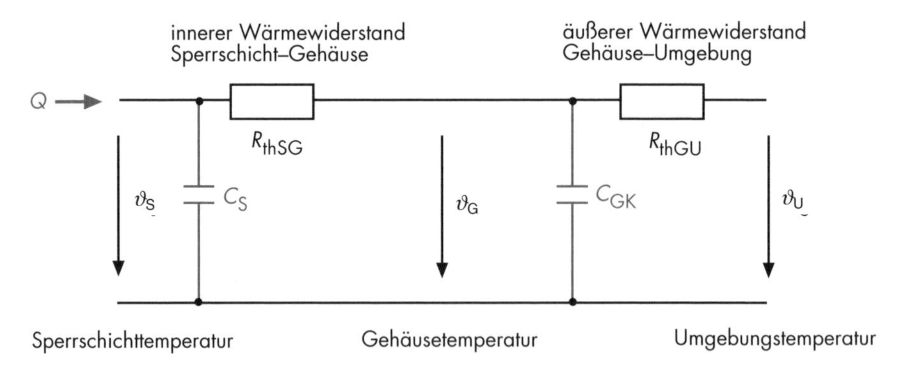

Bild 3.12 Thermisches Ersatzschaltbild für dynamische Vorgänge

Das Wärmespeichervermögen wird durch Kapazitäten im Ersatzschaltbild beschrieben.

Beim ersten Einschalten des Stroms steigt die Temperatur an der Sperrschicht logarithmisch an. Wird der Strom abgeschaltet, sinkt die Temperatur wieder ab. Bild 3.13 zeigt den Verlauf der Temperatur, wenn die Kühlung richtig gewählt ist. Wird die Kühlung falsch ausgelegt,

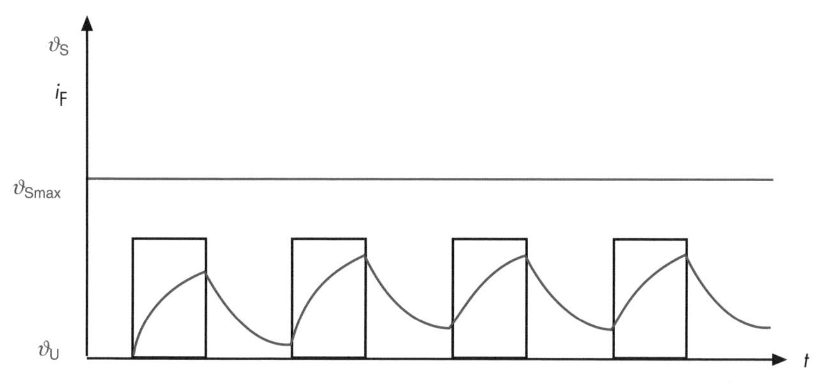

Bild 3.13 Temperaturverlauf an der Sperrschicht bei dynamischer Belastung

ergibt sich ein Verlauf nach Bild 3.14. Die Temperatur der Sperrschicht schaukelt sich auf unzulässig hohe Werte hoch. Da die mathematische Darstellung der Kühlung mit Berücksichtigung der Wärmekapazitäten auf komplizierte, unhandliche Gleichungen führt,

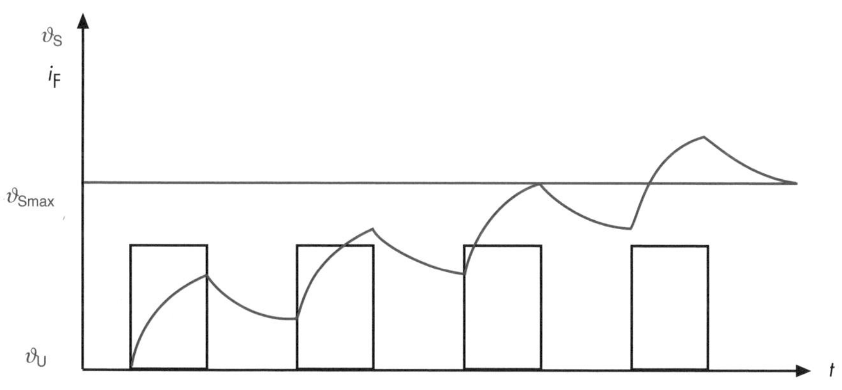

Bild 3.14 Temperaturverlauf bei falsch dimensionierter Kühlung

geben die Hersteller der Halbleiter **transiente Wärmewiderstände** an. Bild 3.15 zeigt das Ersatzschaltbild ohne Wärmekapazitäten, aber mit transienten Wärmewiderständen.

> *Der transiente Wärmewiderstand beschreibt das Wärmeverhalten bei schnell veränderlichen Strombelastungen.*

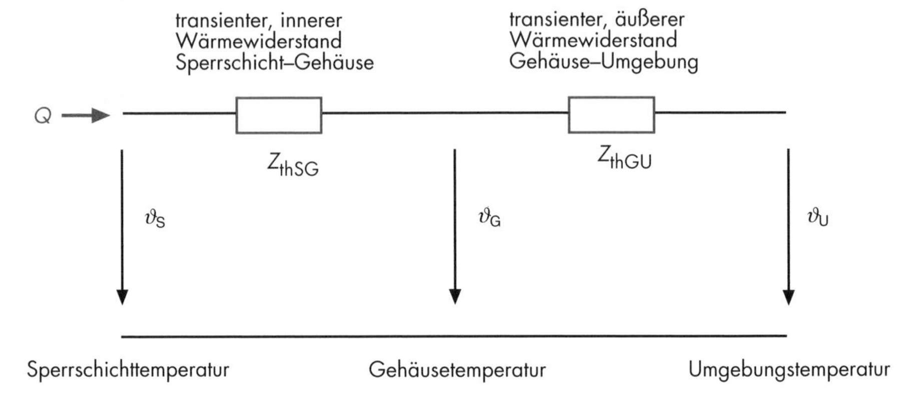

Bild 3.15 Thermisches Ersatzschaltbild mit transienten Widerständen

Mit den transienten Wärmewiderständen kann genauso einfach wie mit den Wärmewiderständen für den stationären Fall gerechnet werden.

$$\vartheta_S = \vartheta_U + P_{tot} \cdot (Z_{thSG} + Z_{thGU})$$

Änderungen des Laststroms im Millisekundenbereich wie sie beim Pulsen von Halbleitern auftreten, liegen im Bereich der Zeitkonstante der Sperrschichtwärmekapazität. Ein Verändern des Pulsmusters ergibt eine Änderung des transienten Sperrschichtwärmewiderstandes Z_{thSG}. Die Hersteller geben die transienten Wärmewiderstände Z_{thSG} der Sperrschicht für verschiedene pulsförmige Belastungen in Form von grafischen Kurven an. Jede Kurve entspricht einer bestimmten Belastungsform.

Jede Belastungsform wird durch einen eigenen transienten Wärmewiderstand Z_{th} beschrieben.

Damit erhält man eine Kurvenschar in der Darstellung (Bild 3.16). Wird der Halbleiter z.B. dauerhaft mit dem Pulsmuster 2 betrieben, entsteht ein höherer transienter Wärmewiderstand als bei Gleichstrom. Die zulässige Verlustleistung ist bei Pulsbetrieb geringer. Entsprechendes gilt auch für Phasenanschnittsteuerungen. Je stärker der Phasenanschnitt, desto höher ist der transiente Wärmewiderstand anzusetzen.
Pulsbetrieb und Phasenanschnittsteuerung erfordern daher bei gleicher Übertragungsleistung im Verhältnis zum Dauerbetrieb eine bessere Kühlung. Da die Zeitkonstante des Wärmewiderstandes Z_{thGU} von Gehäuse und Kühlkörper im Sekundenbereich liegt, ändern Pulsmuster im Millisekundenbereich den transienten Wärmewiderstand Z_{thGU} kaum. Wird der Halbleiter jedoch für 10 Sekunden ein und dann wieder ausgeschaltet muss der Wärmewiderstand Z_{thGU} korrigiert werden. Bild 3.17 zeigt den transienten Wärmewiderstand eines auf einen Kühlkörper montierten Halbleiters.

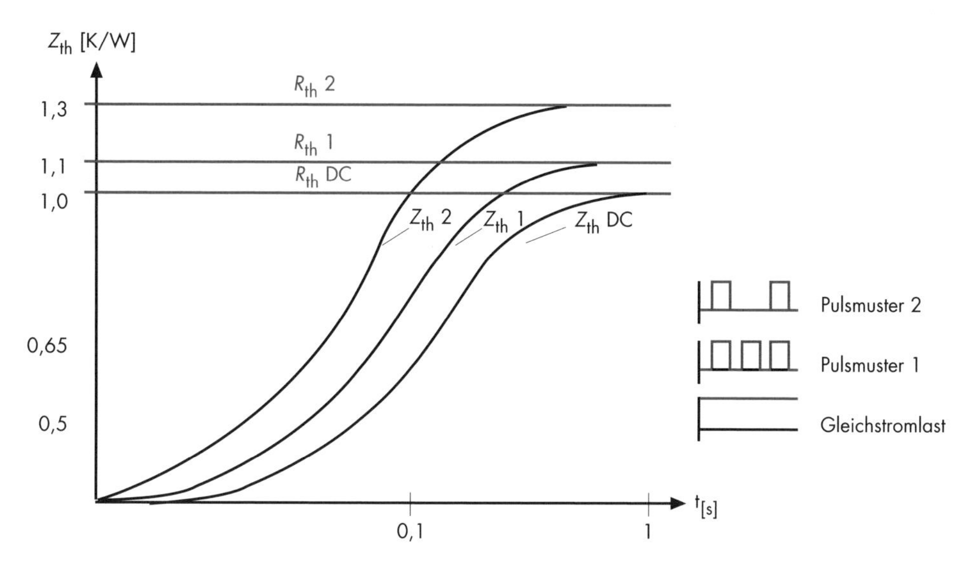

Bild 3.16 Transiente Wärmewiderstände eines Halbleiters

Auf der x-Achse wird die Zeitdauer der Belastung angegeben. In Richtung sehr großer Belastungszeiten geht der transiente Wärmewiderstand Z_{th} in eine Gerade über, die dem statischen Wärmewiderstand R_{th} entspricht. Wird der in Bild 3.17 betrachtete Halbleiter nur jeweils für 10 s vom Laststrom durchflossen, ist bei Berechnungen der Wärmewiderstand 0,5 K/W einzusetzen. Für Dauerlast ergibt sich ein Wärmewiderstand von 1 K/W.

Bild 3.17 Transienter Wärmewiderstand eines Halbleiters mit Kühlkörper

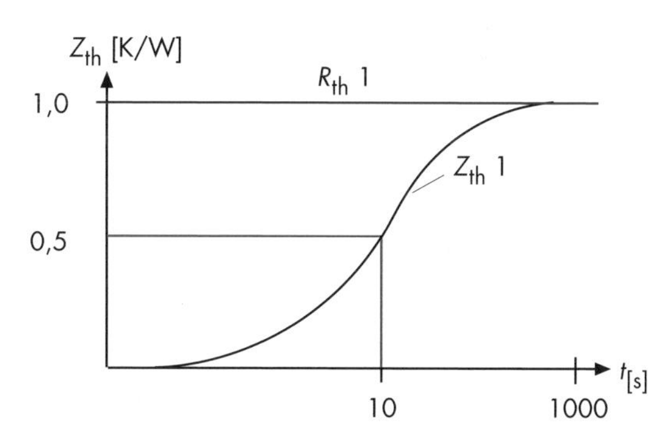

3.4.3 Wärmeleitung und Heatpipe, Konvektion, Strahlung

In den meisten Fällen kann die Wärmeleitung vom Halbleitermaterial über das Gehäuse direkt auf den Kühlkörper erfolgen.

> *Die Wärmeleitung verläuft vom Halbleitermaterial über das Gehäuse und den Kühlkörper zur Umgebung.*

Sind die Montageverhältnisse eng und muss die Wärme daher zunächst möglichst effektiv zum Kühlkörper geleitet werden, bietet sich der Einsatz einer Heatpipe an (Bild 3.18). Eine Heatpipe ist ein geschlossenes Rohr mit einer Flüssigkeit. Auf der einen Seite ist der wärmeabgebende Halbleiter montiert, auf der anderen Seite der Kühlkörper. Die Wärme des Halbleiters bringt die Flüssigkeit zum verdampfen. Der Dampf kondensiert auf der anderen Seite und gibt Wärme an den Kühlkörper ab. Die kondensierte Flüssigkeit läuft zurück zum Halbleiter, wo sie erneut verdampft. Die Heatpipe dient zum effektiven Wärmetransport. Der Wärmetransport ist besser als im Festkörper (Kupferstab o.ä.). Einen Kühlkörper ersetzt sie nicht.

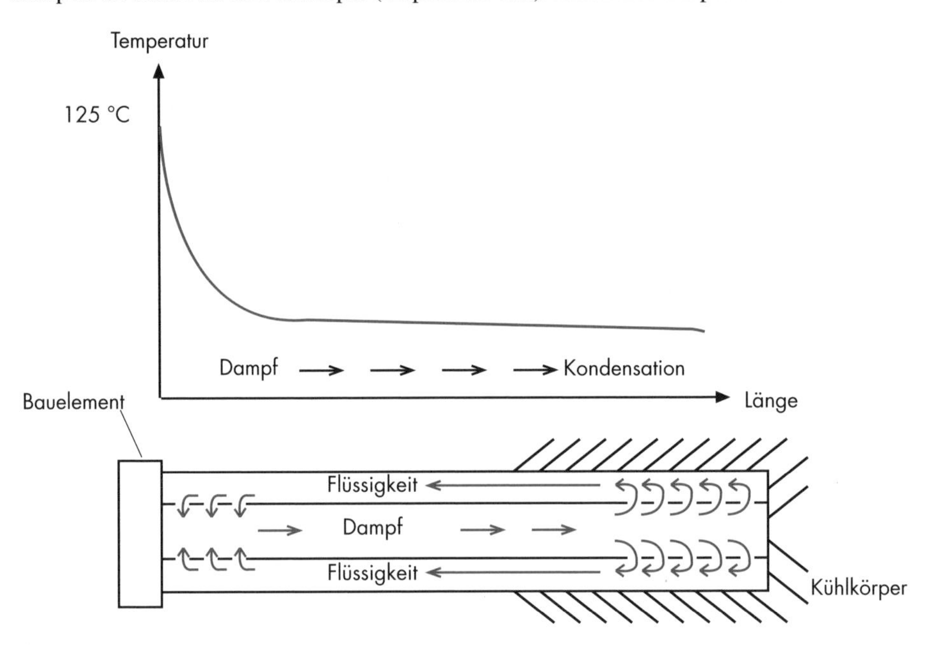

Bild 3.18 Funktion einer Heatpipe

Die Übergabe der Verlustwärme an die Umgebung kann über Konvektion oder Strahlung geschehen. Bei geringen Temperaturen überwiegt die Konvektion.

> *Bei der Konvektion geschieht der Wärmetransport über die nach oben aufsteigende erwärmte Luft.*

Daher muss stets darauf geachtet werden, dass die Strömungsverhältnisse gut sind. Bei der natürlichen Konvektion steigt die erwärmte Luft am Kühlkörper nach oben und zieht durch den entstehenden Unterdruck kühle Außenluft nach (Bild 3.19). Die oberen und unteren Gehäuseöffnungen dürfen daher niemals verschlossen werden.

Ist die natürliche Konvektion nicht ausreichend, muss sie durch Lüfter erhöht werden (vgl. Abschnitt 3.4.5). Neben der Konvektion geschieht die Wärmeabgabe am Kühlkörper auch durch Strahlung.

Bild 3.19 Konvektion am Kühlkörper

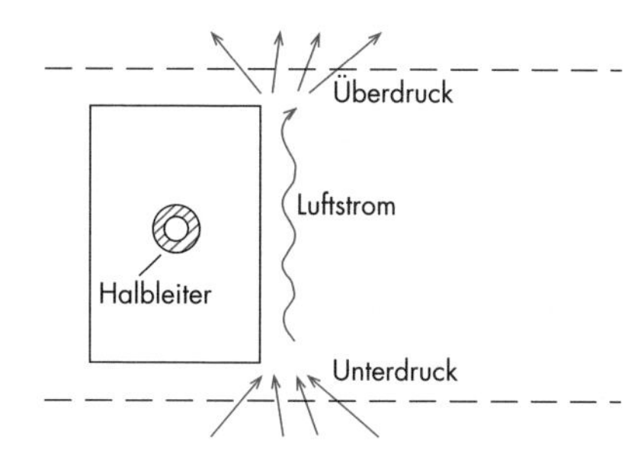

> *Ein erhitzter Körper gibt Wärmestrahlung ab.*

Der Anteil der Strahlung nimmt mit der 4. Potenz der Temperatur zu. Erreicht die Temperatur einen bestimmten Wert, gibt der Körper auch Strahlung im sichtbaren Bereich ab. Er beginnt zu Glühen. Wärmestrahlung verhält sich wie Licht. Im Gegensatz zur Konvektion erfolgt die Abgabe von Strahlungsenergie wie bei einer offenen Lichtquelle in alle Richtungen (Bild 3.20). Ein rotglühender Deckenstrahler gibt daher die Wärme auch nach unten ab. Läge seine Temperatur weit niedriger, würde die Konvektion überwiegen und nur noch die darüber liegende Decke beheizt werden. Wärmestrahlung lässt sich wie Licht abschirmen oder mit Hilfe von Reflektoren bündeln.

Bild 3.20 Strahlung am Kühlkörper

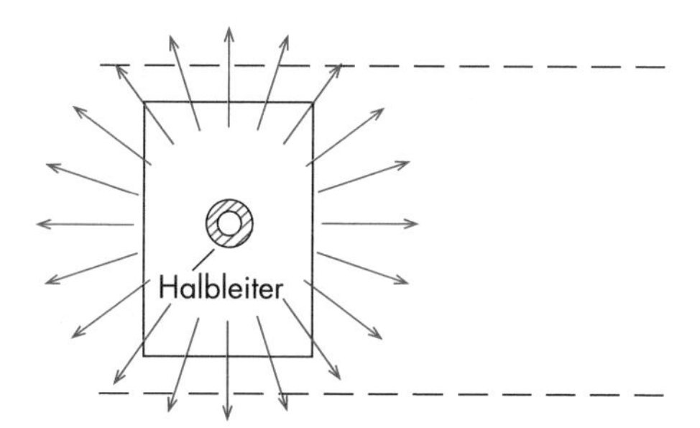

3.4.4 Kühlkörperbauformen

Aufgrund der guten Wärmeleitfähigkeit werden Kühlkörper aus Metall gefertigt. Obwohl Kupfer ein sehr guter Wärmeleiter ist werden Kühlkörper fast ausnahmslos aus Aluminiumlegierungen gefertigt. Aluminium ist preiswerter und leichter als Kupfer. Einfache Kühlkörper sind als Bleche gefertigt. Um die Konvektion zu verbessern, sind schon kleine Kühlkörper gerippt ausgeführt (Bild 3.21).

> *Eine Rippung der Kühlkörper verbessert die Konvektion.*

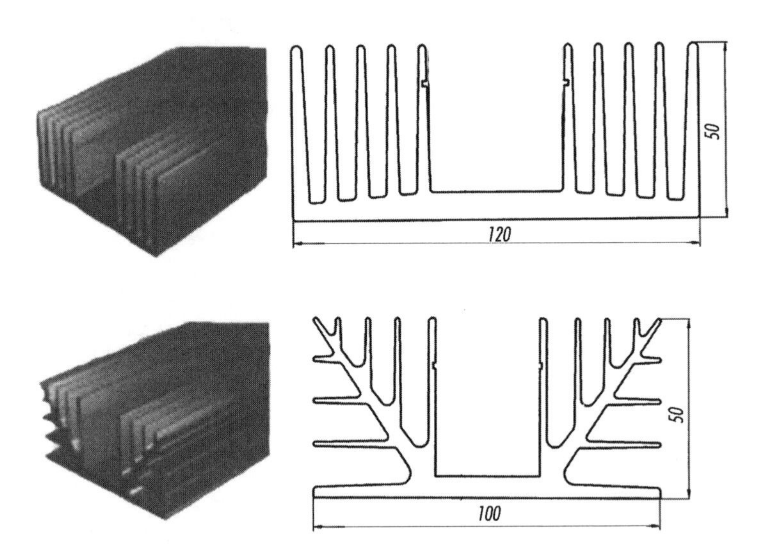

Bild 3.21 Kühlkörperbauformen

Bei der Montage ist darauf zu achten, dass die Rippen längs des Luftstroms, der sich durch die Konvektion ergibt, verlaufen. Ansonsten kommt es durch die Rippen zu einer Behinderung der Wärmeabfuhr.
Bei niedrigen Temperaturen erfolgt die Wärmeabgabe am Kühlkörper im Wesentlichen durch Konvektion. Lediglich seine Außenflächen strahlen nennenswerte Wärmeleistungen ab. Die meiste Wärme wird durch die Rippen als Konvektionswärme abgegeben. Trotzdem werden Kühlkörper schwarz eloxiert, damit sie ein Maximum an Strahlung abgeben.

> *Ein schwarz eloxierter Kühlkörper hat ein besseres Wärmeabstrahlverhalten als ein blanker Kühlkörper.*

Allerdings führt die schwarze Ausführung des Kühlkörpers auch dazu, dass Strahlung aus der Umgebung besser aufgenommen wird. Eine benachbarte Wärmequelle überträgt mehr Wärme auf einen schwarzen Kühlkörper als auf einen blank eloxierten.

3.4.5 Aktive Kühlung

Wird die Konvektion in Bild 3.19 durch einen Lüfter verstärkt, spricht man von aktiver Kühlung oder auch von erzwungener Konvektion.

> *Durch die erzwungene, höhere Konvektion sinkt der Wärmewiderstand des Kühlkörpers.*

Die Änderung des Wärmewiderstandes kann durch einen Multiplikator M ausgedrückt werden. Der Wärmewiderstand für aktive Kühlung R_{thAK} ergibt sich zu:

$$R_{thAK} = M \cdot R_{thNK}$$

mit R_{thNK} als Wärmewiderstand bei natürlicher Kühlung.

Bild 3.22 zeigt die Abhängigkeit des Faktors M von der Luftgeschwindigkeit der an einem 100 mm langen Kühlkörper vorbei strömenden Luft. Es zeigt sich, dass eine Mindestanströmgeschwindigkeit von ca. 0,3 m/s notwendig ist, um den Wärmewiderstand zu verringern. Zudem lässt sich jenseits einer Luftgeschwindigkeit von v_{Luft} = 5 m/s kaum eine weitere Verringerung des Kühlkörperwärmewiderstandes erzielen.

Luftgeschwindigkeiten oberhalb 5 m/s verbessern die Wärmeabfuhr nicht mehr.

Bild 3.22 Multiplikator M bei aktiver Kühlung

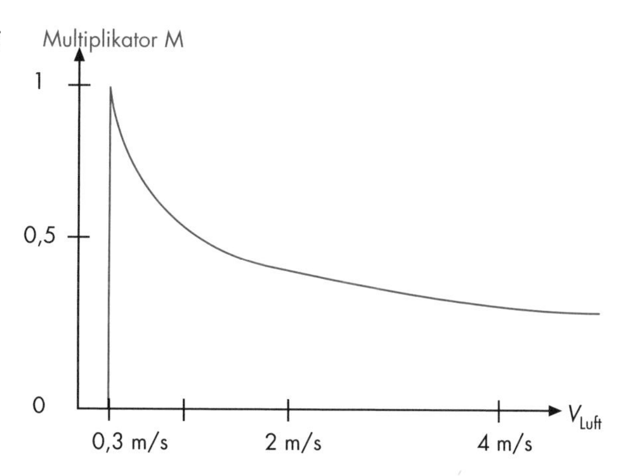

4 Halbleiterschalter und Halbleitersteller

4.1 Halbleiterschalter

Häufig wird gewünscht einen elektrischen Verbraucher elektronisch gesteuert einzuschalten. Vor Einführung der Halbleitertechnik war dies nur mit Hilfe von Relais möglich. Die Nachteile dieser elektromechanischen Bauteile sind ihre begrenzte Schalthäufigkeit (mechanischer Verschleiß) und die zum Teil sehr hohe Steuerleistung, die nötig ist, um vor allem große Ströme schalten zu können.

> *Eine Schaltung, die einen Strom mit Hilfe von Halbleiterbauelementen lediglich elektronisch einschaltet, ihn jedoch nicht in der Größe steuert, wird Halbleiterschalter genannt.*

Grundsätzlich kann jede Stromkurvenform elektronisch geschaltet werden. Zu Beachten ist jedoch, dass bei Verwendung eines Thyristors das Abschalten eines Gleichstroms schwierig ist. Der Thyristor bleibt nach einmaligem Zünden auch ohne Steuerimpuls so lange leitend, bis der Haltestrom unterschritten wird (vgl. Kapitel 2). Hier sind spezielle Löschschaltungen für den Thyristor nötig, auf die später noch eingegangen wird. Schalten bzw. Stellen eines Gleichstroms wird in Abschnitt 6.2.2 behandelt.
Am häufigsten ist das Schalten von Wechselströmen, was im Folgenden näher erläutert wird. Bild 4.1 zeigt die Grundschaltung eines Halbleiterschalters für Wechselstrom: Ein Verbraucher an einer Wechselspannung wird von einem Wechselstrom durchflossen der zur Spannung phasenverschoben ist. Die Phasenverschiebung ist abhängig vom Blindwiderstand des Verbrauchers. Da ein Thyristor nur in einer Richtung Strom liefern kann, wird ein weiterer Thyristor für die andere Stromrichtung benötigt.

Bild 4.1 Halbleiterschalter für Wechselstrom

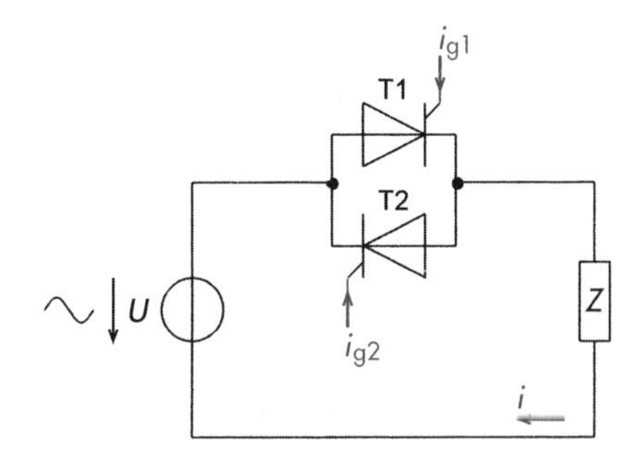

Die Schaltung wird als **1-phasige Wechselwegschaltung W1** bezeichnet.

Bei kleinen Leistungen werden die in Kapitel 2 beschriebenen Triacs verwendet. Für große Leistungen werden 2 Thyristoren antiparallel geschaltet.

Liegt kein Steuerimpuls am Steueranschluss (Gate) sind beide Thyristoren gesperrt und der Verbraucher ist ausgeschaltet. Es fließt kein Strom. Das Einschalten erfolgt durch einen Steuerimpuls. Die Steuerimpulse werden zu Beginn der jeweiligen Halbwelle des Stroms ausgelöst. Bild 4.2 erläutert den Verlauf der Spannung und des Laststroms im Verbraucher.
Für jede Stromperiode muss der Impuls wiederholt werden, da der Thyristor beim Stromnulldurchgang wieder in den Sperrzustand fällt. Da immer nur 1 Thyristor an einer positiven Spannung anliegt, können beide antiparallelen Thyristoren an demselben Steuerimpuls angeschlossen sein. Es zündet immer nur der, der gerade eine positive Halbwelle zwischen Anode und Katode anliegen hat.

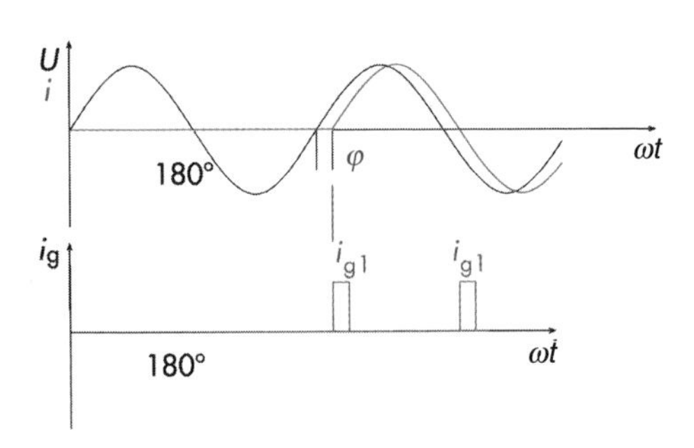

Bild 4.2 Spannung und Strom beim Halbleiterschalter

Ausgeschaltet wird der Wechselstromsteller indem die Steuerimpulse unterdrückt werden. Dadurch sperrt der Thyristor nach Unterschreiten des Haltestroms, also ca. im Nulldurchgang des Laststroms.

Werden große Ströme geschaltet, ist es wichtig darauf zu achten, möglichst nahe beim Stromnulldurchgang des Laststroms zu Zünden.

Ansonsten entstehen starke Stromanstiegsgeschwindigkeiten, die zu elektromagnetischer Störaussendung führen können und zudem die Bauteile belasten. Da der Stromnulldurchgang durch den Phasenwinkel vorgegeben ist, wird der Zündimpuls für die Thyristoren um etwa diesen Winkel verschoben.
Halbleitersteller können auch mit MOSFET oder IGBT ausgeführt werden. Da sie jedoch teurer als Thyristoren sind, werden sie meist nur verwendet, wenn Gleichströme geschaltet werden sollen.
Im eingeschalteten Zustand entstehen Verluste, die sich aus der Höhe des Spannungsabfalls über dem Thyristor und dem Laststrom ergeben. Diese Verlustleistung P_{tot} muss evtl. über Kühlkörper abgegeben werden, wenn die einfache Kühlung über das Gehäuse nicht ausreicht. Das ist neben der fehlenden galvanischen Trennung ein Nachteil gegenüber dem mechanischen Schalten.

Ein schönes Anwendungsbeispiel ist die uns allen aus der Disco bekannte Lichtorgel. Hier werden die bunten Glühlampen mit Hilfe von Triacs im Rhythmus der Musik eingeschaltet. Bild 4.3 zeigt die prinzipiell gleich aufgebaute Schaltung für Drehstrom:

Bild 4.3 Drehstromschalter

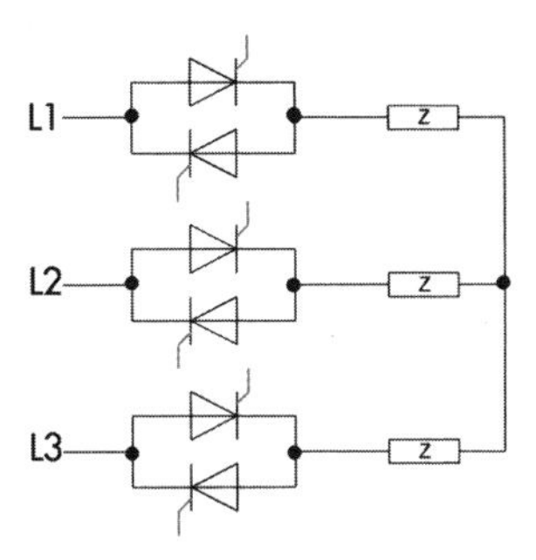

Für jede Phase wird ein Thyristorpaar benötigt. Die 3 Wechselstromschalter werden im Sternpunkt zusammengeschaltet. Die Schaltung wird **3-phasige Wechselwegschaltung W3** genannt.
Durch die symmetrische Bauweise gilt für den Drehstromschalter Ähnliches wie für den Wechselstromschalter. Die Zündimpulse richten sich nach dem Phasenwinkel des Verbrauchers, um hohe Stromanstiegsgeschwindigkeiten und damit verbundene Überspannungen an den Induktivitäten zu vermeiden.
Bei symmetrischen Drehstromverbrauchern kann auf den Nullleiter verzichtet werden, da in einem symmetrischen Drehstromsystem im Nullleiter kein Strom fließt. Da der Strom hier immer mindestens 2 durchgesteuerte Zweige braucht, genügt es, nur 2 Phasen steuerbar zu bauen. 1 Phase kann ständig durchgeschaltet bleiben (Bild 4.4). Diese Schaltung heißt **3-phasige Wechselwegschaltung W3-2.** Die 2 weist darauf hin, dass nur 2 Zweige steuerbar sind.
Bild 4.5a zeigt eine preisgünstige Schaltung mit antiparallelen Dioden. Eine solche Schaltung wird als **halbgesteuerte, 3-phasige Wechselwegschaltung W3-H** bezeichnet. Bild 4.5b gibt einen Überblick der verwendeten Wechselwegschaltungen.

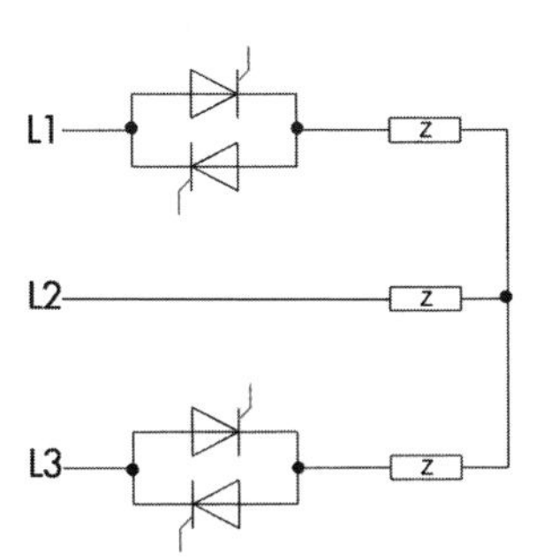

Bild 4.4 Vereinfachter Drehstromschalter

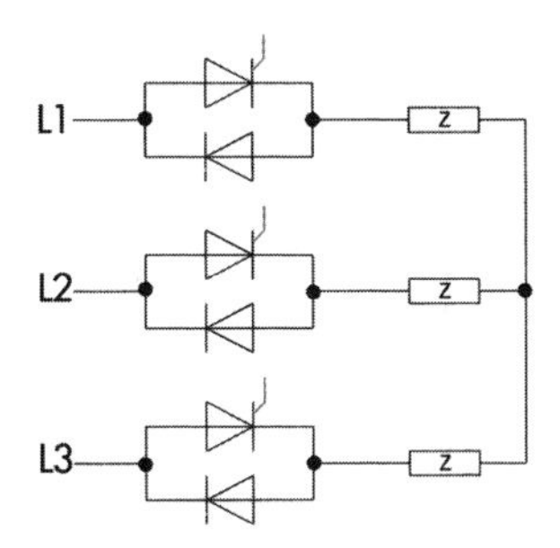

Bild 4.5a Halbgesteuerter Drehstromschalter

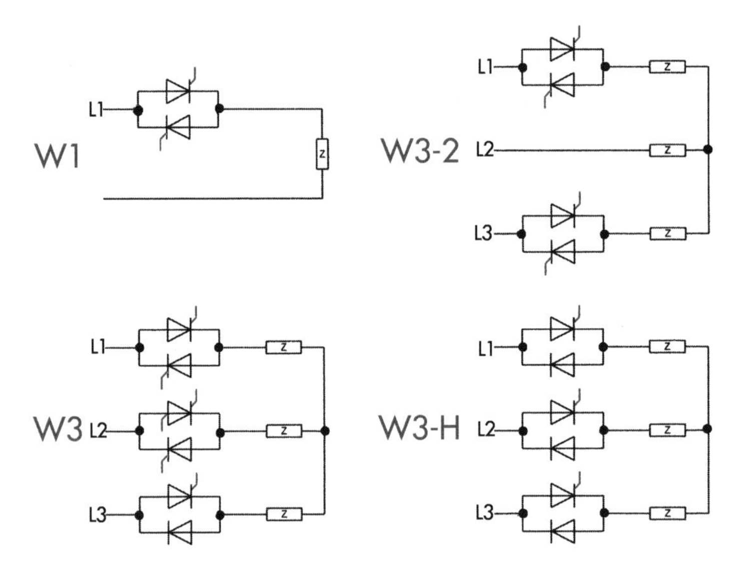

Bild 4.5b Übersicht der Wechselwegschaltungen

4.2 Schaltungen zur Drehrichtungsumkehr

In der Antriebstechnik besteht häufig der Wunsch Drehstrommotoren in ihrer Drehrichtung umschaltbar auszuführen. Konventionell ist dies mit Hilfe von starkstrombelastbaren Relais (auch Schütze genannt) möglich.
Um auch hier den Nachteil der begrenzten mechanischen Lebensdauer zu umgehen, werden zunehmend Triac-Schaltungen zum Umschalten der Drehrichtung verwendet. Bild 4.6 zeigt die Ausführung mit Triacs.

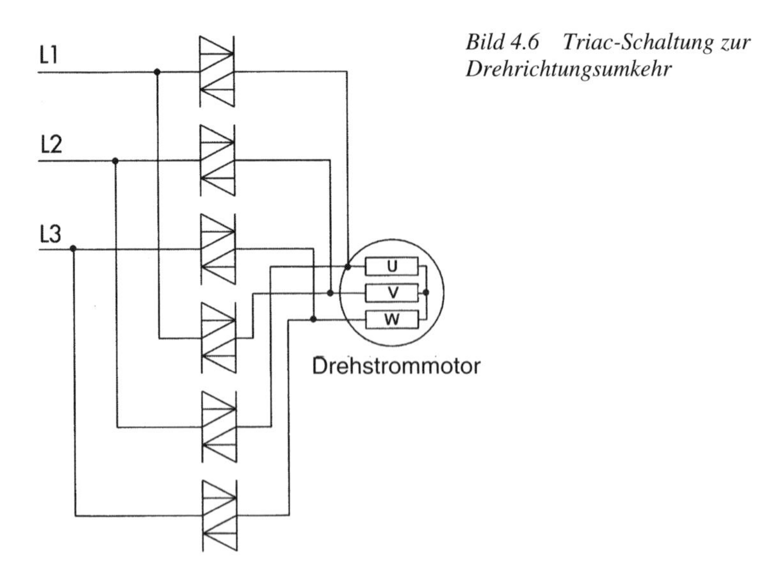

Bild 4.6 Triac-Schaltung zur Drehrichtungsumkehr

4.3 Wechselstromsteller

Wird der Strom nicht nur eingeschaltet, sondern auch in seiner «Fließdauer» gesteuert, ist eine Leistungsregelung möglich. Durch den verkürzten Stromfluss fließt im zeitlichen Mittel weniger Strom durch den Verbraucher, und die Leistung ist dementsprechend geringer.

> *Eine Schaltung, die einen Strom mit Hilfe von Halbleiterbauelementen elektronisch einschaltet und in der Größe steuert, wird Halbleitersteller genannt.*

Die Schaltung ist prinzipiell identisch mit der des Halbleiterschalters. Der Unterschied besteht in der Ansteuerung der Thyristoren. Sie werden verzögert gezündet. Dadurch ist eine stufenlose Regulierung der aufgenommenen Leistung möglich. Ein alltägliches Beispiel ist hier der Helligkeitsdimmer für Glühlampen. Bild 4.7 zeigt den Spannungs- und Stromverlauf.

Bild 4.7
Wechselstromsteller

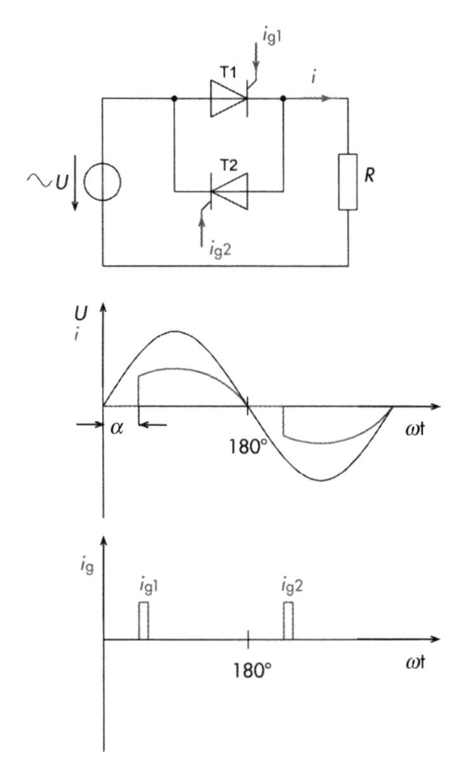

> *Durch den steilen Stromanstieg erzeugt der Wechselstromsteller Oberschwingungen (vgl. Kapitel 7).*

Der Zeitpunkt des Zündens wird durch den Steuerwinkel α bestimmt. Er definiert sich aus der Verzögerungszeit zwischen dem Nulldurchgang der Spannung U und dem Einsetzen des Zündimpulses.
Der Strom wird durch den Zündimpuls eingeschaltet. Da dies nun nicht mehr wie beim Halbleitersteller möglichst im Nulldurchgang geschieht, entstehen Stromanstiegsgeschwindigkeiten, die unbedingt mit Induktivitäten (Kupferspulen) gedämpft werden müssen. Es entstehen sonst elektromagnetische Störwellen. Solche Wellen können die Funktion anderer Geräte (z.B. Rundfunkempfang) stören. Wegen des «Anschneidens» der Stromhalbwellen wird die Schaltung **Phasenanschnittsteuerung** genannt. Durch den Steuerwinkel α wird der Strommittelwert verändert. Er kann bei rein Ohm'scher Last von ca. 0° bis fast 180° verstellt werden. Der angeschnittene Strom enthält eine Grundschwingung die zeitlich zur Spannung verschoben ist (Bild 4.8). Die Phasenanschnittsteuerung besitzt also einen vom Steuerwinkel α abhängigen veränderlichen Blindleistungsbedarf. Diese Blindleistung wird Steuerblindleistung genannt.

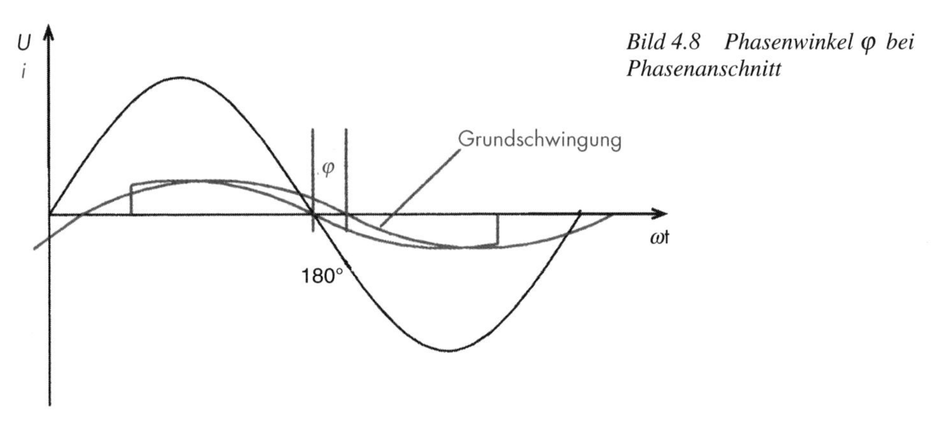

Bild 4.8 Phasenwinkel φ bei Phasenanschnitt

> *Ein Wechselstromsteller erzeugt durch die Phasenverschiebung von Strom und Spannung einen Blindleistungsbedarf (vgl. Kapitel 7).*

Bei induktiver Last ist der Strom um 90° verschoben. Der Steuerwinkel α wird dann nur von 90° bis 180° verstellt.
Trägt man den Steuerwinkel α und das Verhältnis von Vollaststrom und eingestelltem Strom auf, erhält man die Steuerkennlinie. Sie beschreibt qualitativ wie sich der Ausgangsstrom der Schaltung in Abhängigkeit vom Steuerwinkel α verändert (Bild 4.9). Dabei ist es gleichgültig, ob Effektivwerte oder Mittelwerte betrachtet werden, da nur das Verhältnis der Ströme aufgetragen ist. Die nachfolgenden Formeln beschreiben die wichtigsten mathematischen Zusammenhänge beim Wechselstromsteller bei Ohm'scher Last:

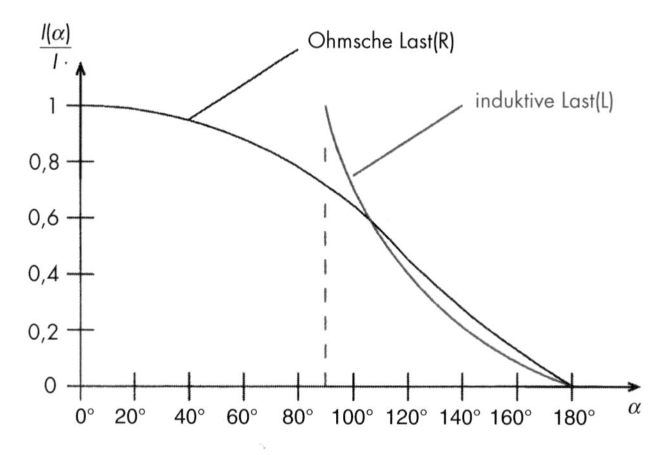

Bild 4.9 Steuerkennlinie des Wechselstromstellers

Die mathematische Beschreibung eines sinusförmigen Stroms i an einer Spannung u der Frequenz f lautet:

$$i(t) = \frac{u}{R} \cdot \sin(\omega t)$$

R ist der Lastwiderstand, ωt ist die Kreisfrequenz. Die Kreisfrequenz folgt der Beziehung:

$$\omega t = 2 \cdot \pi \cdot f$$

mit
$f = 50$ Hz

Der Strom fließt jedoch nur, wenn das Halbleiterbauelement gezündet wurde. Das gilt wenn

$$\alpha < \omega t < \pi \qquad \text{und} \qquad \pi + \alpha < \omega t < 2\pi$$

Zu allen anderen Zeitpunkten ist $i = 0$.

Bei **Ohm'scher Last** berechnet man den zeitlichen Mittelwert des Laststroms I_{AV} mit

$$I_{AV} = I_{AV0} \cdot \frac{1 + \cos\alpha}{2}$$

Darin ist I_{AV0} der Wert des Stroms, der bei Vollaussteuerung ($\alpha = 0$) fließt. Für α können Werte zwischen $0 \ldots \pi$ eingesetzt werden.
Bei induktiver Last erhält man den Mittelwert des Laststroms

$$I_{AV} = I_{AV0} \cdot [\sin\alpha + (\pi - \alpha) \cdot \cos\alpha]$$

Für α können Werte zwischen $\pi/2 \ldots, \pi$ eingesetzt werden.
Die folgende Steuerung umgeht den Nachteil des höheren Blindleistungsbedarfs (Bild 4.10). Die Thyristoren schalten immer jeweils für mehrere Schwingungen ein und wieder aus. Das Taktverhältnis t_{ein}/T bestimmt den Strommittelwert.

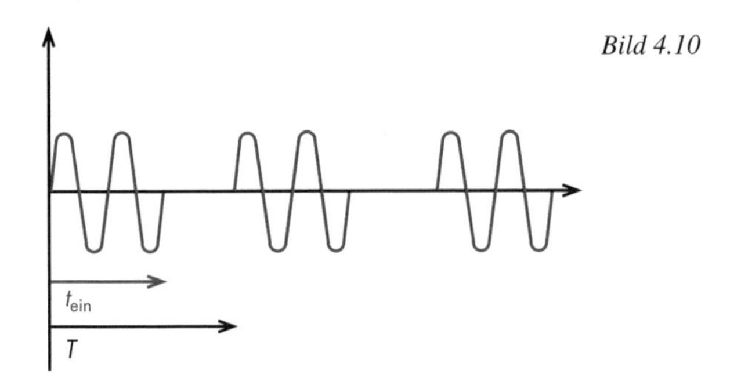

Bild 4.10

Diese Art der Steuerung wird Schwingungspaketsteuerung genannt.

Das geht allerdings nur bei Verbrauchern, die ihr Verhalten in Abhängigkeit der zugeführten Leistung verändern (Heizungen). Normalerweise führt ein periodisches Einschalten zu keinen Schwierigkeiten. Da Wärmeverbraucher jedoch meistens einen sehr großen Strom ziehen, kann es auf ausgedehnten Zuleitungen zu periodischen Spannungsabfällen kommen. Sind an diesen Zuleitungen auch Leuchten angeschlossen, flackern sie im Rhythmus der Schwingungspaketsteuerung. Das sollte natürlich unbedingt vermieden werden.

5 Kommutierung

Ein sehr wichtiger Vorgang bei den Schaltungen der Leistungselektronik ist der Vorgang der **Kommutierung.**

> *Als Kommutierung wird der Wechsel des Stroms von einem Halbleiter zum anderen innerhalb einer Schaltung bezeichnet.*

Eine einfache, die Verhältnisse gut erläuternde Schaltung ist ein Gleichrichter. Die Schaltung eines solchen Gleichrichters beschreibt Bild 5.1.

Bild 5.1 Gleichrichterschaltung

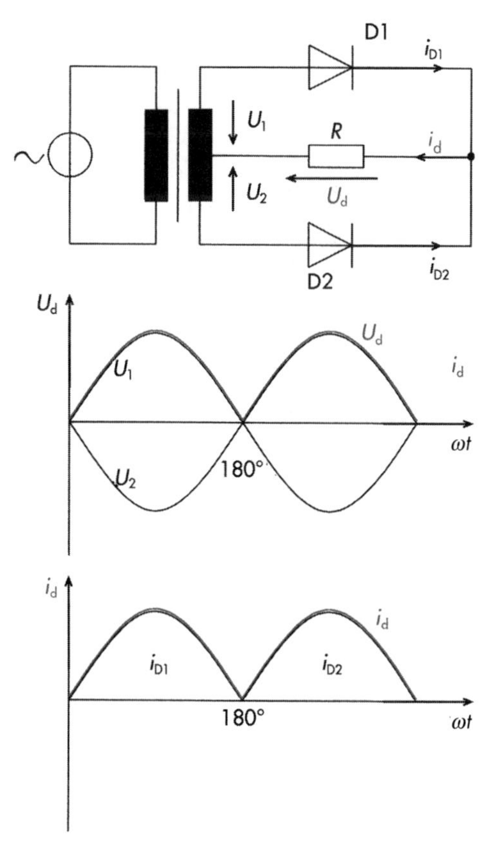

5.1 Kommutierungsvorgang

Mit Hilfe des Transformators mit Mittelanzapfung werden die beiden Wechselspannungen U_1 und U_2 erzeugt. Die Dioden sperren den Strom in Gegenrichtung. Der durch die Last fließende Strom ergibt sich zu:

$$i_d = i_{D1} + i_{D2}$$

Ist die Spannung U_1 positiv, kann über D1 der Strom i_{D1} fließen. Der Strom i_d durch den Widerstand R entspricht i_{D1}. In dieser Zeit ist U_2 negativ und wird über D2 gesperrt. Nach einer halben Periode ($\omega t = 180°$) wird $U_1 = 0$ die Diode D1 sperrt und die Diode D2 beginnt zu leiten. Der Strom i_d entspricht nun dem Strom i_{D2} durch die Diode D2. Die Übergabe des Stroms erfolgt jeweils im Nulldurchgang der Ströme i_{D1} und i_{D2}. Damit verläuft die Kommutierung besonders sanft.

Dies ist nur möglich, weil der Laststrom immer auf 0 zurückgeht. Er pulsiert mit der Netzfrequenz. Da ein solcher Strom nicht erwünscht ist, wird eine große Induktivität L in Reihe mit dem Widerstand R geschaltet. Dadurch ergibt sich ein theoretisch konstanter Strom i_d (Bild 5.2).

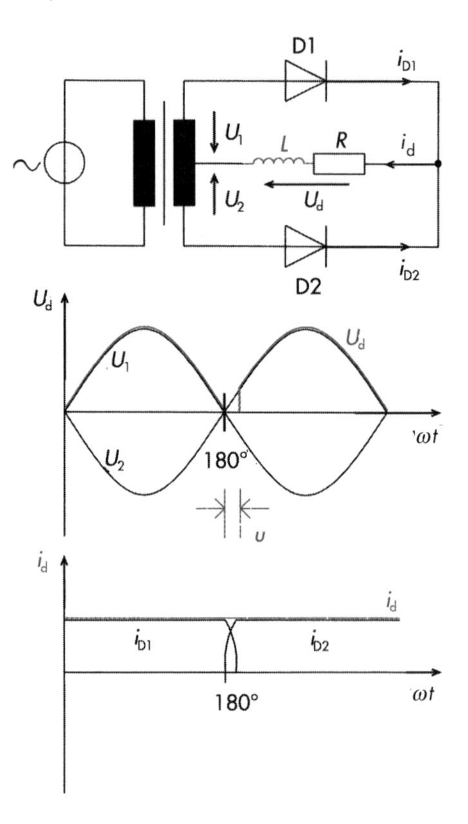

Bild 5.2
Gleichrichterschaltung mit Glättung

Geht nun die Spannung U_1 auf 0 zurück, reißt der Strom i_{D1} ab und der Strom i_{D2} steigt steil an. In dieser kurzen Zeit ist die Spannung über der Last 0, da beide Halbleiter leiten. Diese Zeit nennt man Überlappungszeit. Im Winkelsystem spricht man vom **Überlappungswinkel *u*.**
Während der Kommutierungszeit fließt ein Strom i_k dem Strom i_{D1} entgegen und baut diesen ab. Gleichzeitig baut dieser Kommutierungsstrom i_k den Strom i_{D2} auf.
Voraussetzung für die Kommutierung ist das Vorhandensein einer Kommutierungsspannung U_k zwischen den Zweigen die den Kommutierungsstrom i_k treibt. Sie wird aus den beiden Spannungen U_1 und U_2 gebildet:

$$U_k = U_2 - U_1$$

Nach der Kommutierungszeit t_k ist der Strom in Zweig 1 verloschen und in Zweig 2 fließt der Strom I_d.

5.2 Wichtige Definitionen zur Kommutierung

*Bei der **natürlichen Kommutierung** liefert das angeschlossene Netz die Kommutierungsspannung.*

Das ist bei den netzgeführten Stromrichtern der Fall.

*Stellt die angeschlossene Last die Spannung zur Verfügung, spricht man von **Lastkommutierung.***

Das gilt wenn ein Elektromotor dessen Induktivität Energie gespeichert hat, die Kommutierungsenergie liefert.
Vor allem bei Gleichstromanwendungen wird die Kommutierung oft zwangsweise eingeleitet indem 1 Halbleiter gesperrt wird. Dann wird von Zwangskommutierung gesprochen.

*Wird das Halbleiterbauelement zwangsweise abgeschaltet, spricht man von **Zwangskommutierung.***

Bei der Löschung von Thyristoren liefern Kondensatoren die Energie für die Zwangskommutierung. Dieses Löschverfahren wird aber kaum noch angewendet. Heute kommen fast ausschließlich abschaltbare Bauelemente zur Anwendung.

Das Wissen über die Kommutierung ist wichtig, weil bei der Dimensionierung einer Schaltung den Halbleitern Zeit für die Kommutierung eingeräumt werden muss. Die Schaltfrequenzen dürfen nicht zu hoch sein. Auch die Kommutierungs- und Glättungsinduktivitäten beeinflussen die Kommutierungszeit.

6 Stromrichter

Die im Folgenden beschriebenen Grundschaltungen dienen dazu, den elektrischen Strom in der Größe, der Form bzw. der Frequenz zu verändern. Sie enthalten die im vorhergehenden beschriebenen Bauelemente als elementare, schaltende Bauteile. Zunächst soll die in der Leistungselektronik übliche Klassifizierung von Stromrichtern erläutert werden: Stromrichter, die Wechselstrom in Gleichstrom wandeln, heißen **Gleichrichter.** Stromrichter, die aus Gleichstrom Wechselstrom machen, werden **Wechselrichter** genannt. Wechselrichter sind meist in der Lage zusätzlich die Frequenz der erzeugten Wechselspannung zu variieren. Damit lässt sich z.B. bei Drehstrommotoren bequem die Drehzahl variieren.
Stromrichter, die aus Wechselstrom zunächst Gleichstrom machen, diesen dann aber wieder in einen Wechselstrom anderer Frequenz umwandeln, nennt man **Umrichter.** Z.B. besitzt der ICE-Zug Umrichter, die den $16^2/_3$-Hz-Bahnstrom zunächst gleichrichten und dann wieder in Drehstrom für die Fahrmotoren verwandeln. Der Strom für die Fahrmotoren kann beliebig in der Frequenz verstellt werden. Damit lassen sich die Motoren in der Drehzahl regeln. Tabelle 6.1 zeigt eine Übersicht der Stromrichterarten.

Tabelle 6.1 Übersicht der Stromrichterarten

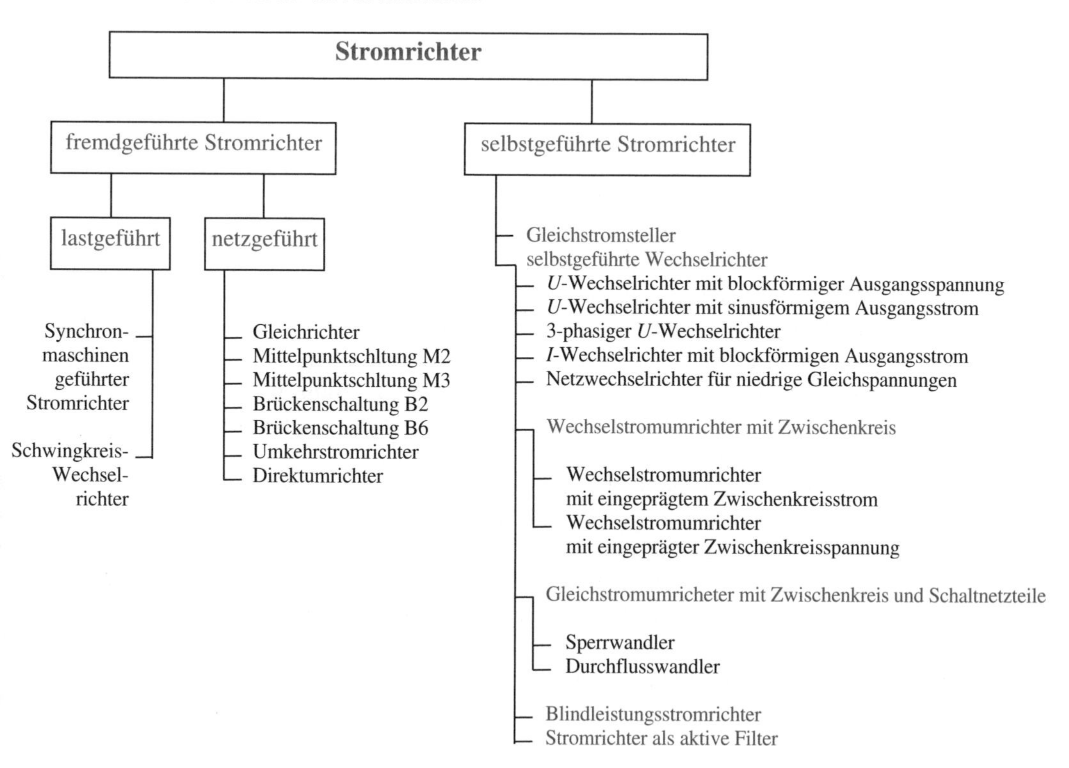

Die Klassifizierung erfolgt über die in Kapitel 5 erläuterte Kommutierungsenergie:

> *Wird die Kommutierungsenergie aus einer externen Quelle bezogen, spricht man von einem **fremdgeführten** Stromrichter.*

Wird die Energie zudem aus dem Netz bezogen, spricht man von einem **netzgeführten** Stromrichter. Netzgeführte Stromrichter sind also eine Untergruppe der fremdgeführten Stromrichter.
Andere fremdgeführte Stromrichter beziehen die Energie von der angeschlossenen Last. Sie werden daher **lastgeführte** Stromrichter genannt.

> *Wird die Energie innerhalb der Schaltung gespeichert oder wird das entsprechende Bauteil zwangsweise durch Abschalten zum Stromwechsel gezwungen, spricht man von **selbstgeführten** Stromrichtern.*

Selbstgeführte Stromrichter arbeiten daher mit Kondensatoren als Energiespeicher oder mit abschaltbaren Bauelementen (GTO, IGBT oder MOSFET).

> *Die **Kommutierungszahl q** beschreibt die Anzahl der innerhalb einer Netzperiode stattfindenden Kommutierungen.*

Eine weitere Kennzahl ist die **Pulszahl.** Sie ist definiert als Anzahl der Kommutierungen während einer Wechselspannungsperiode. Die Pulszahl beschreibt somit indirekt wie wellig die Ausgangsspannung ist.
Wird eine Wechselspannungsquelle nur 1-phasig an einen gleichrichtenden Halbleiter geschaltet, wird die andere Halbwelle abgeschnitten. Eine solche Schaltung heißt 1-Weg-Schaltung und besitzt den Kennbuchstaben **M,** da der Mittelpunkt des 3-Phasen-Systems angeschlossen ist. Solche Schaltungen heißen **Mittelpunktschaltungen.** Bei 1-phasigen Spannungsquellen ergibt sich ein stark lückender Strom. Bei Drehstrom mit seinen 120° versetzten Phasen ist die Stromqualität ausreichend.
Werden beide Anschlüsse einer Wechselstromquelle an Halbleiter angeschlossen, spricht man von einer **Brückenschaltung** (Kennbuchstabe **B**).
Eine 2. Kennziffer nennt die Pulszahl und weist auf die Anzahl der Stromrichterzweige hin. Eine 1 bedeutet, dass nur 1 Halbleiter benutzt wird. Bei einer Brückenschaltung werden mindestens 2 Zweige aufgebaut. Eine solche Schaltung trägt die Kennung B2. Die Zahl beschreibt auch die Welligkeit der ungeglätteten Gleichspannung an den Ausgangsklemmen. Tabelle 6.2 zeigt eine Übersicht der Stromrichterschaltungen.

Tabelle 6.2 Übersicht der wichtigsten Stromrichterschaltungen

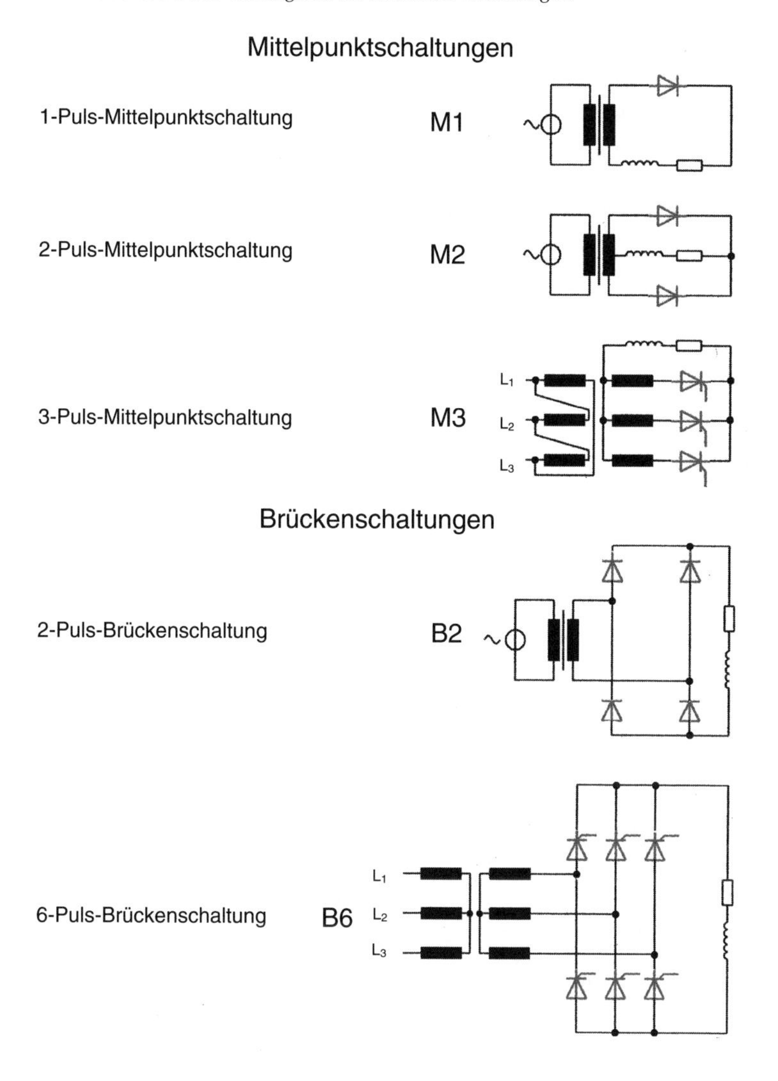

6.1 Fremdgeführte Stromrichter

6.1.1 Netzgeführte Stromrichter

Gleichrichterschaltungen

Mit nur 1 Halbleiter lässt sich ein einfacher Stromrichter aufbauen. Die 1 Weg Gleichrichterschaltung erzeugt einen pulsierenden Gleichstrom und eine pulsierende Gleichspannung die starke Lücken im Zeitverlauf besitzt. Die Gleichrichtung wird dadurch erzielt, dass die negative Halbwelle gesperrt wird. Bild 6.1 veranschaulicht eine 1-Weg-Gleichrichterschaltung (M1).

Wegen des lückenden Stroms pulsiert auch die Leistung stark. Mit dieser einfachen Schaltung können nur träge Verbraucher mit geringen Anforderungen an die Spannungsqualität angeschlossen werden.
Verwendet man einen Transformator mit Mittelanzapfung kann mit 2 Dioden eine 2-pulsige Schaltung aufgebaut werden. An dieser Schaltung wurde die Kommutierung erläutert. Bild 6.2 zeigt eine 2-pulsige Schaltung mit Transformator und Mittelpunktanzapfung (M2).
Steht kein Transformator mit Mittelpunktanzapfung zur Verfügung, kann der gleiche Stromverlauf mit Hilfe von 4 Dioden erreicht werden. Diese Schaltung wird Brückenschaltung genannt. Auf sie wird in Abschnitt 6.1.1.3 noch genauer eingegangen. Bild 6.3 zeigt eine 2-pulsige Brückenschaltung (B2).

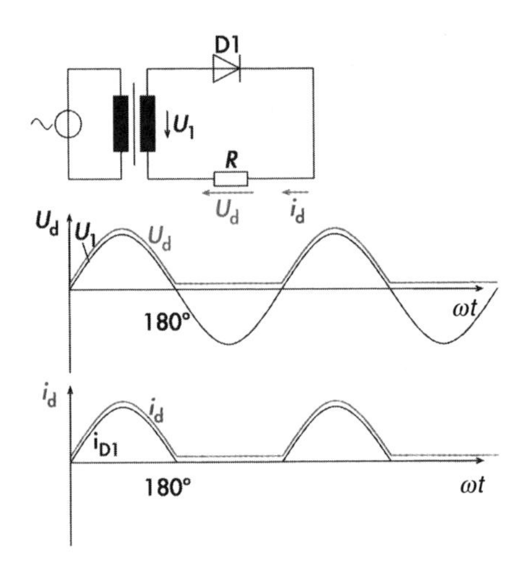

Bild 6.1 1-Weg-Gleichrichterschaltung

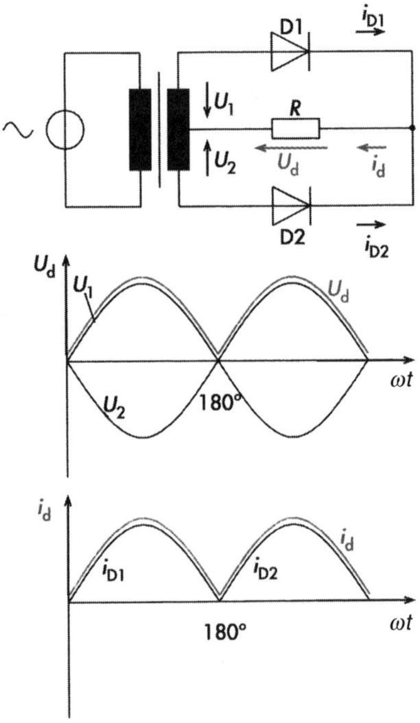

Bild 6.2 2-Weg-Gleichrichterschaltung

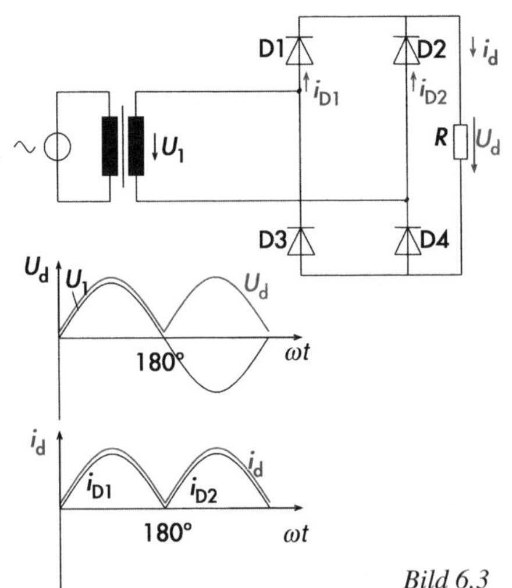

Bild 6.3 Brückengleichrichterschaltung

> *Zur Verbesserung der Spannungsqualität muss die Spannung durch einen Kondensator geglättet werden.*

Hierzu wird der Last R ein Kondensator parallel geschaltet. Eine Spannungsglättung durch einen Kondensator gibt Bild 6.4 wieder.

> *Ein Kondensator speichert die Energie in seinem elektrischen Feld.*

Bild 6.4 Spannungsglättung mit einem Kondensator

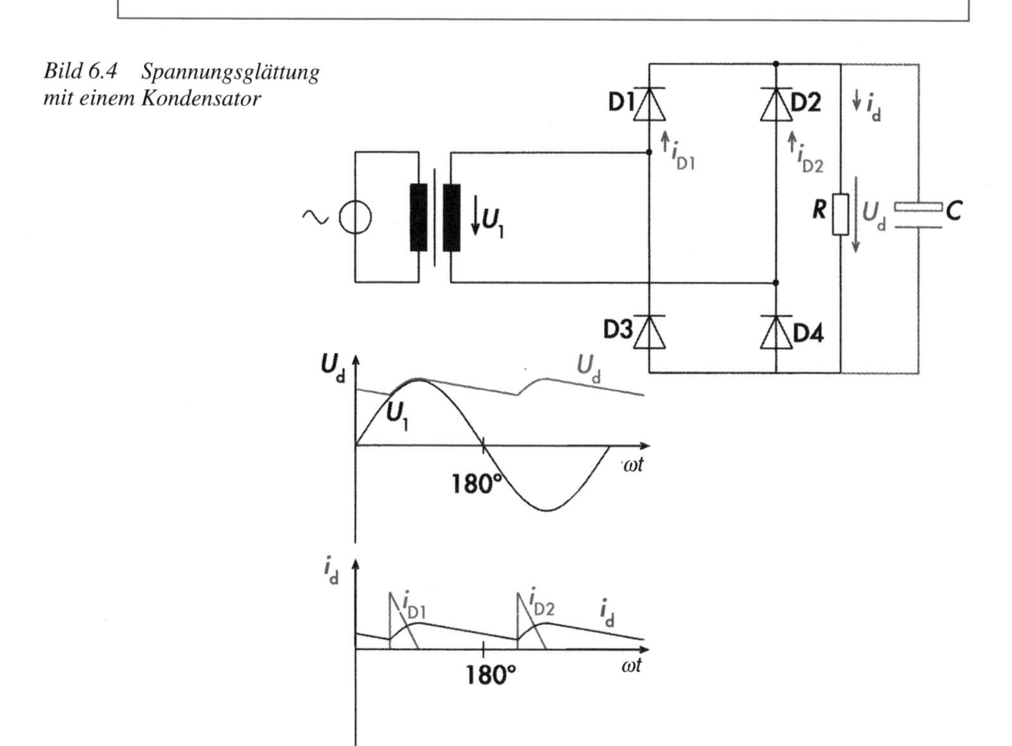

Er wirkt Spannungsänderungen entgegen und puffert dadurch die Spannung U_d. Liegt die anliegende Ladespannung über der Spannung des Kondensators, lädt die Spannungsquelle nach. Liegt die Ladespannung darunter, gibt der Kondensator Energie ab und stützt die Spannung. Ein Akkumulator funktioniert ähnlich, kann aber nicht im 50-Hz-Rhythmus arbeiten, da die chemische Umwandlung zu träge ist. Die Energie steckt im elektrischen Feld des Kondensators. Das Feld kann sehr schnell umgeladen werden.
Das stoßartige Aufladen belastet die Spannungsquelle und kann auf der Primärseite zu Spannungseinbrüchen führen. Zudem führt jeder impulsartige Strom gemäß der Fourieranalyse zu Oberschwingungen, die andere Geräte stören könnten. Die Oberschwingungen beteiligen sich fast nicht an der umgesetzten Wirkleistung, belasten aber den Trafo zusätzlich. Der Trafo muss daher etwas größer dimensioniert werden.

> *Oberschwingungen vergrößern die Bauleistung des Trafos.*

Der Strom durch die Last R ist nach dem Ohm'schen Gesetz mit der geglätteten Spannung verbunden. Damit wird auch der Strom geglättet.
Der Kondensator muss eine verhältnismäßig hohe Kapazität haben. Aus diesem Grund werden meist Elektrolytkondensatoren verwendet. Die Kapazität hängt direkt mit dem Laststrom zusammen. Höhe und Breite der Ladeimpulse sind von der Kondensatorkapazität abhängig.
Oft werden mehrere Kondensatoren zu einem sog. Siebglied parallel zusammengeschaltet. Das Netzteil eines Musikverstärkers muss eine besonders gute Spannungsglättung besitzen, da sich sonst ein Brummton in der Musik störend bemerkbar macht.

> *Zur Verbesserung der Stromqualität kann eine Drossel in Reihe geschaltet werden.*

Die Drossel baut ein Magnetfeld auf wenn sie vom Strom durchflossen wird. Lässt dieser Strom nach, so wirkt das Magnetfeld als Energiespeicher und lässt den Strom weiter fließen. Ist die Drossel ausreichend dimensioniert kann so eine gute Glättung erreicht werden (s. Bild 6.5).

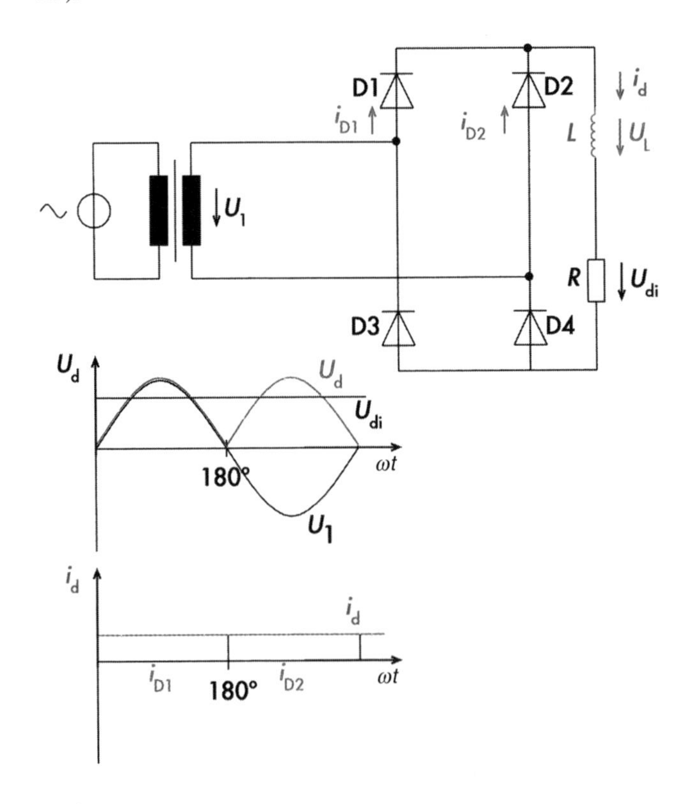

Bild 6.5
Stromglättung durch eine Drossel

Eine Drossel, auch als Spule oder Induktivität bezeichnet, speichert die Energie in ihrem magnetischen Feld.

Sie wirkt jeder Stromänderung entgegen und stabilisiert dadurch den Strom. Nimmt man eine unendlich gute Glättung an, fließt der Strom i_d als fast konstanter Gleichstrom durch die Last R. Die Spannung pulsiert wie bei der Schaltung ohne Drossel. An der Last fällt die Spannung U_{di} ab. Nach dem Ohm'schen Gesetz ergibt sich $U_{di} = i_d \cdot R$. Den pulsierenden Anteil enthält die Spannung U_L über der Drossel L.
Die Ströme in den Dioden sind annähernd rechteckförmig. Der Strom kommutiert in der Kommutierungszeit (vgl. Kapitel 5) von einer Diode zur anderen. Der Primärstrom ist ebenfalls rechteckförmig. Auch hier ist anzumerken, dass dadurch die Baugröße des Netztransformators größer sein muss als bei sinusförmigen Strömen.
Bisher haben wir nur Schaltungen betrachtet die den Strom lediglich gleichrichten.

Werden Thyristoren anstelle der Dioden verwendet, lässt sich der Gleichstrom in der Höhe einstellen, und es lässt sich die Energieflussrichtung ändern.

Gesteuerte 2-pulsige Schaltung mit einem Transformator mit Mittelpunktanzapfung (M2)
Statten wir die 2-Puls-Schaltung in Bild 6.2 mit Thyristoren aus, kann das Durchsteuern mittels Zündimpuls am Gateeingang vorgegeben werden. Damit erhält man einen lückenden Strom und dadurch auch eine lückende Spannung. Der zeitliche Mittelwert der Spannung hängt direkt vom Zündwinkel α ab.
Bild 6.6 zeigt eine 2-Puls-Schaltung mit Thyristoren sowie die Strom- und Spannungsverläufe bei Ansteuerung mit dem Zündwinkel α.
Die Ansteuerung erfolgt bei beiden Thyristoren im Takt der Netzfrequenz. Das Steuergerät muss also die Netzspannung als Referenzspannung beobachten und jeweils im richtigen Zeitpunkt einen Steuerimpuls auslösen.

Die Impulse müssen genügend steil, lang und hoch sein, um das Bauelement sicher zu zünden (vgl Kapitel 3).

Wie beim Halbleitersteller wird diese Art der Leistungssteuerung Phasenanschnittsteuerung genannt. Der Unterschied ist nur, dass zudem die Spannungsform von Wechsel- in Gleichspannung umgewandelt wird.

Durch Vergrößern des Steuerwinkels kann der Mittelwert der Gleichspannung U_{di} *bis auf beinahe 0 runtergeregelt werden.*

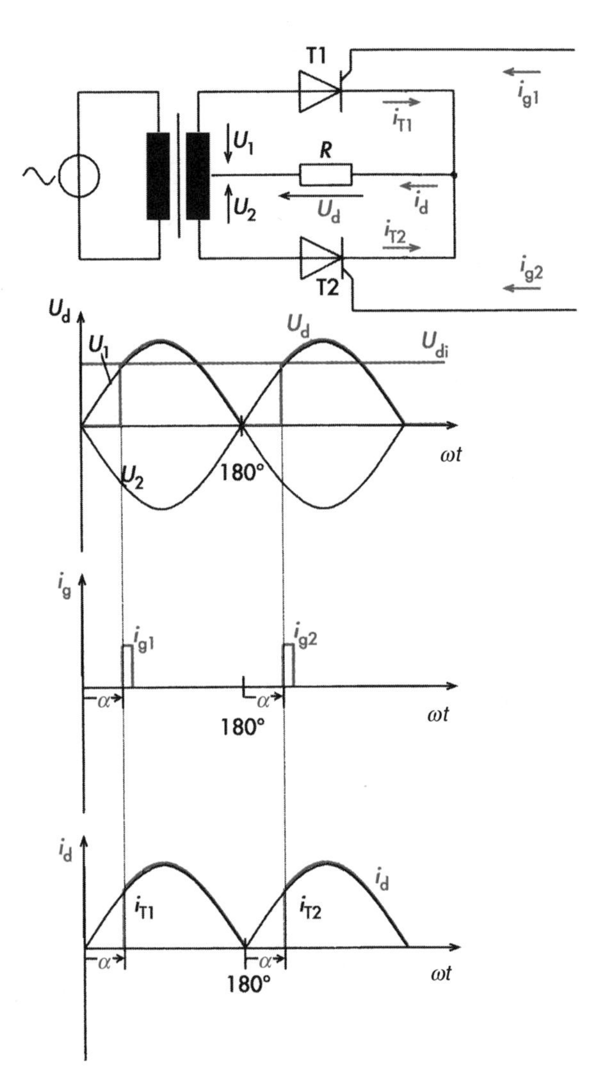

Bild 6.6 Gesteuerte 2-Puls-Gleichrichterschaltung mit Last R

Soll der lückende Strom geglättet sein, muss eine Drossel L der Last R in Reihe geschaltet werden (Bild 6.7). Da nun ein nahezu konstanter Strom durch die Drossel erzwungen wird, fließt der Strom durch den Thyristor T1 nach dem Nulldurchgang der Spannung weiter. Erst wenn der Thyristor T2 gezündet wird, wechselt der Strom in den anderen Stromrichterzweig.
Da der Strom i_d beinahe konstant fließt, muss er bei Zündung des anderen Thyristors sehr schnell von einem Thyristor zum anderen kommutieren. Am schnellsten und damit am steilsten verläuft die Kommutierung beim Steuerwinkel $\alpha = 90°$. Die Spannung $U_d = U_L + U_{di}$ über der Spule und dem Widerstand ist zum Zeitpunkt $\omega\, t = 90°$ am größten und muss dann schlagartig die Polarität wechseln. Da U_{di} nach dem Ohm'schen Gesetz ($U_{di} = R \cdot i_d$) konstant ist, muss die Spannung an der Spule den Spannungssprung machen. Dafür ist ein großer Kommutierungsstrom nötig.
Beim Steuerwinkel $\alpha = 90°$ sind die negativen und positiven Anteile von U_d gleich groß. Der Mittelwert $U_{di} = 0$ (Bild 6.8).

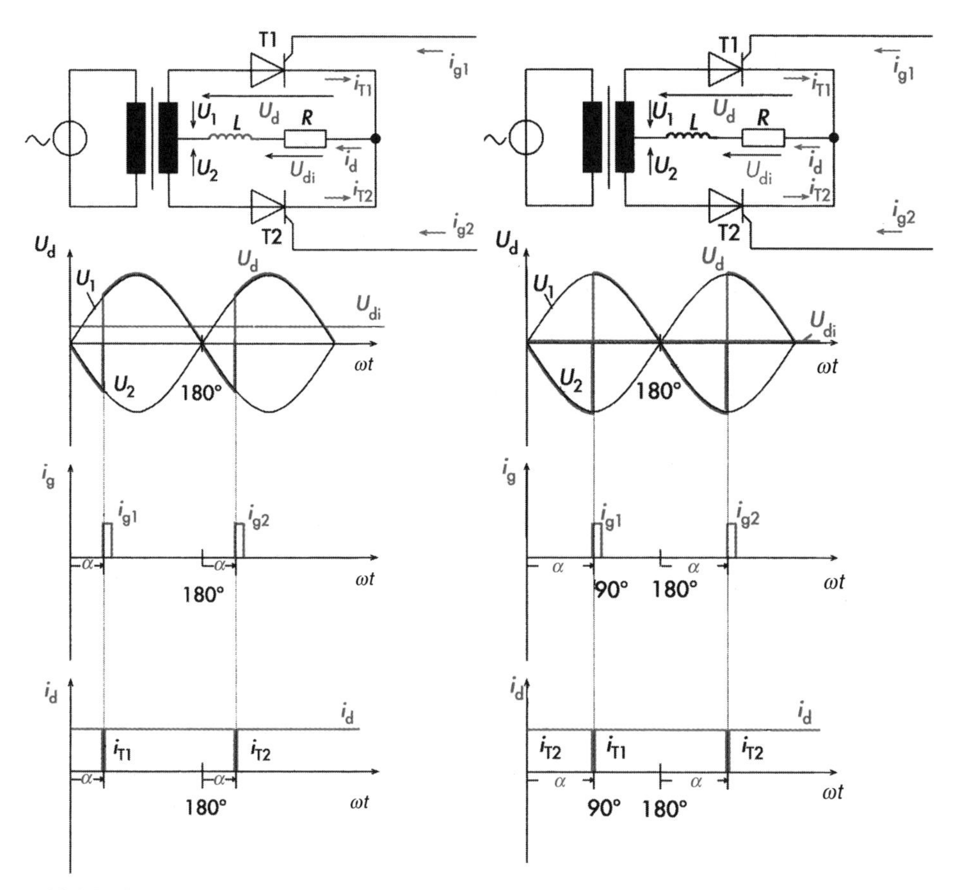

Bild 6.7 2-Puls-Gleichrichterschaltung mit ohmsch-induktiver Last

Bild 6.8 2-Puls-Gleichrichterschaltung: $\alpha = 90°$

Bezeichnen wir den einstellbaren, vom Steuerwinkel α abhängigen Spannungswert mit $U_{di}(\alpha)$, dann gilt:

$$U_{di}(\alpha) = U_{di} \cdot \cos\alpha$$

In der obigen Formel ist U_{di} der Maximalwert der Spannung beim Steuerwinkel $\alpha = 0$.
Von den Halbleiterstellern kennen wir den Begriff Steuerkennlinie. Die Ansteuerung führt wie bei den Halbleiterstellern (s. Abschnitt 4.3) zu einer Erhöhung des Blindleistungsbedarfes. Bild 6.9 zeigt die Steuerkennlinie der gesteuerten M2-Schaltung.
Bisher haben wir die Schaltung als Gleichrichter betrieben. Die Energie fließt von der Wechselstromseite zur Gleichstromseite. Ein netzgeführter Stromrichter kann aber auch Energie ins Netz zurückspeisen. Vorraussetzung hierfür ist, dass eine Spannungsquelle auf der Gleichstromseite vorhanden ist, die diese Energie zur Verfügung stellt.

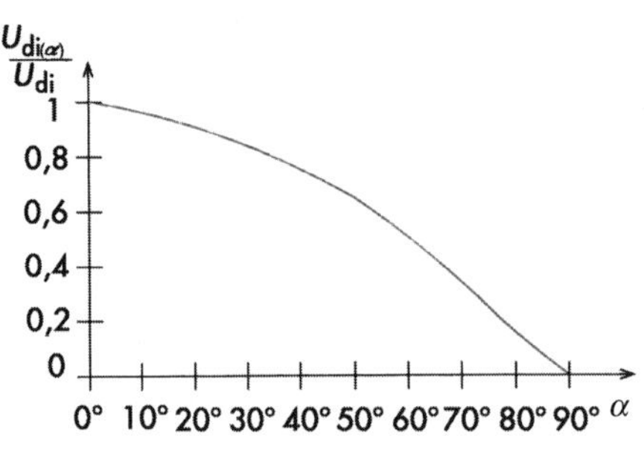

Bild 6.9 Steuerkennlinie der gesteuerten M2-Schaltung

Ein netzgeführter Stromrichter kann Energie ins Netz zurückspeisen.

Ein typischer Anwendungsfall ist ein geregelter Gleichstrommotor auf der Gleichstromseite. Auch ein Akkumulator ist möglich. Damit Energie zurück geliefert wird, muss im Mittel eine negative Spannung eingestellt werden. Die Stromflussrichtung bleibt gleich.

Einen negativen Spannungsmittelwert stellt man mit Steuerwinkeln über 90° ein.

So können z.B. Straßenbahnen beim Bremsen Energie in den Fahrdraht zurückspeisen. Dazu wird der Gleichstrommotor mit Steuerwinkeln über 90° angesteuert. Dadurch arbeitet der Stromrichter als Wechselrichter und speist einen Teil der Bremsenergie der Straßenbahn ins Netz ein.
Bild 6.10 zeigt den Spannungsverlauf bei einem Steuerwinkel $\alpha = 120°$. Die Spannung U_{di} hat jetzt einen negativen Mittelwert. Da die Stromflussrichtung beibehalten wurde ergibt sich durch den negativen Spannungswert eine negative Wirkleistung ($P = U \cdot I$). Es wird also Energie zurückgespeist, und die Schaltung arbeitet als Wechselrichter.
Wir erhöhen den Steuerwinkel noch weiter auf 160° (Bild 6.11). Erwartungsgemäß wird der negative Mittelwert von U_{di} noch größer und damit auch die Leistung, die zurückgespeist wird. Im Bild 6.11 ist der Löschwinkel γ gekennzeichnet. Er markiert die Zeitdauer vom Verlöschen des Thyristors bis zum Schnittpunkt der Phasenspannungen. T2 verlöscht kurz nach dem Zünden von T1 (vgl. Kapitel 5). Die Spannung U_2 wird kurz danach bereits positiv. Der Thyristor wird also kurz nach seinem Verlöschen wieder mit positiver Spannung belegt. Aus Kapitel 2 geht hervor, dass ein Thyristor aber eine gewisse Schonzeit braucht. Die Freiwerdezeit des Thyristors muss zunächst verstreichen, damit alle Ladungsträger ausgeräumt sind. Wird dem Thyristor diese Schonzeit nicht eingeräumt und der Löschwinkel zu klein eingestellt, zündet der Thyristor erneut durch. Da auch T1 in diesem Moment leitet, entsteht ein hoher Strom, und der Wechselrichter muss zum Schutz der Halbleiter abgeschaltet werden. Dieser Fehlbetrieb wird als **Kippen des Wechselrichters** bezeichnet.

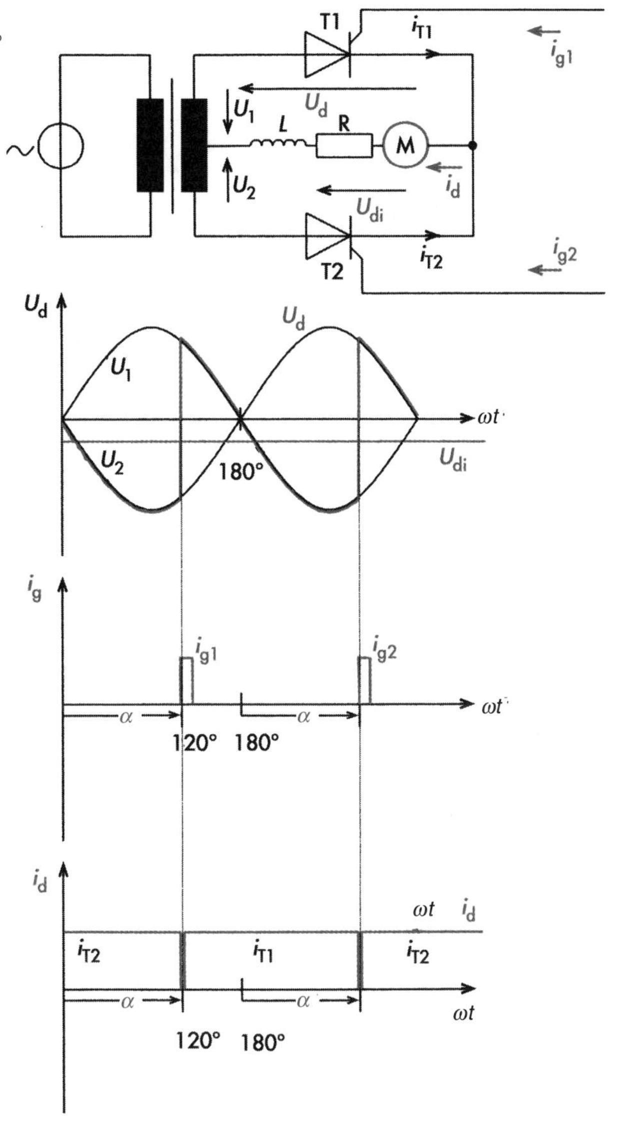

Bild 6.10 2-Puls-Gleichrichterschaltung mit Motorlast: $\alpha = 120°$

> *Ein unkontrolliertes Durchschalten der Halbleiterbauelemente wird als Kippen des Wechselrichters bezeichnet.*

Den maximal zulässigen Wert für α_m erhält man aus

$$\alpha = 180° - \gamma - u$$

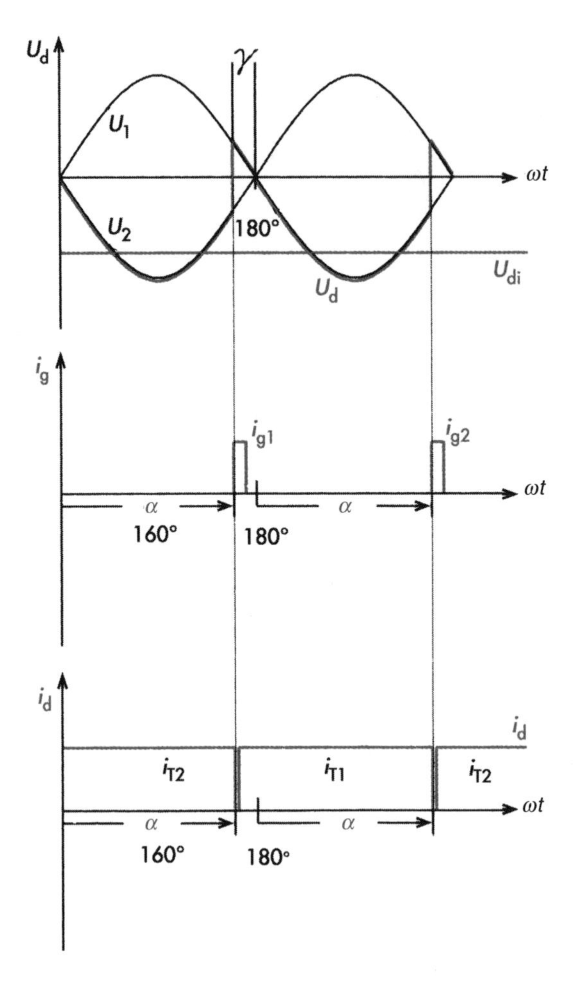

Bild 6.11
2-Puls-Gleichrichterschaltung mit Motorlast: $\alpha = 160°$

u ist die **Überlappungszeit** während der Kommutierung. Wird der Laststrom i_d größer, vergrößert sich auch die Überlappung u, da die Kommutierung länger dauert. Damit wird der maximal zulässige Steuerwinkel α_m kleiner. Bei der Festlegung der Schonzeit muss diese Abhängigkeit berücksichtigt werden.

Gesteuerte 2-pulsige Brückenschaltung (B2)
Brückenschaltung mit idealer Glättung
Die Brückenschaltung (Bild 6.12) erzeugt die gleiche Kurvenform wie die Mittelpunktschaltung. Von der Last aus betrachtet, kann die Brückenschaltung als eine Reihenschaltung zweier Mittelpunktschaltungen verstanden werden. Die einzelnen Ausgangsspannungen werden addiert und ergeben die Ausgangsspannung der Brückenschaltung. Daher liefert sie eine doppelt so große Ausgangsspannung wie die vergleichbare Mittelpunktschaltung. Zudem kann auf die Mittelanzapfung am Transformator verzichtet werden. Die Brückenschaltung kann daher auch direkt, ohne Transformator, am Netz betrieben werden. Nachteilig ist, dass 4 Halbleiterventile benötigt werden. Auch hier führt die Ansteuerung zu einer Erhöhung des Blindleistungsbedarfes.

Bild 6.12 Gesteuerte Brückenschaltung mit idealer Glättung

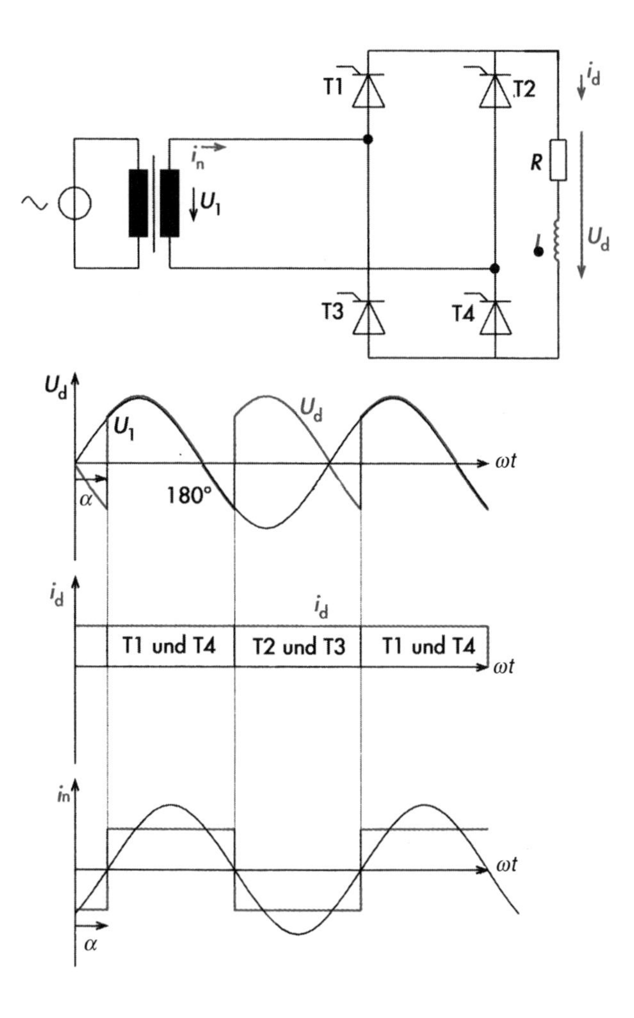

Halbgesteuerte 2-pulsige Brückenschaltung (B2H)

Aus Kostengründen werden manchmal nur 2 Halbleiter steuerbar ausgeführt. Solche Sparschaltungen werden als **halbgesteuert** bezeichnet.

Es sind immer 2 in Reihe liegende Halbleiter gleichzeitig leitend (vgl. Bild 6.12). Daher lässt sich der Stromfluss auch nur mit 1 Halbleiter steuern.

Es gibt 2 Varianten der halbgesteuerten Brückenschaltung. Die **1-polig gesteuerte B2-Schaltung** (Bild 6.13) und die **zweigpaar-halbgesteuerte B2-Schaltung** (Bild 6.14). Nachteilig ist, dass kein negativer Mittelwert von U_d einstellbar ist.

> *Halbgesteuerte Brückenschaltungen können nicht im Wechselrichterbetrieb arbeiten.*

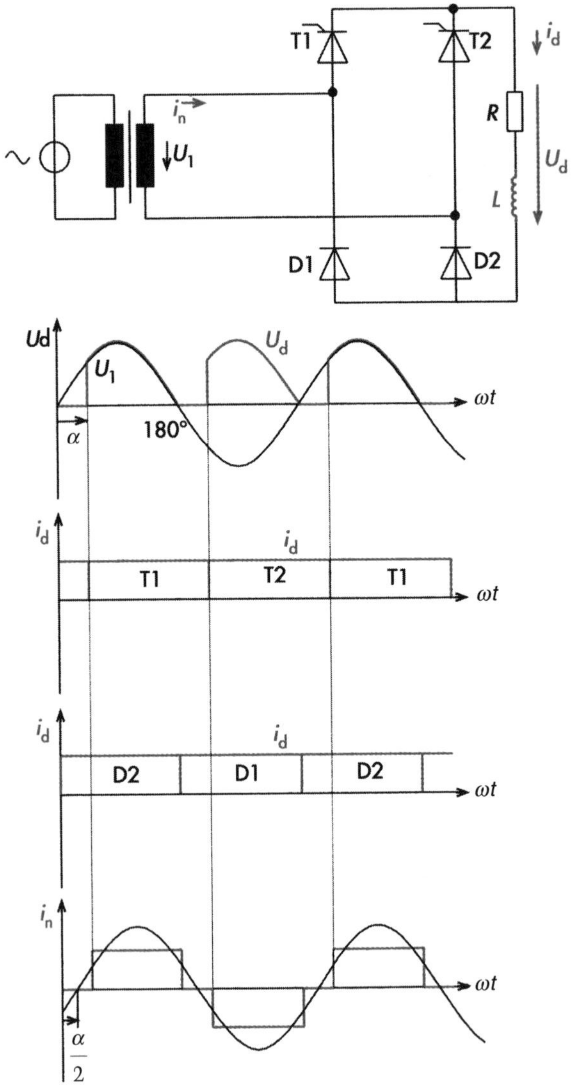

Bild 6.13 1-polig gesteuerte Brückenschaltung

In beiden Bildern ist zudem erkennbar, dass die Phasenverschiebung des Primärstroms nur halb so groß ist ($\varphi = \alpha/2$) wie bei der vollgesteuerten Brückenschaltung. Daher benötigen die halbgesteuerten Schaltungen erheblich weniger Blindleistung. Bei der zweigpaar-halbgesteuerten B2-Schaltung sind die Stromblöcke der gesteuerten Halbleiter kürzer als die der Dioden. Die Thyristoren werden daher geringer wärmebeansprucht als die Dioden.

3-pulsige Mittelpunktschaltung (M3)

Die bisher betrachteten Stromrichterschaltungen wurden alle am 1-phasigen Wechselstromnetz betrieben.

Bild 6.14 Zweigpaar halbgesteuerte B2-Schaltung

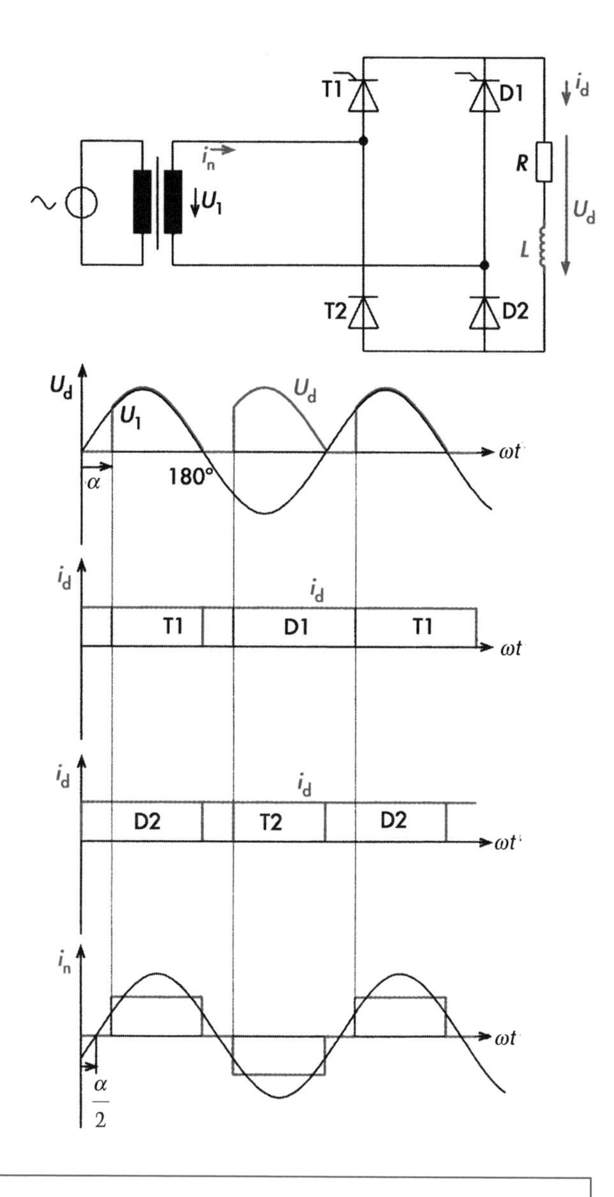

> *Um höhere Leistungen übertragen zu können, werden viele Stromrichter am Drehstromnetz betrieben.*

Eine solche Schaltung benötigt mindestens 3 Halbleiter, da nun 3 Stromzweige zu steuern sind. Die einfachste Schaltung wird mit Hilfe eines **Transformators mit Mittelpunktanzapfung** realisiert. Diese Schaltung trägt dann die Kennziffer M3 und heißt 3-pulsige Mittelpunktschaltung (Bild 6.15).

Bild 6.15 zeigt den vollausgesteuerten Zustand. Die Thyristoren wechseln sich jeweils im Schnittpunkt der Phasenspannungen ab. Wird U_2 betragsmäßig größer als U_1 wird T2 gezün-

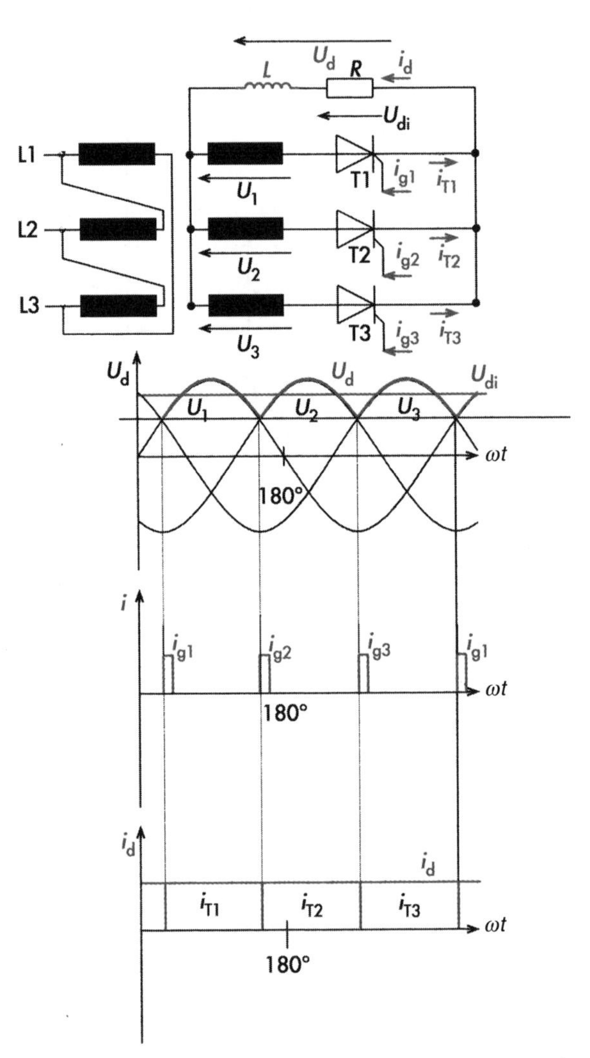

Bild 6.15
3-pulsige Mittelpunktschaltung (M3)

det und leitet bis wiederum U_3 größer als U_2 wird und der Strom an T3 abgegeben wird. Bei idealer Glättung ergeben sich blockförmige Abschnitte. Der Strom in den jeweiligen 3 Netzleitungen ist ein blockförmiger Wechselstrom.
Während einer Wechselspannungsnetzperiode finden 3 Kommutierungen statt. Die 3-pulsige Mittelpunktschaltung besitzt also die Pulszahl 3. Entsprechend hat die Spannung 3 Höchstwerte pro Periode. Die Schaltung ist wegen der geringen Anzahl an Bauelementen preiswert aufzubauen, benötigt aber einen Transformator mit herausgeführtem Mittelpunkt.

6-pulsige Brückenschaltung (B6)
Bild 6.16 zeigt die sehr häufig verwendete 6-Puls-Brückenschaltung (B6). Eine Mittelpunktanzapfung ist nicht nötig. Daher kann die B6-Schaltung kostengünstig direkt am Netz betrieben werden.

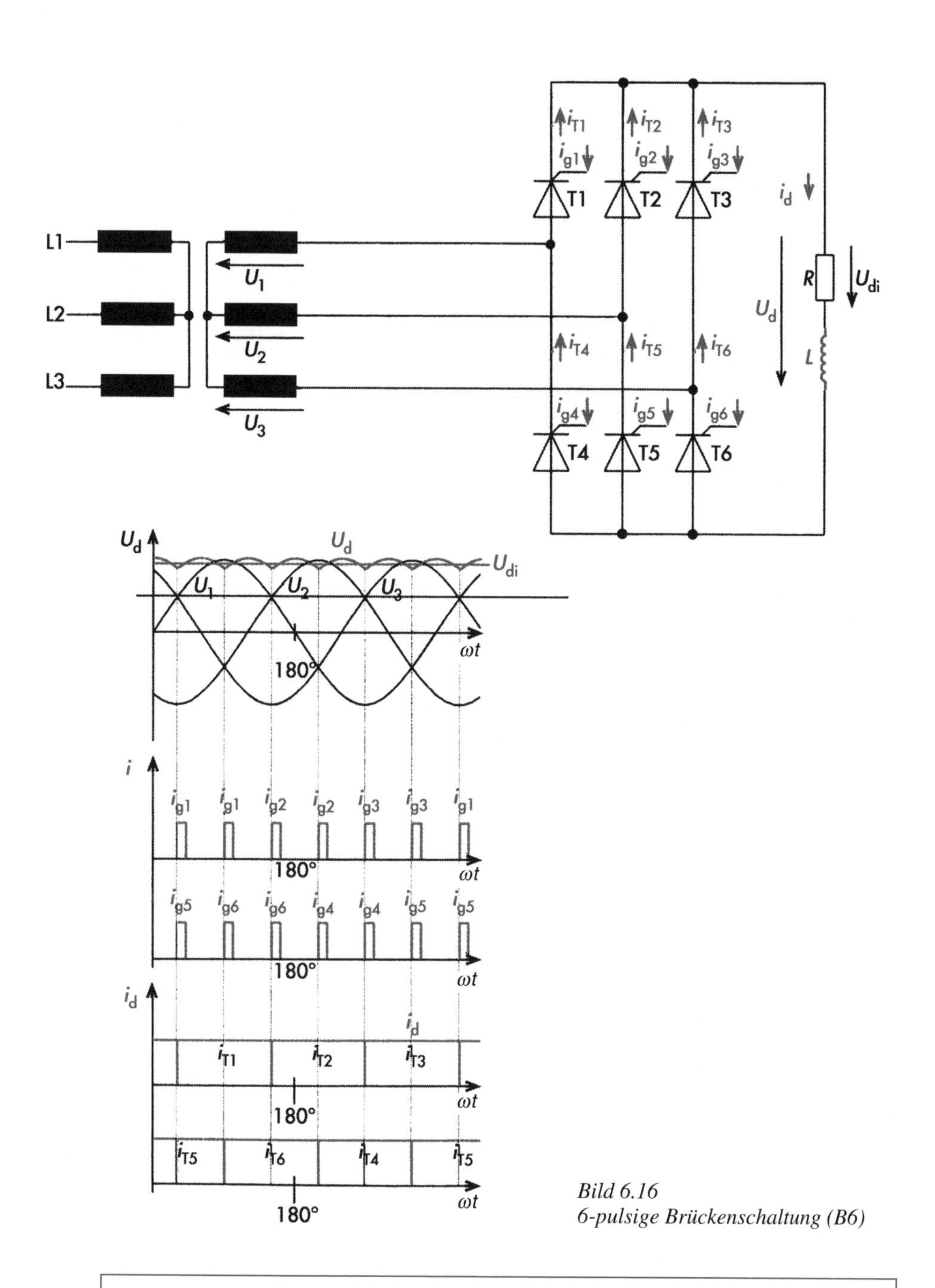

Bild 6.16
6-pulsige Brückenschaltung (B6)

Da eine B6-Brückenschaltung keinen Transformator mit herausgeführtem Mittelpunkt benötigt, kann sie direkt am Netz betrieben werden.

In einer Wechselspannungsnetzperiode finden 6 Kommutierungen statt. Die Schaltung besitzt also die Pulszahl 6 und damit 6 Maxima pro Periode. Der Aufwand für die Glättung ist dadurch geringer als bei der M3-Schaltung. Die genannten Vorteile führen dazu, dass die B6-Brücke in der Praxis sehr häufig eingesetzt wird.
Wie bei der 2-pulsigen Brückenschaltung (B2) kann auch die 6-pulsige Brückenschaltung als eine Reihenschaltung zweier M3-Schaltungen verstanden werden.

Für Vollaussteuerung müssen die Thyristoren jeweils in den Spannungsschnittpunkten gezündet werden.

Zudem ist ein Folgeimpuls 60° nach dem Hauptimpuls nötig, um den jeweilig leitenden Thyristor durchgesteuert zu halten.
Wie bei der M3-Schaltung entsteht bei idealer Glättung ein konstanter Gleichstrom, den die Thyristoren wechselweise führen. In der Realität ist die Baugröße der Glättungsdrossel allerdings begrenzt, und es ergibt sich daher immer eine Restwelligkeit. Übersteigt der Wechselstromanteil des Stroms den Gleichstromanteil, beginnt der Laststrom zeitweise auf 0 zurückzugehen. Er beginnt zu **Lücken.** Dieser Betriebszustand wird als **Lückbetrieb** bezeichnet.

Lückbetrieb tritt vor allem bei geringer Last auf, da dann der Gleichstromanteil des Laststroms niedrig ist.

Auf der Netzseite fließt ein blockförmiger Wechselstrom.

Halbgesteuerte 6-pulsige Brückenschaltung (B6H)
Wie die gesteuerte 2-pulsige Brückenschaltung (B2) kann auch die B6-Schaltung halbgesteuert aufgebaut werden (Bild 6.17). Eine große Bedeutung hat die Schaltung jedoch nicht. Dem Vorteil des geringeren Blindleistungsbedarf steht der große Nachteil des nicht möglichen Wechselrichterbetriebes gegenüber. Die Schaltung wird daher kaum eingesetzt.

Umkehrstromrichter
Die bisher betrachteten Schaltungen konnten den Laststrom nur in 1 Richtung führen. Im Wechselrichterbetrieb konnte zwar die Spannung die Polarität wechseln der Strom behielt aber seine Richtung bei. Die im Folgenden behandelten Umkehrstromrichter ermöglichen ein Umpolen des Stroms.
In der Antriebstechnik besteht oft der Wunsch die Stromflussrichtung zu ändern. Gleichstrommaschinen können dann in 2 Drehrichtungen betrieben werden. Die verschiedenen Betriebsweisen werden durch die **4-Quadranten-Darstellung** (Bild 6.18) verdeutlicht.

Die 4-Quadranten-Darstellung verdeutlicht die 4 Betriebsbereiche einer elektrischen Maschine.

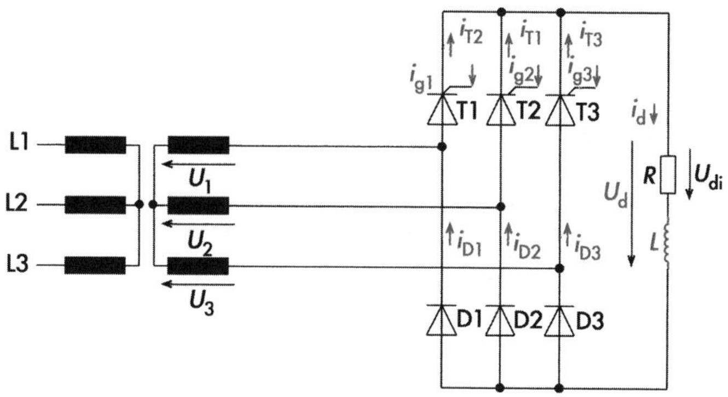

Bild 6.17 Halbgesteuerte 6-pulsige Brückenschaltung (B6H)

Die Quadranten sind von 1 bis 4 durchnummeriert. Im 1. Quadranten dreht die Gleichstrommaschine z.B. rechtsherum und arbeitet als Antriebsmotor. Die Maschine gibt also Leistung ab. Der Umrichter arbeitet als Gleichrichter. Entsprechend ist das Produkt von Spannung und Strom positiv. Treibt die Maschine zum Beispiel eine Straßenbahn an entspricht dieser Betrieb dem Beschleunigen.
Im 2. Quadranten wechselt der Strom seine Polarität. Damit dreht sich das erzeugte Drehmoment in der Maschine ebenfalls um. Da aber die Spannung positiv ist, entsteht ein negatives Produkt aus Strom und Spannung. Die Maschine nimmt Leistung aus dem Umrichter auf. Der Umrichter arbeitet also im Wechselrichterbetrieb. Die Straßenbahn bremst generatorisch ab, und die Energie wird ins Netz zurückgespeist.
Im 3. Quadranten ist das Produkt von Strom und Spannung wieder positiv (Gleichrichterbetrieb). Die Drehrichtung hat sich geändert, und der Motor läuft nun linksherum. Im 4. Quadranten wird unter Beibehaltung der Drehmomentrichtung wieder Energie zurückgespeist.
Je nach Bauweise können Umrichter in 1, 2 oder 4 Quadranten betrieben werden. Vor allem bei den Schienenfahrzeugen finden die 4-Quadranten-Umrichter immer häufiger Verwendung, weil mit ihnen die Bremsenergie in den Fahrdraht zurückgespeist werden kann.
Ein Umkehrstromrichter kann aus 2 M3-Schaltungen gebildet werden. Um die beiden Stromrichtungen zu realisieren werden sie gegenparallel geschaltet. Die Schaltung wird darum als **Gegenparallelschaltung** bezeichnet (Bild 6.19).

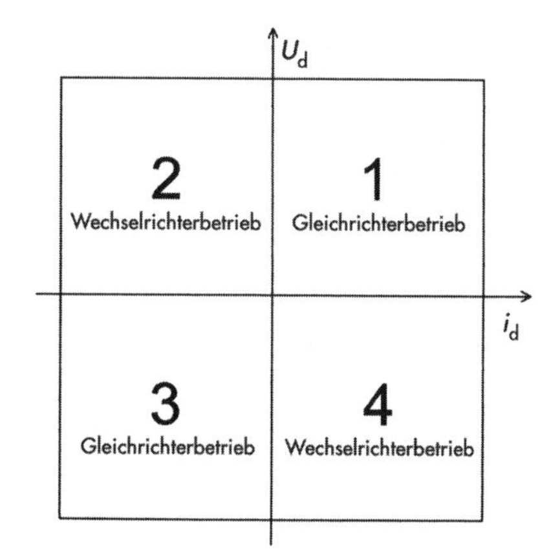

Bild 6.18 4-Quadranten-Darstellung

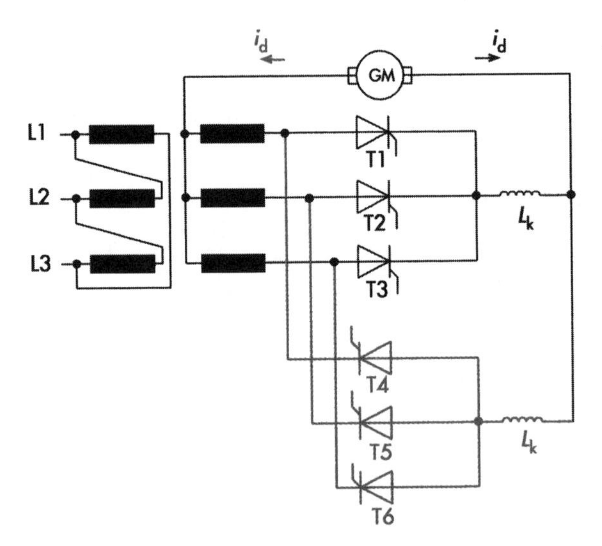

Bild 6.19 Gegenparallelschaltung

Beide M3-Schaltungen sind auf der Gleichstromseite über Drosseln zusammengeschaltet und liefern einen Anteil des Laststroms. Da die beiden Stromrichter gegenparallel geschaltet sind, muss einer im Gleichrichterbetrieb und der andere im Wechselrichterbetrieb arbeiten. Beide werden so angesteuert, dass sie möglichst die gleiche Ausgangsspannung liefern. Das ist aber nur bedingt möglich. Eine kleine Spannungsdifferenz bleibt zu bestimmten Augenblicken. Diese Spannungsdifferenz treibt einen Kreisstrom i_k. Die Induktivitäten L_k dienen zur Dämpfung dieses Kreisstroms. Bild 6.20 zeigt einen frei gewählten Zeitpunkt in dem der Kreisstrom über T3 und T5 fließt.

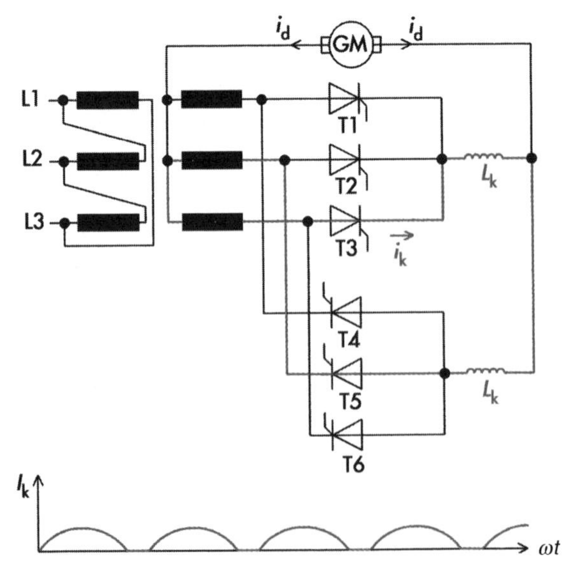

Bild 6.20 Kreisstrom beim Umkehrstromrichter

Der Kreisstrom ist nicht nur von Nachteil. Wird der Umrichter entlastet, wirkt der Kreisstrom dem Lückbetrieb entgegen, da er dem Umrichter eine Grundlast liefert. Nachteilig ist die zusätzliche Belastung allerdings für die Baugröße des Stromrichtertransformators.

Schaltet man die beiden M3-Stromrichter auf der Wechselspannungsseite zusammen erhält man eine Kreuzschaltung (Bild 6.21).

Bild 6.21 Kreuzschaltung

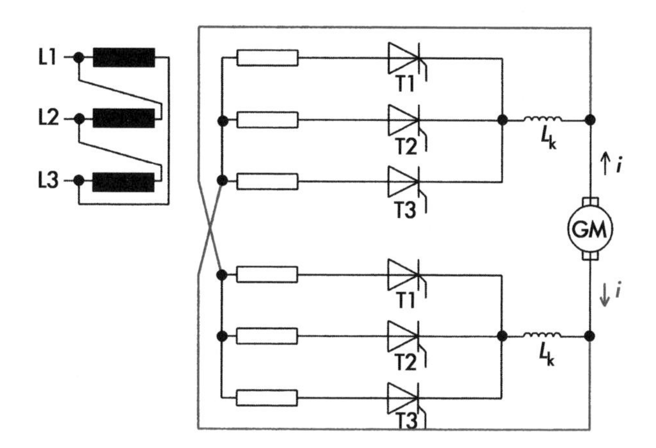

Diese Schaltung erfordert einen aufwändigeren Stromrichtertransformator, hat aber den Vorteil, dass die Induktivitäten der Sekundärwicklungen zusätzlich zu den Induktivitäten auf der Gleichstromseite den Kreisstrom begrenzen. Der Kreisstrom einer Kreuzschaltung ist daher geringer als der einer Gegenparallelschaltung.
Der Kreisstrom lässt sich nur verhindern, wenn die beiden Stromrichter nie zeitgleich in Betrieb sind. Das lässt sich über die Ansteuerung der Stromrichter realisieren. Ein solcher kreisstromfreier Umkehrstromrichter kann aus 2 gegenparallelen Stromrichtern aufgebaut werden.
Das Steuergerät, heute meist eine Mikroprozessorschaltung, muss gewährleisten, dass die Steuerimpulse für den Stromrichter A unterdrückt werden, wenn der Stromrichter B in Betrieb ist. Um die einzelnen Betriebszustände zu erfassen, muss der Strom auf der Lastseite gemessen werden. Das Steuergerät erfasst den Laststrom und erkennt Nulldurchgänge und Polaritätswechsel. Als Ausgangsgröße liefert es die Steuerzeiten der Halbleiter. Grundsätzlich können anstelle der M3-Schaltungen auch B6-Schaltungen verschaltet werden.

Wechselstromumrichter (Direktumrichter)
Die im vorangegangenen Absatz beschriebenen Umrichter erzeugen Gleichstrom. Der Gleichstrom kann wie beschrieben die Polarität wechseln. Die Umrichter können bei entsprechender Ansteuerung auch einen Wechselstrom der einen Frequenz **direkt** in einen Wechselstrom anderer Frequenz umwandeln.

> *Direktumrichter wandeln Wechselstrom direkt in einen Wechselstrom anderer Frequenz um.*

Dazu wird der Umrichter auf der Wechselspannungsseite an eine Spannung beliebiger Primärfrequenz f_1 angeschlossen. Dann wird die Polarität der erzeugten Gleichspannung im Takt der gewünschten Ausgangsfrequenz f_2 hin und her gesteuert.

> *Durch schnelles Wechseln der Gleichstrompolarität entsteht am Ausgang eine Wechselspannung der Frequenz f_2.*

Die Ausgangsfrequenz f_2 ist niedriger als die Eingangsfrequenz f_1, die meistens 50 Hz beträgt. Die Möglichkeit einer Frequenzvariation ist für die Drehzahlverstellung von Drehstrommaschinen von großem Vorteil.

> *Die Drehzahl des Synchronmotors und des Asynchronmotors nimmt ab mit sinkender Speisefrequenz.*

Da das Landesnetz Strom der Frequenz 50 Hz führt, werden Direktumrichter auch eingesetzt, um Bahnstrom der Frequenz $16\,^2/_3$ Hz bereitzustellen.
Der übersichtlicheren Darstellung wegen zeigt Bild 6.22 zunächst einen 1-poligen Direktumrichter. In diesem Beispiel sind 2 B6-Brücken gegenparallel geschaltet. Da B6-Brücken keine Mittelanzapfung benötigen, kann wie schon erwähnt auf den Stromrichtertransformator verzichtet werden.

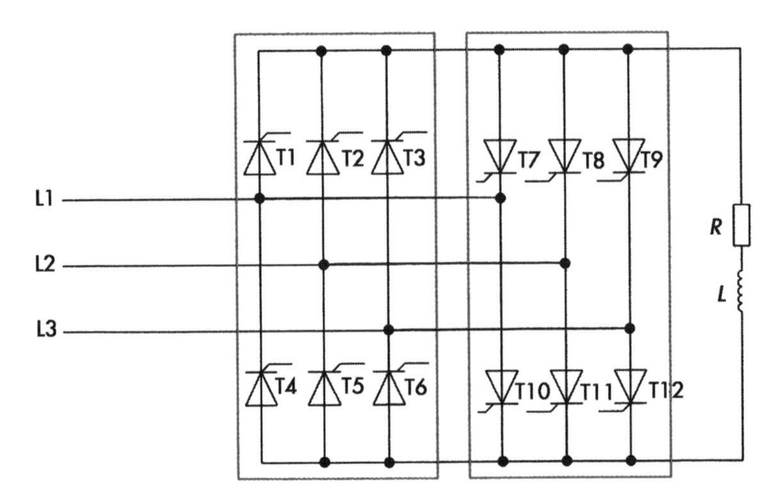

Bild 6.22 Direktumrichter aus 2 gegenparallelen B6-Brücken

Um einen Motor ansteuern zu können, müssen 3 dieser Umrichter zu 1 Drehstromsystem zusammengeschaltet werden (Bild 6.23). Dazu werden insgesamt $3 \cdot 2 \cdot 6 = 36$ Thyristoren benötigt.

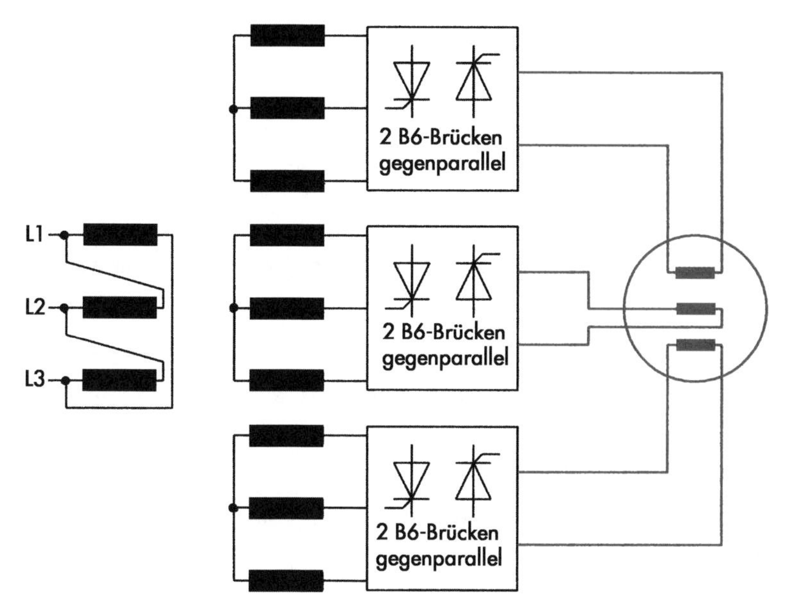

Bild 6.23 3-phasiger Direktumrichter

Werden die Umrichter immer voll ausgesteuert, wechselt die Gleichspannung also immer vom positiven Maximum zum negativen Maximum, ergibt sich eine Ausgangsspannung, deren Hüllkurve trapezförmig ist (Bild 6.24). Daher heißen solche Umrichter **Trapezumrichter.**
Mit etwas höherem Aufwand bei der Steuerelektronik kann der Steuerwinkel stetig verändert werden. Solche Umrichter werden **Steuerumrichter** genannt. Die Spannung gleicht sich dann besser der gewünschten Sinusform an (Bild 6.25). Die bessere Kurvenform wird aber mit einem Nachteil erkauft: Durch stetiges Verstellen befinden sich die Umrichter häufig im Phasenanschnittsbetrieb. In dieser Betriebsweise nehmen die Umrichter eine vergleichsweise hohe Blindleistung auf (vgl. Abschnitt 4.3).

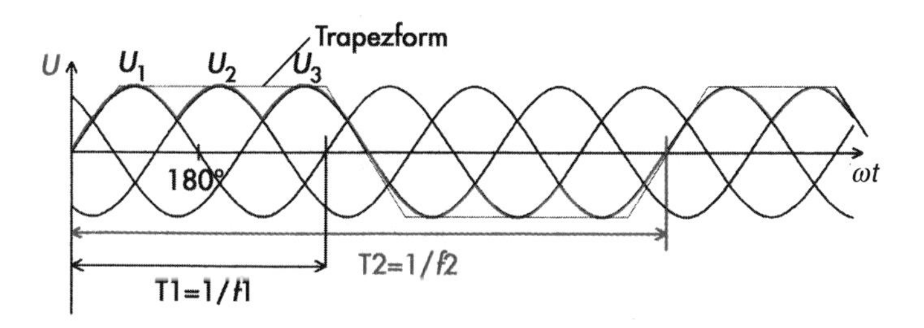

Bild 6.24 Spannungsform beim Trapezumrichter

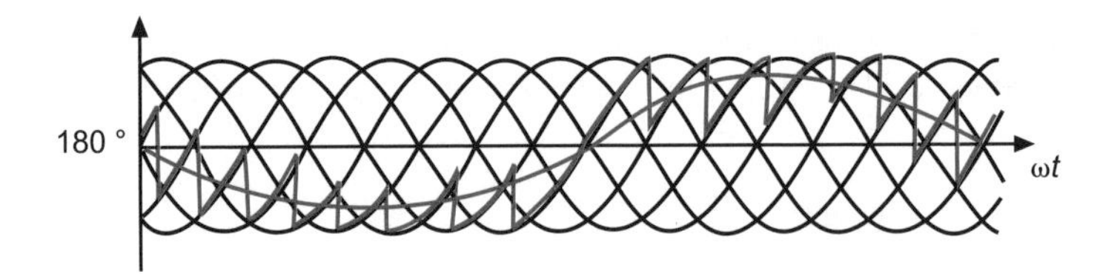

Bild 6.25 Spannungsform beim Steuerumrichter

6.1.2 Lastgeführte Stromrichter

Die 2. Gruppe der fremdgeführten Wechselrichter sind die lastgeführten Wechselrichter. Die Spannung, die den Kommutierungsstrom treibt, wird von der am Stromrichter angeschlossenen Last zur Verfügung gestellt.

> *Bei einem lastgeführten Stromrichter muss die Last einen Energiespeicher besitzen.*

Das kann eine rotierende Maschine oder ein Schwingkreis sein.

Lastgeführter Stromrichter für Synchronmaschinen

Die nachfolgende Schaltung (Bild 6.26) ermöglicht einen drehzahlgeregelten Antrieb einer Synchronmaschine (Stromrichtermotor). Hierzu muss aus dem 50-Hz-Drehstrom ein in der Frequenz veränderlicher Drehstrom erzeugt werden. Es handelt sich bei der Schaltung also um einen Wechselstromumrichter. Das ist auch mit dem im Vorgehenden beschriebenen Direktumrichter möglich, jedoch benötigt dieser erheblich mehr Thyristoren. Die lastgeführte Schaltung ist daher wirtschaftlicher. Der Energiefluss ist in beide Richtungen möglich. Die ange-

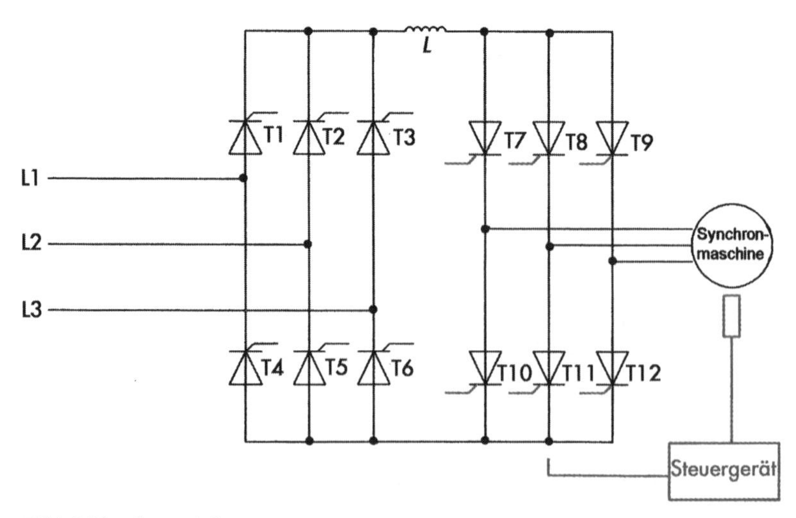

Bild 6.26 Stromrichtermotor

schlossene Maschine kann also auch generatorisch abgebremst werden und die Energie ins Netz einspeisen.

Ein lastgeführter Umrichter kann Energie in das speisende Netz zurückliefern.

Im Folgenden wird der Betrieb als Motorlast beschrieben.
Zunächst wird der 50-Hz-Wechselstrom mit einer B6-Brücke in Gleichstrom gewandelt. Sie arbeitet als gesteuerter Gleichrichter. An den Gleichrichter schließt sich eine im Wechselrichterbetrieb arbeitende B6-Brücke an. Der Verbindungszweig wird Zwischenkreis genannt und enthält eine Glättungsdrossel. Sie sorgt für einen ausreichend geglätteten Gleichstrom. Dieser führt in der angeschlossenen Synchronmaschine zu blockförmigen Strömen in der Ständerwicklung. Dafür muss die Maschine ausgelegt sein. Es ist daher immer zu prüfen, ob ein Motor für den Stromrichterbetrieb ausgelegt ist.
Durch den Schaltungszwang muss die Gleichspannung U_d des Gleichrichters etwa so groß sein wie die Gleichspannung des Wechselrichters. Abweichungen kompensiert der Spannungsabfall an der Glättungsdrossel.
Der Wechselrichter muss in Abhängigkeit von der Drehzahl der Synchronmaschine getaktet werden. Dazu muss ein Lagegeber die Position des Läufers an die Steuerung melden. Die vom Wechselrichter erzeugte Frequenz muss gleich der synchronen Frequenz der Maschine sein. Da der Wechselrichter im Phasenanschnitt betrieben wird, muss die Synchronmaschine eine induktive Blindleistung zur Verfügung stellen und daher übererregt betrieben werden. Hier zeigt sich, dass ein Betrieb des Umrichters an einer Asynchronmaschine nicht möglich ist, da Asynchronmaschinen keine Blindleistung abgeben können.
Im stationären Betrieb wird mit dem Gleichrichter eine Gleichspannung vorgegeben. Die Synchronmaschine dreht sich so schnell, dass die Gleichspannung des Wechselrichters gleich groß ist.

Wird die Gleichspannung U_d abgesenkt, sinkt auch die Drehzahl der Maschine, wird sie erhöht, steigt die Drehzahl.

Da die Absenkung der Drehzahl durch eine Änderung des Steuerwinkels geschieht, ändert sich der Leistungsfaktor der Gesamtanordnung am Netz.

Die Kommutierungsspannung wird von der Synchronmaschine erzeugt.

Nur bei sehr kleinen Drehzahlen kommt es zu Schwierigkeiten, da die erzeugte Spannung nicht mehr zur Kommutierung ausreicht.
Daher muss zum Starten der Maschine ein Trick angewendet werden. Der Zwischenkreisstrom wird bewusst unterbrochen, damit der betreffende Thyristorstrom erlöschen kann. Dazu wird der Gleichrichter bewusst kurz zum Kippen gebracht.

Schwingkreis-Wechselrichter

Die Kommutierungsspannung, die zur Löschung der Thyristoren notwendig ist, kann auch durch einen Schwingkreis zur Verfügung gestellt werden. Das kann ein Reihen- oder Parallelschwingkreis sein (Bild 6.27 und Bild 6.28). Ideal eignen sich hierfür Verbraucher, die eine hohe Induktivität besitzen.

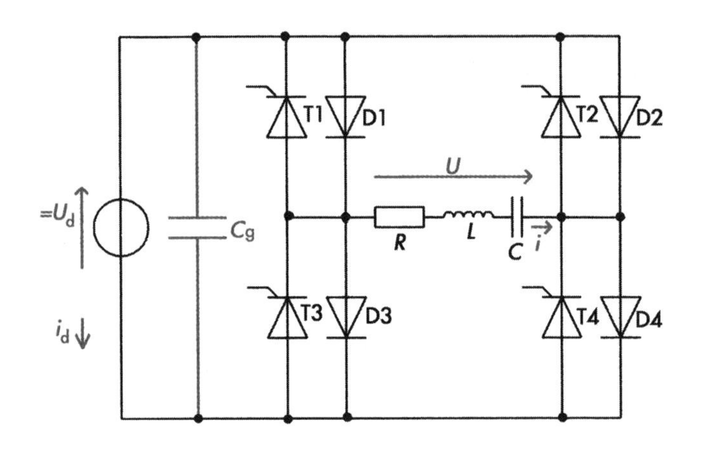

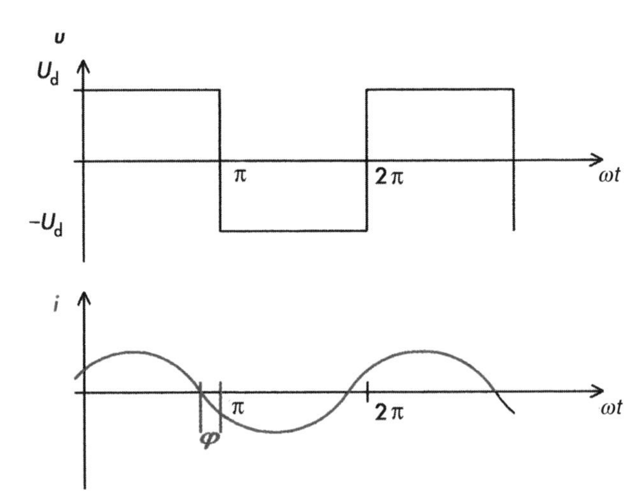

Bild 6.27 Reihenschwingkreis-Wechselrichter

> *Bei einem Schwingkreis-Wechselrichter liefert ein Schwingkreis die Kommutierungsspannung.*

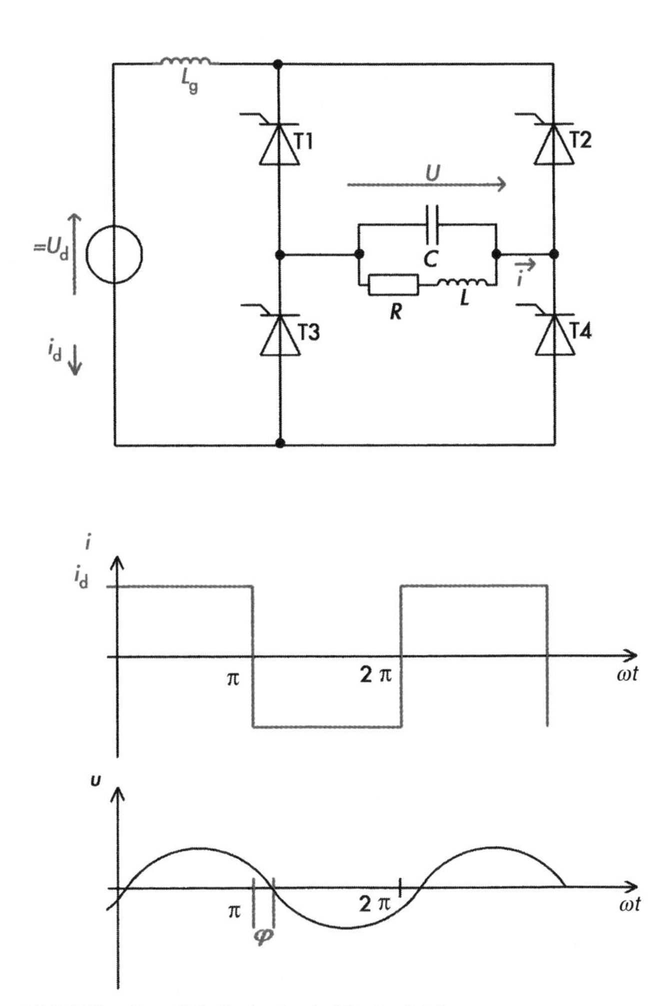

Bild 6.28 Parallelschwingkreis-Wechselrichter

In der Stahlindustrie wird das Eisenmaterial häufig in Induktionsöfen geschmolzen. Ein Induktionsofen besteht im Wesentlichen aus einer großen Spule, die das zu schmelzende Material umgibt. Wird die Spule von einem Wechselstrom durchflossen, entsteht durch die im Material fließenden Wirbelströme eine Erwärmung. Diese Wärme wird zum Schmelzen des Materials benutzt.

Die Spule bildet einen induktiv-ohmschen Widerstand. Durch Reihenschaltung eines Kondensators ergibt sich ein Reihenschwingkreis.

> *Spule, Kondensator und Widerstand bilden zusammen einen gedämpften Reihenschwingkreis.*

Ein Reihenschwingkreis besitzt eine typische Frequenz mit der er schwingt, wenn er nicht von außen angeregt oder gedämpft wird. Diese Eigenfrequenz wird durch die Induktivität der Spule L und durch die Kapazität C des in Reihe geschalteten Kondensators bestimmt.

$$\frac{1}{2 \cdot \pi \cdot \sqrt{L \cdot C}}$$

Der Ohm'sche Widerstand R dämpft den Schwingkreis. Dadurch ergibt sich eine abweichende Frequenz f_2. Sie lässt sich mit Hilfe des Dämpfungsgrades d bestimmen.

$$d = \frac{R}{2 \cdot \omega_0 \cdot L} \text{ mit } \omega_0 = 2 \cdot \pi \cdot f$$

Die Frequenz f_2 erhält man aus

$$f_2 = f_1 \cdot \sqrt{1 - d}$$

Bild 6.27 zeigt den Schaltungsaufbau eines Reihenschwingkreis-Wechselrichters.
Die Spannung wird durch den Glättungskondensator C_g konstant gehalten. Die Thyristoren schalten die Spannung im Rhythmus der von der Steuerung vorgegebenen Arbeitsfrequenz an den aus R, L und C gebildeten Reihenschwingkreis. Es entsteht eine blockförmige Spannung U über der Last. Der Strom i durch den Schwingkreis ist sinusförmig.

Der Laststrom eines Reihenschwingkreis-Umrichters ist sinusförmig, die Spannung über der Last ist blockförmig.

Um ein Löschen der Thyristoren zu ermöglichen, muss der Strom i der Spannung U um den Phasenwinkel φ voreilen. Das wird dadurch erreicht, dass die Arbeitsfrequenz etwas niedriger als die Eigenfrequenz des Schwingkreises gewählt wird. Der Phasenwinkel φ muss mindestens so groß wie der Löschwinkel der Thyristoren gewählt werden, damit die Schonzeit ($t_s = \varphi/\omega$) eingehalten wird. Die Schonzeit muss stets größer als die Freiwerdezeit des Thyristors sein.
Wird der induktiv-ohmschen Last ein Kondensator parallel geschaltet, erhalten wir einen Parallelschwingkreis (Bild 6.28).

Spule, Kondensator und Widerstand bilden zusammen einen gedämpften Parallelschwingkreis.

Die Glättungsinduktivität L_g sorgt für einen konstanten Strom. Am Parallelschwingkreis fällt eine sinusförmige Spannung ab. Die Verhältnisse sind also diesbezüglich genau umgekehrt wie beim Reihenschwingkreis-Wechselrichter. Es ergibt sich ein blockförmiger Laststrom i.

Der Laststrom eines Parallelschwingkreis-Umrichters ist blockförmig, die Spannung über der Last ist sinusförmig.

Um die Kommutierung von einem Thyristor zum anderen zu ermöglichen, muss der Strom i der Spannung U um den Phasenwinkel φ voreilen. Wie beim Reihenschwingkreis-Wechselrichter garantiert der Phasenwinkel φ den Löschwinkel und damit die Schonzeit der Thyristoren. Der Phasenwinkel wird über die Arbeitsfrequenz eingestellt. Sie muss niedriger als die Eigenfrequenz des Lastschwingkreises sein.
Sollen Spannungen mit sehr hohen Frequenzen erzeugt werden, können die Thyristoren in den oben genannten beiden Schaltungen durch abschaltbare Bauelemente ersetzt werden. Dann müssen keine Freiwerdezeiten der Thyristoren berücksichtigt werden. Es entfällt auch die Voraussetzung einer kapazitiven Last. Schwingkreis-Wechselrichter mit abschaltbaren Halbleitern sind unabhängig vom Blindleistungsbedarf der Last zu betreiben.

6.2 Selbstgeführte Stromrichter

Die im Vorhergehenden beschriebenen Stromrichter beziehen die Kommutierungsspannung aus dem Netz oder aus der angeschlossenen Last. Um eine Kommutierung zu ermöglichen, muss zum Zeitpunkt der Kommutierung über dem Halbleiter eine Spannung anliegen, die einen Kommutierungsstrom treibt. Dieser Strom muss den momentan fließenden Laststrom auf 0 abbauen. Nur so kann der Thyristor verlöschen. In den Zeiten außerhalb der Kommutierungsphase darf diese Spannung jedoch nicht anliegen.
Diese Verhältnisse ergeben sich nur beim Anschluss an Netzwechselspannungen oder beim Anschluss an Lasten, die dem Stromrichter eine Wechselspannung zur Verfügung stellen.
Stehen diese Spannungen nicht zur Verfügung, muss die Kommutierung anders bewerkstelligt werden. Hierzu bieten sich 2 Lösungen an:

1. Die Thyristoren werden durch einen parallelgeschalteten Löschzweig abgeschaltet,
2. Es werden keine Thyristoren, sondern abschaltbare Halbleiter (MOSFET, GTO) eingesetzt.

Selbstgeführte Wechselrichter kommutieren selbst, d.h., sie benötigen keine Kommutierungsspannung von außen.

Soll eine Gleichspannung in der Höhe verändert werden oder in eine Wechselspannung gewandelt werden, kommen selbstgeführte Stromrichter zum Einsatz.
In den letzten Jahren wurden die abschaltbaren Halbleiter stetig verbessert und konnten außerdem wirtschaftlicher produziert werden, sodass die im Folgenden beschriebene Methode

der Thyristorlöschung etwas aus der Mode gekommen ist. Sie soll aber dennoch beschrieben werden.

6.2.1 Löschung eines Thyristors mit parallelgeschaltetem Löschkondensator

Wie bereits beschrieben, muss in der Kommutierungsphase des Thyristors der Laststrom i_{T1}, der durch ihn fließt, unter den Wert des Haltestroms abgebaut werden, dann sperrt der Thyristor. Dazu wird zum Zeitpunkt der Kommutierung eine Spannung mit Hilfe eines zweiten Thyristors eingeschaltet. Die Spannung stellt ein aufgeladener Kondensator zur Verfügung. Die Schaltung bezeichnet man als Löschkreis (Bild 6.29).

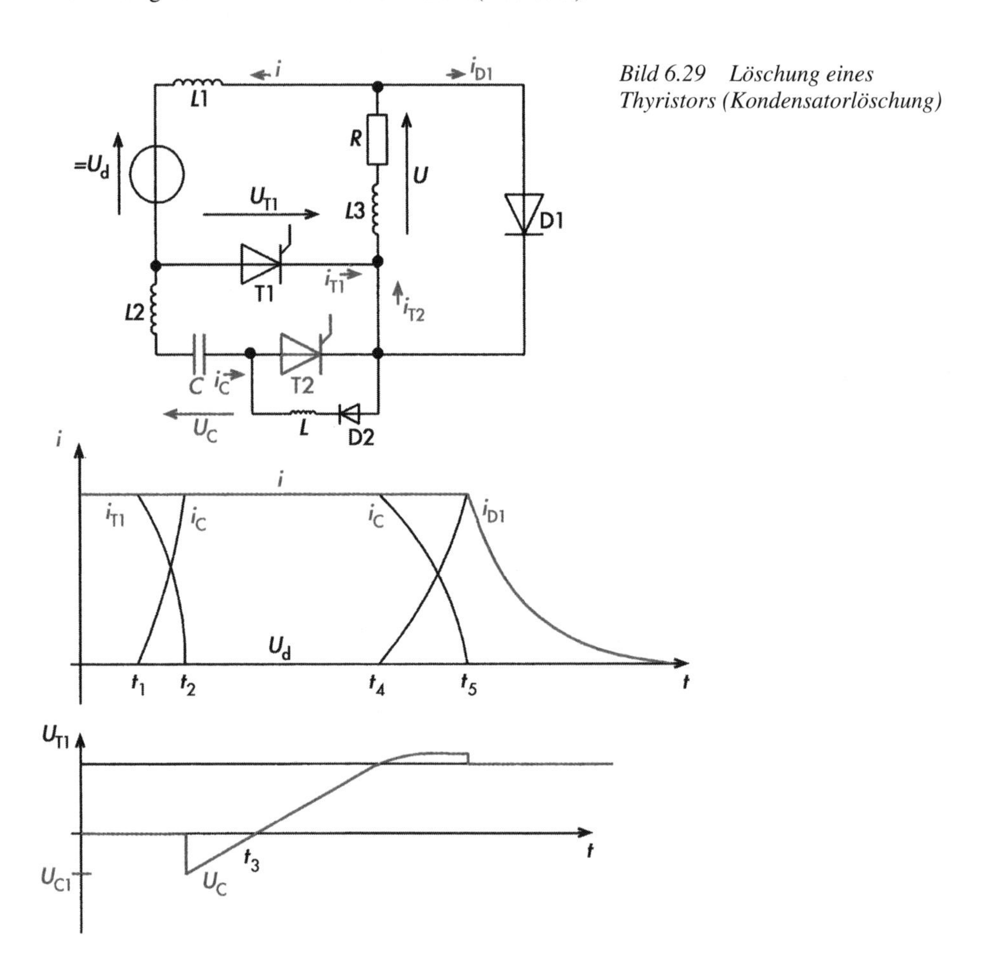

Bild 6.29 Löschung eines Thyristors (Kondensatorlöschung)

> *Bei einem Löschkreis dient eine in einem Kondensator gespeicherte Spannung als Kommutierungsspannung.*

Zunächst wird die Last eingeschaltet. Dazu wird der Thyristor T1 durch einen Steuerimpuls gezündet. Er führt den Strom i_{T1}, und über der Last fällt die Spannung U ab. Der Laststrom I kann durch eine sehr große Induktivität als konstant angenommen werden.

Ein Ausschalten des Thyristors kann nur erfolgen, wenn der Strom i_{T1} unter den Wert des Haltestroms abgebaut wird.

Bei Vernachlässigung des Spannungsfalls über T1 (U_{T1}) gilt $U_d = U$.
Der Kondensator sei auf die positive Spannung U_{C1} aufgeladen. Durch Zünden des 2. Thyristors T2 zum Zeitpunkt t_1 fließt ein Strom $i_C = i_{T2}$. Dieser Strom i_C entlädt mit großer Anfangssteilheit den Kondensator C. Es gilt $i = i_{T1} + i_{T2}$. Die Steilheit wird durch die Kondensatorspannung U_C und die Induktivitat L2 bestimmt. Die Induktivität L1 im Lastkreis hält den Laststrom aufrecht. Mit der Forderung $i_{T1} = 0$ erhält man für den Zeitpunkt des Umschaltens $i = i_{T2}$. Wegen der Sperrträgheit von T1 wird aber i_{T1} zunächst negativ, fließt also durch T1 in entgegengesetzter Richtung.

Der Kondensator muss so dimensioniert sein, dass er während der Kommutierung den Laststrom führen und zudem den Strom durch T1 abbauen kann.

Sobald die Kommutierung abgeschlossen ist (Zeitpunkt t_2), fließt der Laststrom über den Thyristor T2.

Der Thyristor T_2 führt teilweise den vollen Laststrom und muss entsprechend dimensioniert werden.

Der Kondensator wird durch den Laststrom aufgeladen. Bezogen auf den Spannungszählpfeil von U_C ist diese Spannung gegen Ende des Ladevorganges negativ. Über T1 liegt bei Vernachlässigung der Durchlassspannung von T2 die Spannung des Kondensators an. Bild 6.29 zeigt den Verlauf der Spannung über dem Thyristor T1.
Zu Beginn ist der Kondensator auf den Wert U_{C1} aufgeladen. Dieser Wert muss die gezeigte Polarität haben, damit bei Zündung von T2 ein Strom in Richtung des Laststroms und in Gegenrichtung von i_{T1} fließen kann. Wird U_C negativ (zum Zeitpunkt t_3 in Bild 6.29), muss der Thyristor positive Sperrspannung aufnehmen. Es ist daher unumgänglich den Kondensator so zu dimensionieren, dass genügend Zeit vergeht, bis die Spannung positiv wird. Es ist die Schonzeit t_s des Thyristors T1 einzuhalten.

Bei der Kondensatorlöschung bestimmt die Kondensatorkapazität die Schonzeit des Thyristors T1.

Der Strom $i = i_{T2}$ fließt indessen ungehindert weiter! Er wird also nicht durch den Löschkondensator unterbrochen. Da der Thyristor T2 leitet gilt für die Spannung über der Diode D1 $U = U_C + U_d$. Erreicht die Kondensatorspannung während des Ladevorgangs den Wert $U_C = -U_d$ (Zeitpunkt t_4) wird die Spannung 0 und die Diode D1 steuert durch. Es erfolgt eine Kommutierung vom Löschkreis in den Diodenzweig. Der Strom i_{D1} klingt nach diesem 2. Kommutierungsvorgang (Zeitpunkt t_5) mit einer Exponentialfunktion ab. Er läuft sich im Lastkreis, der durch R und L gebildet wird, frei. Die Diode wird daher als Freilaufdiode bezeichnet.

Die Diode D1 übernimmt den Laststrom aus dem Löschzweig.

Der Laststrom ist nun abgeschaltet. Der Kondensator ist jedoch noch nicht auf seinen Anfangswert U_{C1} aufgeladen. Das geschieht nachdem erneut eingeschaltet wurde. Dann fließt wieder ein Laststrom durch T1. T2 ist gesperrt und der Kondensator bildet mit der Drossel L einen Reihenschwingkreis. Die Diode D2 führt dazu, dass immer nur eine Halbwelle der Schwingung durchgelassen wird. So schaukelt sich die Spannung U_C des Kondensators bis auf einen Wert U_{C1} hoch. Er liegt etwas unter $-U_d$.

Während der Thyristor T1 leitet, lädt sich der Kondensator auf die erforderliche Löschspannung U_{C1} auf.

6.2.2 Gleichstromsteller

Soll eine Gleichspannung verändert werden, kommen **Gleichstromsteller** zum Einsatz. Sie variieren die Ausgangsspannung durch Takten (periodisches Ein- und Ausschalten) der Eingangsspannung.
Wird die Spannung herabgesetzt, also ist die Ausgangsspannung niedriger als die Eingangsspannung, spricht man von einem **Tiefsetzsteller.** Schaltungen, die die Spannung heraufsetzen, werden als **Hochsetzsteller** bezeichnet.
Da die kondensatorgelöschten Thyristoren mehr und mehr durch abschaltbare Halbleiterbauelemente ersetzt werden, zeigt Bild 6.30a einen Tiefsetzsteller mit einem MOSFET als schaltendem Element.

Mit einem Tiefsetzsteller kann die Ausgangsspannung gegenüber der Eingangsspannung verringert werden.

Bild 6.30a Tiefsetzsteller

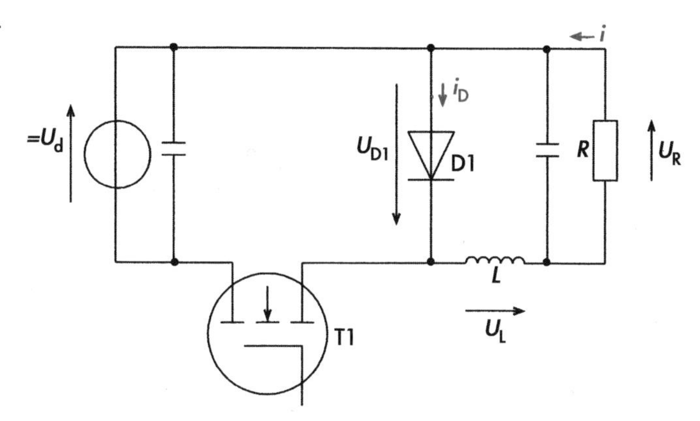

Das Tastverhältnis bestimmt die Höhe der mittleren Ausgangsspannung U_R über der Last R. Die Induktivität L glättet den Stromverlauf. Über der Induktivität liegt die Spannung U_L an. Zur Glättung der Eingangs- und Ausgangsspannung werden Kondensatoren parallel geschaltet. Der Strom steigt beim Einschalten von T1 an und sinkt beim Ausschalten wieder ab (Bild 6.30b). Im eingeschalteten Zustand sperrt die Diode D1, da sie an Sperrspannung liegt.
Wird die Spannung U_d ausgeschaltet, dreht sich die Spannungspolarität der Spannung U_L an der Induktivität um. Die Induktivität treibt einen Strom, um das Magnetfeld aufrechtzuerhalten. Der Laststrom i fließt über die Freilaufdiode D1 weiter. In diesem Schaltzustand ist die Spannung über der Diode U_{D1} bei Vernachlässigung der Durchlassspannung 0.
Für die Spannung U_L gilt

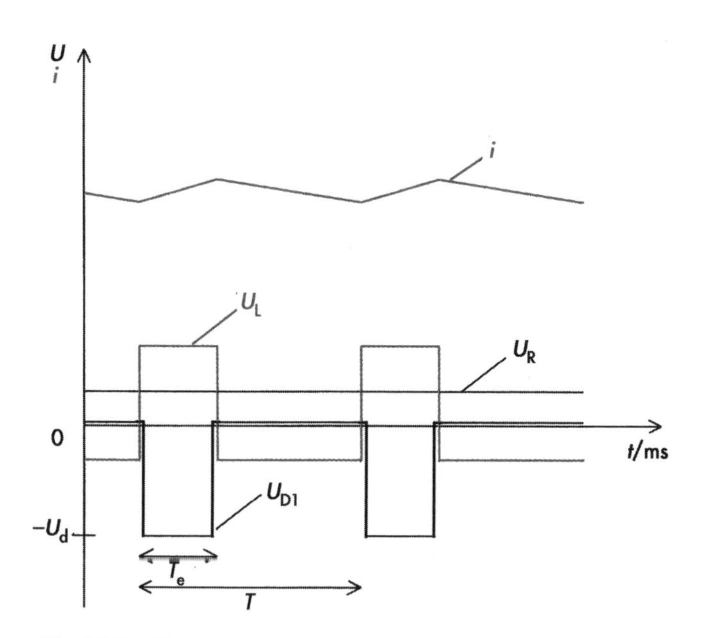

Bild 6.30b Laststrom und Spannung beim Tiefsetzsteller

$$U_L = -(U_R + U_{D1})$$

Wird T1 wieder eingeschaltet, muss von T1 der Laststrom und der Ausräumstrom der Diode D1 übernommen werden. Die Induktivität kann keine Gleichspannung aufnehmen. Die Spannung U_L ist eine reine Wechselspannung. Daher gilt für die Ausgangsspannung

$$U = T_e/T \cdot U_d$$

T_e ist die Einschaltdauer und T die Periodendauer also die Summe aus Einschalt- und Abschaltzeit.

Das Verhältnis $a = T_e/T$ heißt Tastverhältnis oder Aussteuerungsgrad.

Wird die Induktivität zu klein gewählt oder ist der Laststrom zu groß, reicht die in der Spule gespeicherte Energie nicht aus, um den Laststrom lange genug zu treiben, und er sinkt während des ausgeschalteten Zustandes auf 0 ab. Diesen Zustand bezeichnet man als **Lücken.** Er sollte vermieden werden, stellt aber für den Halbleiter keine Gefahr dar.
Die Schaltfrequenz des Halbleiters kann konstant (**Pulsbreitensteuerung**) oder variabel (**Pulsfolgesteuerung**) gestaltet werden (Bild 6.31). Bei der Pulsbreitensteuerung wird bei konstanter Frequenz die Dauer des Einschaltimpulses variiert.

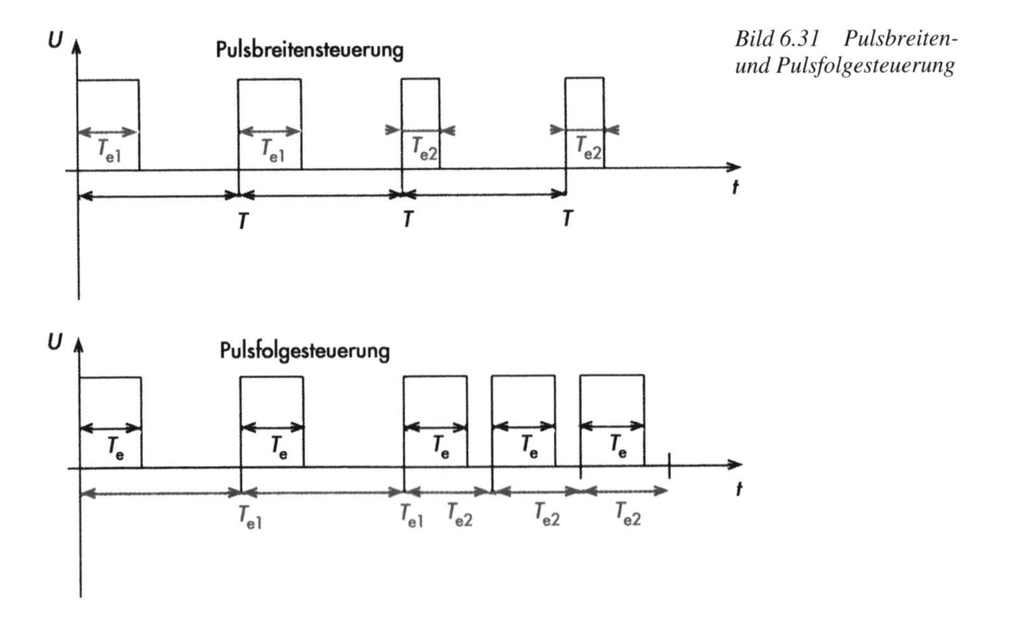

Bild 6.31 Pulsbreiten- und Pulsfolgesteuerung

> *Bei der Pulsbreitensteuerung wird die Pulsbreite bei konstanter Frequenz variiert.*

Die Pulsfolgesteuerung besitzt Einschaltimpulse konstanter Dauer und variiert die Einschaltfrequenz.

> *Bei der Pulsfolgesteuerung wird die Frequenz bei konstanter Pulsbreite variiert.*

Die Schaltfrequenz sollte möglichst hoch gewählt werden, da dann die Induktivitäten eine kleinere Baugröße haben. Allerdings setzen die Halbleiter dem eine Grenze, da sie nur bis zu einer bestimmten Grenzfrequenz arbeiten können. Eine ideale Ausnutzung entsteht, wenn der Halbleiter knapp unter der Grenzfrequenz mit konstanter Frequenz (also mit Pulsbreitensteuerung) betrieben wird.
Das folgende Bild 6.32a zeigt einen Hochsetzsteller. Mit ihm ist es möglich, die Eingangsgleichspannung im Mittelwert heraufzusetzen. Die Spannung U_R ist also größer als die Spannung U_d.

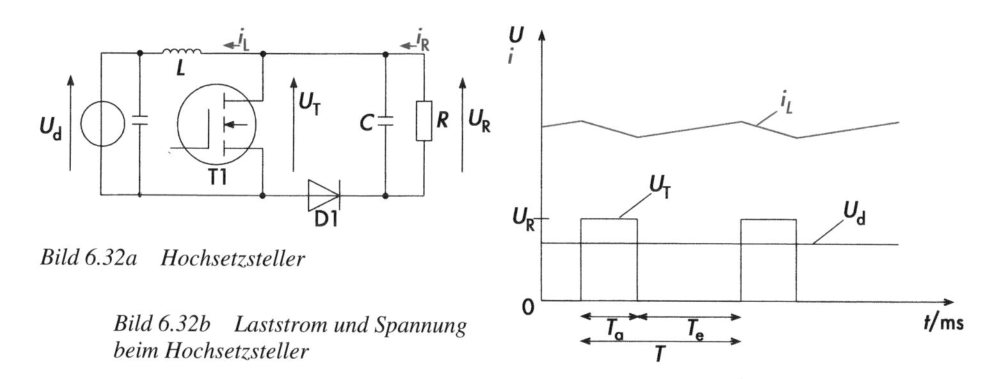

Bild 6.32a Hochsetzsteller

Bild 6.32b Laststrom und Spannung beim Hochsetzsteller

> *Mit einem Hochsetzsteller kann die Ausgangsspannung gegenüber der Eingangsspannung erhöht werden.*

Der MOSFET T1 schaltet die Eingangsspannung in schneller Folge Ein und Aus. Im eingeschalteten Zustand ist die Spannung über T1 $U_1 = 0$. Die Diode D1 ist so gepolt, dass sie eine Entladung des Kondensators verhindert. Der Strom i_L durch die Spule L ist, solange die Last nicht zu groß ist und der Strom zu lücken beginnt, nahezu konstant. Der Kondensator C ist so groß dimensioniert, dass die Ausgangsspannung U_R über dem Widerstand R konstant ist.

Der Ausgangskondensator sorgt für eine nahezu vollständig geglättete Ausgangsspannung U_R.

Wird T1 eingeschaltet, verkleinert sich der Lastwiderstand für die Spannungsquelle und der Strom i_L nimmt zu. Die Zunahme des Stroms hängt von der Spannungshöhe U_d und der Spuleninduktivität L ab.
Wird T1 abgeschaltet, fließt der Strom i_L, getrieben durch die Spule L, weiter gegen die höhere Spannung U_R und nimmt dabei ab. Die Spannung U_T über T1 ist in diesem Betriebszustand gleich U_R.
Vereinfacht kann man sagen, dass der Strom i_L im Zeitpunkt des kurzgeschlossenen T1 Anlauf nimmt, um gegen die höhere Spannung U_R anzufließen. Die Diode D1 verhindert, dass der Strom wieder vom Kondensator abfließen kann, sobald die Spule L den Strom nicht mehr gegen die Spannung des Kondensators C treiben kann.
Die Zeit, die von einem Einschalten von T1 bis zum nächsten Einschalten von T1 vergeht, wird wie beim Tiefsetzsteller Periodendauer genannt.

Die Periodendauer und die Ausschaltzeit T_a bestimmen die Ausgangsspannung U_R.

$$U = T/T_a \cdot U_d$$

mit
T/T_a Aussteuerungsgrad a

Die Diode D1 trennt die Schaltung in 2 Teile. Auf beiden Seiten muss die Energiebilanz im zeitlichen Mittel gleich groß sein, d.h. $U_R \cdot I_R = U_d \cdot I_L$ sein. Damit ergibt sich für den Mittelwert des Laststrom I_R

$$I_R = U_d/U_R \cdot I_L$$

Eine wesentliche Anwendung der Gleichstromsteller ist der Antrieb von Gleichstrommotoren. Die Last R in Bild 6.30a wird dann durch einen Motor ersetzt. Da die Drehzahl eines Gleichstrommotors von der Speisespannung abhängt, kann mit Hilfe eines Gleichstromstellers die Drehzahl gesteuert werden.

Gleichstromsteller werden häufig zur Drehzahlregelung von Gleichstrommotoren eingesetzt.

Will man den Gleichstrommotor abbremsen, wird ein Hochsetzsteller eingesetzt. In dieser Betriebsweise wird der Motor zum Generator. Dazu wird die niedrigere, generatorisch erzeugte Spannung des Generators über den Hochsetzsteller an die Spannungsquelle abgegeben.
Beim Abbremsvorgang wird Energie an die Spannungsquelle (z.B. Akkumulator eines Batteriefahrzeugs) zurückgegeben. Der Akkumulator wird dann beim Bremsen geladen. Über Umschaltschütze können beide Schaltungen an den Motor geschaltet werden (Bild 6.33).

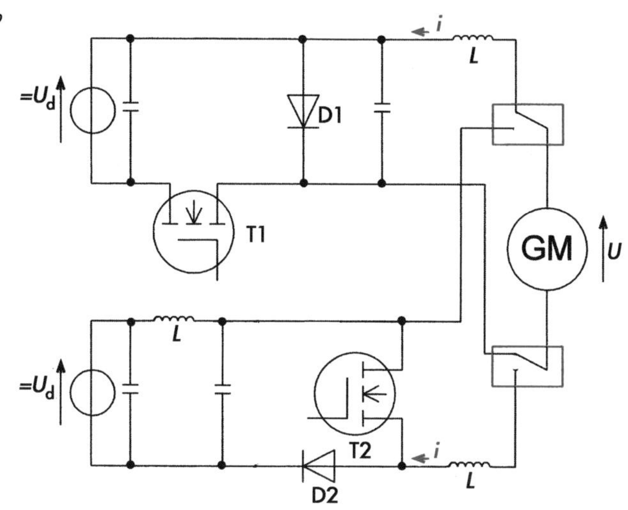

Bild 6.33 Gleichstromantrieb mit Hoch- und Tiefsetzsteller

Die beiden oben beschriebenen Schaltungen erlauben den Betrieb in den Quadranten 1 und 2 (vgl. Bild 6.18). Für einen Betrieb in den beiden anderen Quadranten (3 und 4) muss die Spannung am Motor negativ eingestellt werden. Dazu muss ein gegenparalleler Zweig aufgebaut werden (Bild 6.34).

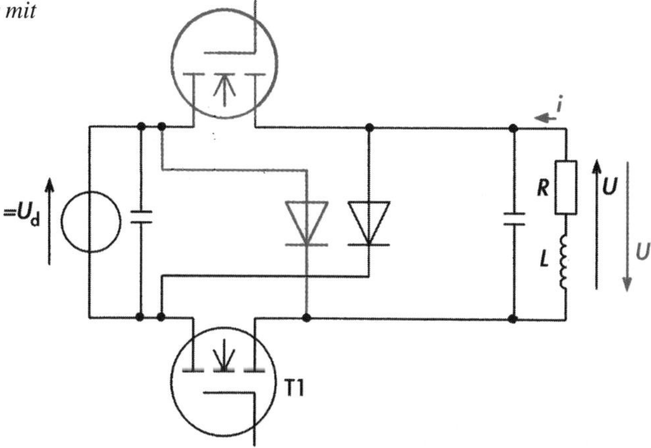

Bild 6.34 Gleichstromsteller mit Spannungsumkehrzweig

Eine Schaltung, die einen 4-Quadranten-Betrieb ermöglicht, zeigt Bild 6.35. Jeder MOSFET benötigt eine parallel geschaltete Freilaufdiode. Solche Module gibt es in der Praxis in einem Gehäuse. Im Bild ist dies schematisch dargestellt. Mit dieser Schaltung lässt sich sowohl die Stromrichtung als auch die Spannungsrichtung umkehren. Der Kondensator C dient zur Glättung der Versorgungsspannung. Die Induktivität L glättet den Strom.

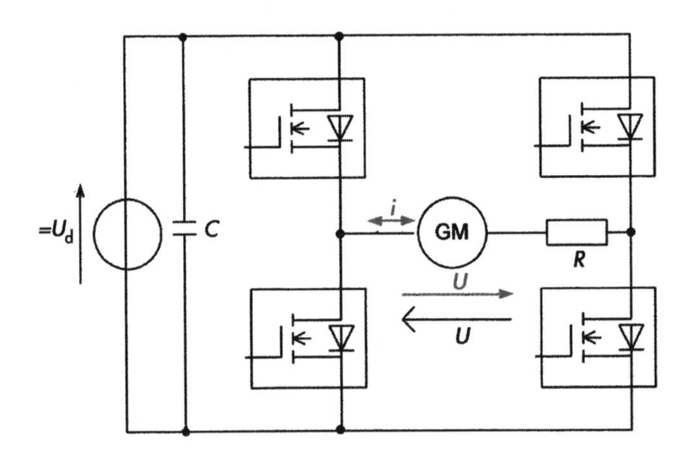

Bild 6.35
4-Quadranten-Gleichstromsteller

6.2.3 Selbstgeführte Wechselrichter

Selbstgeführte Wechselrichter wandeln eine Gleichspannung in Wechselspannung um. Die Kommutierung geschieht bei diesen Wechselrichtern nicht natürlich, sondern zwangsweise mit Hilfe von abschaltbaren Halbleitern.

> *Wechselrichter, die an einer festen, stabilisierten Gleichspannung arbeiten, werden als U-Wechselrichter oder auch als Spannungswechselrichter bezeichnet.*

> *Wechselrichter, die an einer stabilisierten Stromquelle angeschlossen sind, heißen I-Wechselrichter oder Stromwechselrichter.*

U-Wechselrichter mit blockförmiger Ausgangsspannung
Die folgende Schaltung zeigt einen Spannungswechselrichter (Bild 6.36). Er besitzt prinzipiell den gleichen Aufbau wie der in Abschnitt 6.2.2 beschriebene 4-Quadranten-Gleichstromsteller. Allerdings werden die MOSFETs anders angesteuert, und der Kondensator zur Spannungsglättung muss i.A. größer gewählt werden, da er in diesem Fall auch Blindleistung speichern muss, wie noch gezeigt wird.
Zunächst werden die beiden MOSFETs T1 und T4 durchgesteuert. Die Spannung U ist bei eingeschaltetem T1 und T4 gleich der Quellenspannung U_d. Der Strom i fließt durch T1 und

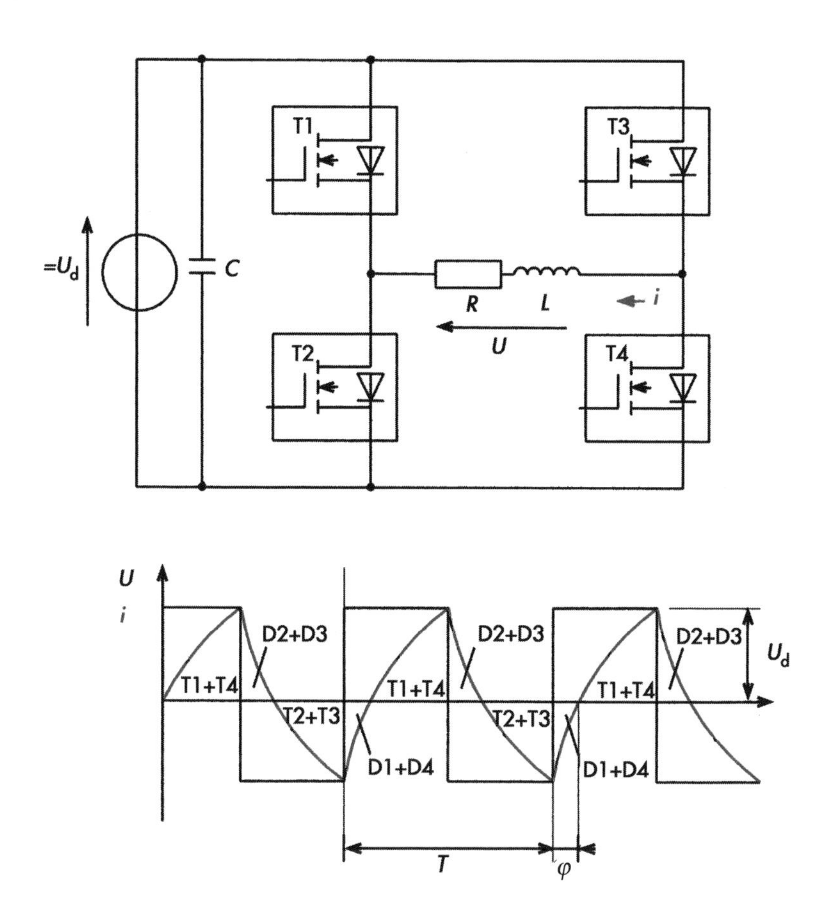

Bild 6.36 U-Wechselrichter

T4 (Bild 6.37). Er steigt in Form einer Exponentialfunktion an. Die Zeitkonstante wird durch die Induktivität *L* und den Lastwiderstand *R* gebildet. Werden die MOSFETs T1 und T4 ausgeschaltet, fließt der Strom zunächst, getrieben durch die Induktivität, weiter. Die Spannung *U* ändert in diesem Moment ihr Vorzeichen, weil die Induktivität eine Induktionsspannung erzeugt.

> *Die Induktionsspannung L treibt einen Strom, der zur Aufrechterhaltung des Magnetfeldes dient.*

Dieser Strom wird gegen die Spannungsquelle getrieben und fällt daher langsam ab. Da der Strom noch die gleiche Richtung hat, aber alle MOSFETs gesperrt sind, kann er nur über die Freilaufdioden von T2 und T3 fließen (Bild 6.38). Die Dioden leiten den Strom, bis er die Polarität wechselt.

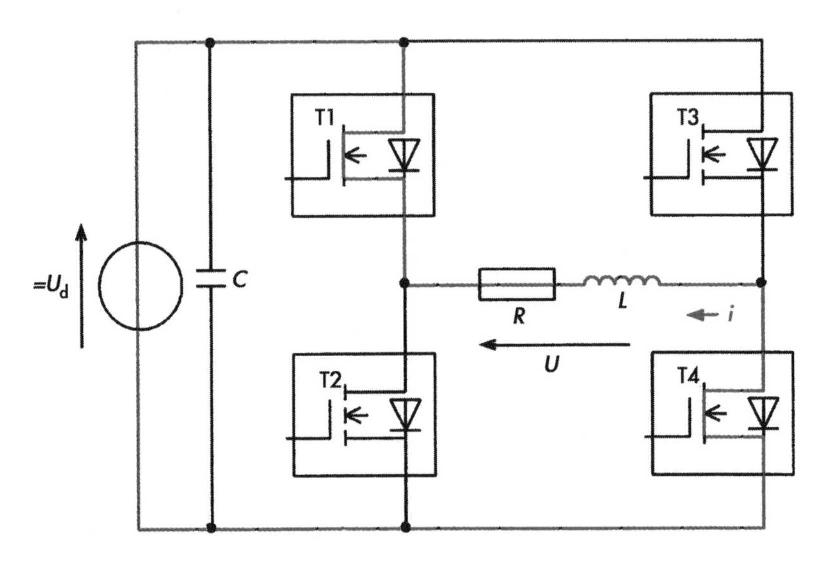

Bild 6.37 U-Wechselrichter: T1 und T4 leitend

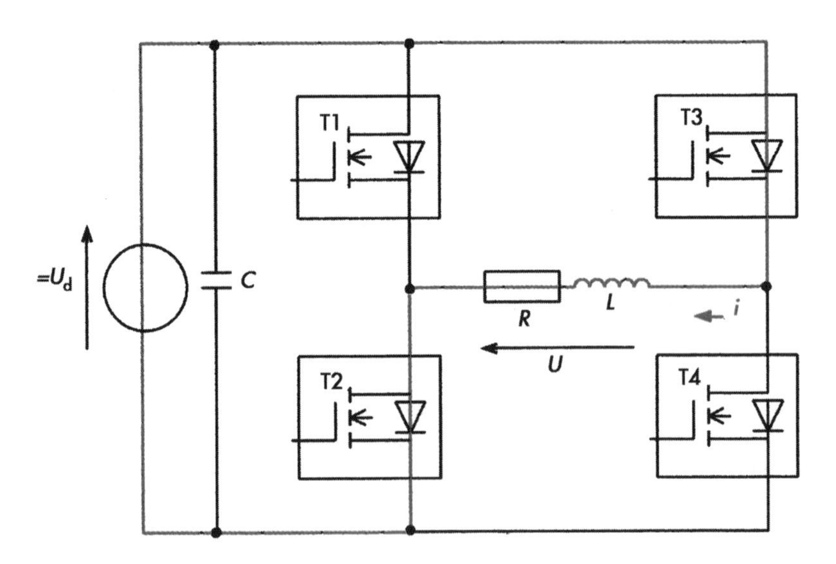

Bild 6.38 U-Wechselrichter: Freilaufdioden von T2 und T3 leitend

Ist der Strom bis auf 0 abgeklungen, übernehmen die beiden MOSFETs T2 und T3 den Stromfluss. Die Spannung U behält ihre Polarität, und der Strom kann die Richtung wechseln (Bild 6.39). Würden T2 und T3 nicht gezündet, würden zu diesem Zeitpunkt die Freilaufdioden sperren.

Nach Ablauf der Periodendauer T werden T2 und T3 abgeschaltet. Jetzt fließt der Strom über die Freilaufdioden von T1 und T4 (Bild 6.40a). Er fällt zu 0 hin ab, bis wiederum die MOSFETs T1 und T4 den Strom übernehmen. Die Bilder zeigen, dass immer 1 Halbleiterpaar (T1 und T4 oder T2 und T3) leitend ist.

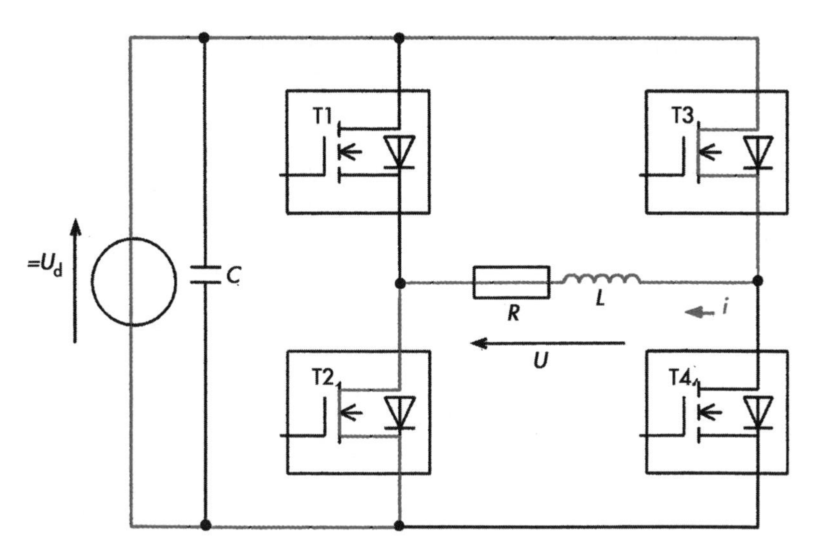

Bild 6.39 U-Wechselrichter: T2 und T3 leitend

> *Durch das Einschalten der Halbleiter kann aus der Gleichspannung eine Wechselspannung nahezu beliebiger Frequenz erzeugt werden.*

Die Höhe der Frequenz ist allerdings durch die Schaltzeiten der Halbleiter und durch das Verhalten der Induktivität begrenzt.

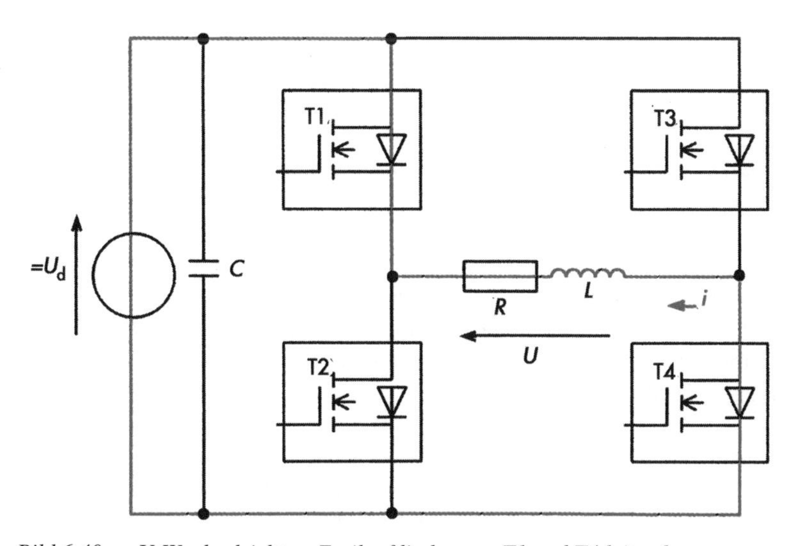

Bild 6.40a U-Wechselrichter: Freilaufdioden von T1 und T4 leitend

Die Höhe der Ausgangsspannung U kann durch Variieren der Gleichspannung U_d, z.B. durch einen vorgeschalteten Gleichstromsteller (vgl. Abschnitt 6.2.2) erfolgen.
Einfacher ist das Verfahren, den MOSFET eines Halbleiterpaares verzögert einzuschalten. In Bild 6.36 leiten wechselweise die Paare T1/T4 und T2/T3. Verzögert man in der Phase in der das Paar T1/T4 leitet das Zünden von z.B. T1, kann der durch T4 fließende Strom nur über die Freilaufdiode des MOSFET T2 im Kreis fließen. Damit ist die Ausgangsspannung kurzgeschlossen (Bild 6.40b).
Dadurch verringert sich die Breite der Spannungsblöcke, und es entstehen Zeitpunkte in denen

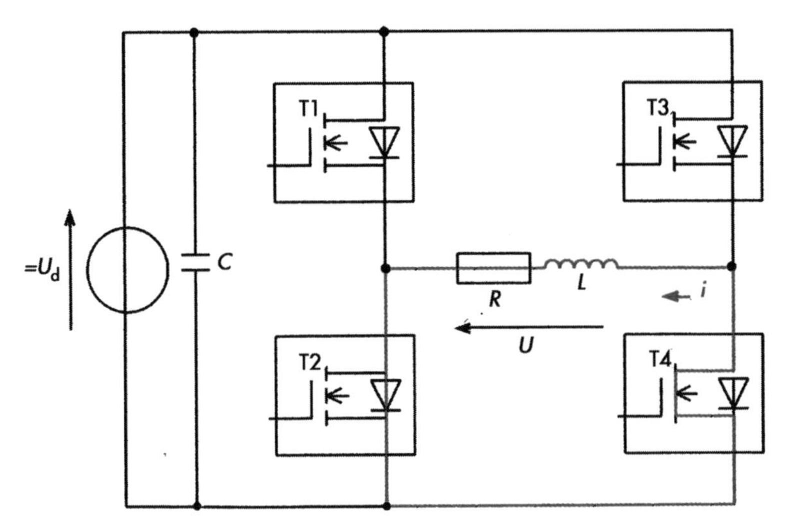

Bild 6.40b U-Wechselrichter: Freilaufdiode von T4 und T2 leitend

die Spannung 0 ist. Dadurch sinkt die Spannung im Mittelwert. Dieses Verfahren wird **Zündeinsatzsteuerung** genannt.

> *Durch die Zündeinsatzsteuerung kann der Spannungsmittelwert eingestellt werden.*

Nachteilig bei der oben beschriebenen Schaltung ist, dass die Spannung rechteckförmig und der Strom sägezahnartig verläuft. Zudem führt die in Bild 6.36 erkennbare Phasenverschiebung von Strom und Spannung zur Blindleistungsaufnahme. Die im Folgenden beschriebene Pulssteuerung vermeidet diesen Nachteil.

U-Wechselrichter mit pulsförmiger Ansteuerung
Um eine Gleichspannung in eine annähernd sinusförmige Wechselspannung umzuwandeln, kann wieder die Grundschaltung des *U*-Wechselrichters aus dem vorhergehenden Kapitel verwendet werden (Bild 6.36). Allerdings werden die Halbleiterschalter anders angesteuert. Die MOSFETs werden wieder paarweise geschaltet, jedoch um ein Vielfaches häufiger pro Periode. Das Verfahren heißt Pulsverfahren.

> *Ein Stromrichter, der im Pulsverfahren angesteuert wird, liefert eine bessere Spannungs- und Stromkurvenform.*

Die im Mittelwert sinusförmige Ausgangsspannung entsteht indem unterschiedlich breite oder unterschiedlich viele Spannungsimpulse erzeugt werden. Dabei verwendet das einfachere Verfahren 2 Spannungsebenen ($+U_d$, $-U_d$). Die Ausgangsspannung ist immer $+U_d$ oder $-U_d$ jedoch nie 0. Eine bessere Annäherung an die Sinuskurve erhält man jedoch mit den 3 Spannungsebenen ($+U_d$, 0, $-U_d$). Bild 6.41 zeigt die Pulsmuster der beiden Verfahren.
Ein Pulsmuster mit 2 Spannungsebenen liefert das folgende Verfahren. Um die Schaltzeiten der Halbleiter und damit die Breite der Spannungsimpulse festzulegen, bedient man sich einer **Referenzspannung U_r** und einer **Steuerspannung U_S** (Bild 6.42). Das Verfahren liefert eine pulsbreitenmodulierte Spannung.

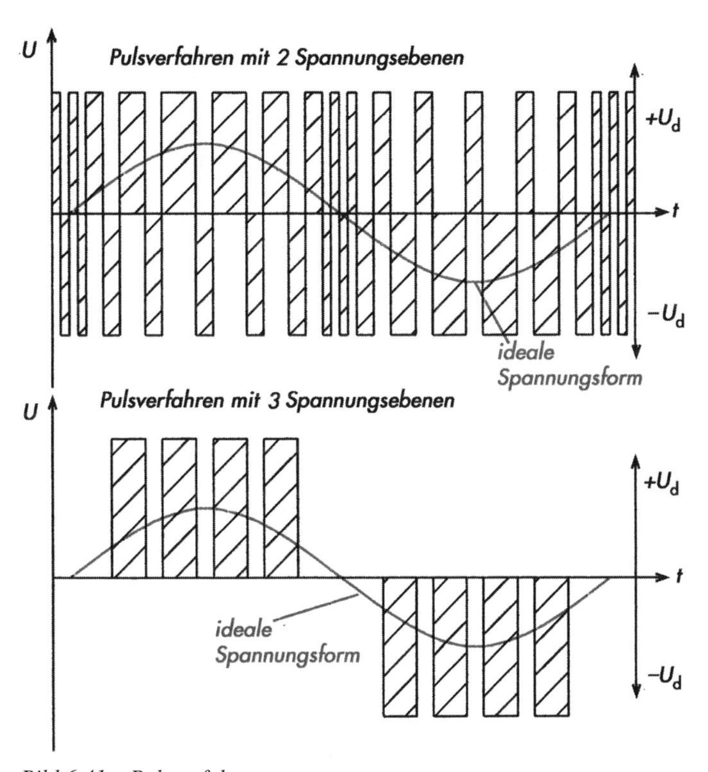

Bild 6.41 Pulsverfahren

Überschreitet der Momentanwert der Steuerspannung U_S den Wert der Referenzspannung U_r wird ein Halbleiterpaar (T1/T4 oder T2/T3) durchgeschaltet. Bei Unterschreiten wird es wieder abgeschaltet.

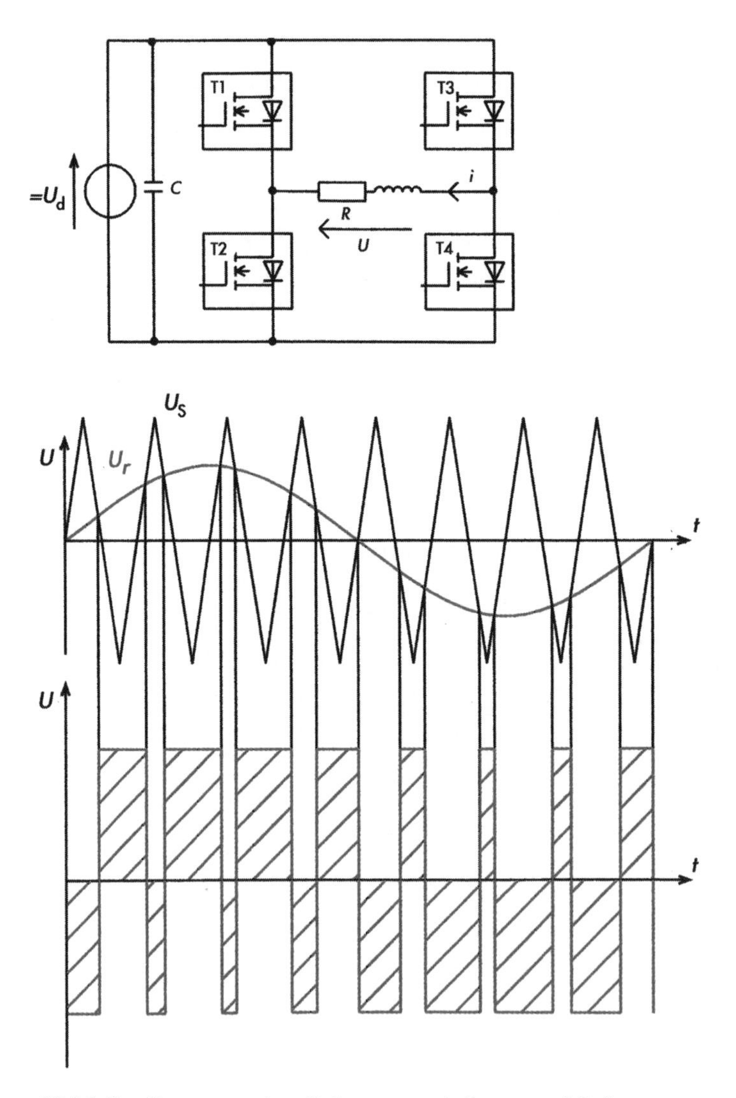

Bild 6.42 Erzeugung eines Pulsmusters mit Steuer- und Referenzspannung

> *Die Schaltzeiten der Bauelemente ergeben sich aus den Schnittpunkten der Steuerspannung mit der Referenzspannung.*

Wenn die Spannung U an der Last positiv ist, steigt der Laststrom i in Form einer Exponentialfunktion an. Wird die Spannung U negativ, fällt der Strom I wieder ab. Dadurch ergibt sich ein etwas verzerrter, sinusähnlicher Laststrom (Bild 6.43).

Damit der Laststrom möglichst sinusförmig verläuft, muss die Frequenz der Steuerspannung, die sog. Pulsfrequenz, möglichst hoch gewählt werden. Sie muss um ein Vielfaches höher liegen als die Frequenz der Referenzspannung. Die Referenzspannung legt die Grundfrequenz

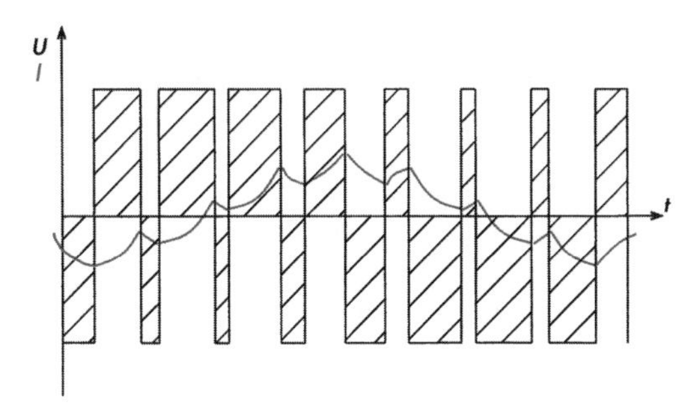

Bild 6.43 Ausgangsstrom eines Pulswechselrichters

des Wechselrichters fest. Natürlich setzen die Halbleiterschaltzeiten eine Grenze. Es ist aber heute mit modernen Halbleitern möglich, Pulsfrequenzen bis zu 100 kHz zu erreichen. Das sonst oft störende Summen der Pulswechselrichter wird dann für den Menschen unhörbar.

> *Pulsumrichter mit Frequenzen über 20 kHz verlegen das störende Umrichtergeräusch in den nicht hörbaren Bereich.*

Die Mikroprozessorsteuerung des Wechselrichters kann so durch Verändern der Referenzspannung die Ausgangsfrequenz einstellen. Zudem bestimmt der Scheitelwert der Referenzspannung den Scheitelwert der Ausgangsspannung. Bei konstantem Lastwiderstand ändert sich damit die von der Last aufgenommene Leistung.

3-phasiger U-Wechselrichter

Die folgende Schaltung zeigt einen Spannungs-Wechselrichter mit dem eine 3-phasige Ausgangsspannung variabler Frequenz und variabler Spannungshöhe erzeugt werden kann (Bild 6.44a). Die Schaltung ist sehr weit verbreitet. Mit ihr lassen sich drehzahlgeregelte Drehstromasynchron- oder Drehstromsynchron-Motorantriebe realisieren. In Bild 6.44b ist die blockförmige Ansteuerung dargestellt.

Die Gleichspannung wird wie beim 1-phasigen Wechselrichter mit 2 gleichzeitig leitenden MOSFETs an die Last geschaltet. Die Ansteuerzeiten der MOSFETs, da über ωt aufgetragen auch **Stromflusswinkel** genannt, sind als rot schraffierte Blöcke gekennzeichnet.

> *Durch den Schaltungsaufbau mit 6 MOSFETs lassen sich 3 verschiedene Spannungen U_{12}, U_{23} und U_{31} durch wechselweises Schalten erzeugen.*

Soll z.B. die Spannung U_{12} eingeschaltet werden, müssen die MOSFETs T3 und T6 leiten. Für U_{23} müssen T1 und T4 leiten und für U_{31} werden T2 und T5 angesteuert. Um ein symmetri-

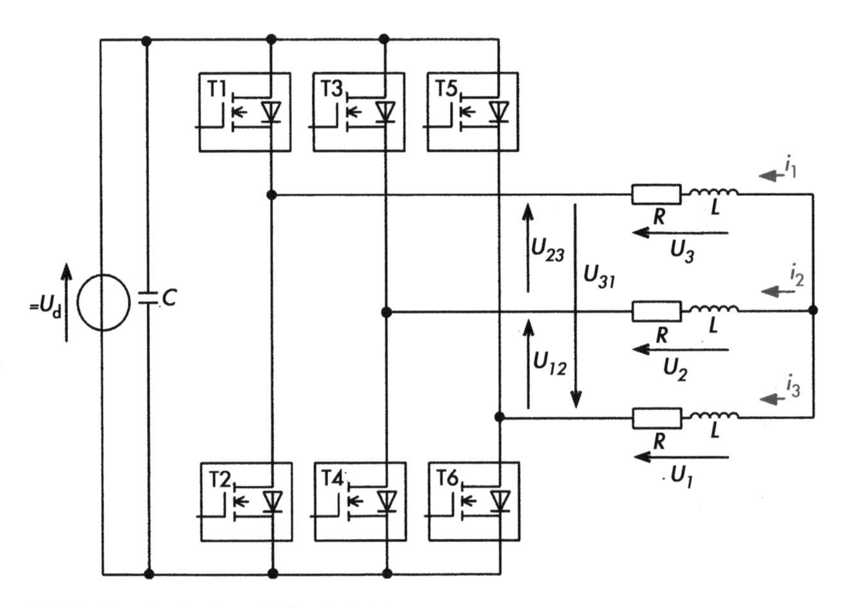

Bild 6.44a 3-phasiger U-Wechselrichter

sches Drehstromsystem zu erhalten, müssen die Spannungen U_{12}, U_{23} und U_{31} so geschaltet werden, dass jeweils zwischen ihnen eine Phasenverschiebung von 120° besteht. In Bild 6.44b sind die Spannungspfeile dargestellt.
Zudem muss die Summe aller Spannungen zu jedem Zeitpunkt 0 sein. Das erhält man auch aus der geometrischen Addition der Spannungspfeile. In Bild 6.44b ist das unter den Spannungsverläufen verdeutlicht. Die Thyristoren leiten jeweils für eine halbe Periode ($\pi/2$). Es sind immer 3 Thyristoren leitend. Das ist notwendig, weil immer mindestens 2 Spannungen erzeugt werden müssen, deren Summe 0 ergibt. Würde nur eine Spannung gebildet, wäre das Spannungssystem kein symmetrisches Drehstromsystem, denn dann ergäbe die Summe nicht 0.
In Bild 6.44a und 6.44b ist ersichtlich, dass für den Spannungsblock U_{31} T2 und T5 angesteuert werden. Zeitgleich ist T4 leitend. Die Spannung U_{12} wird durch T4 und T5 um 180° gedreht an die Gleichspannung U_d angeschlossen. U_{12} und U_{31} addieren sich zu 0 während U_{23} 0 ist.
Die Spannungen U_1, U_2 und U_3 über der Last ergeben sich aus 2 Maschenkreisen (vgl. Kirchhoff'sche Maschenregel) und der Forderung eines Drehstromsystems:

$$U_1 = U_2 - U_{12} \quad U_2 = U_3 - U_{23} \text{ und } U_1 + U_2 + U_3 = 0$$

Zwischen $\omega t = 0$ und $\omega t = \pi/3$ ist $U_{12} = -U_d$, $U_{23} = 0$ und $U_{31} = +U_d$. In die obigen Gleichungen eingesetzt ergeben sich folgende Werte für U_1, U_2 und U_3:

$$U_1 = U_2 + U_d \textbf{ (1)} \quad U_2 = U_3 \textbf{ (2)} \text{ und } U_1 + U_2 + U_3 = 0 \textbf{ (3)}$$

Bild 6.44b Spannungen am 3-phasigen U-Wechselrichter

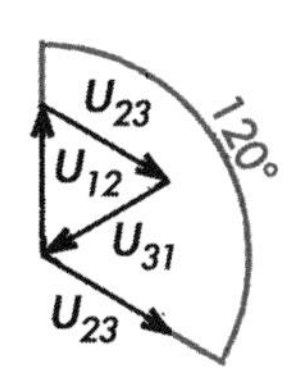

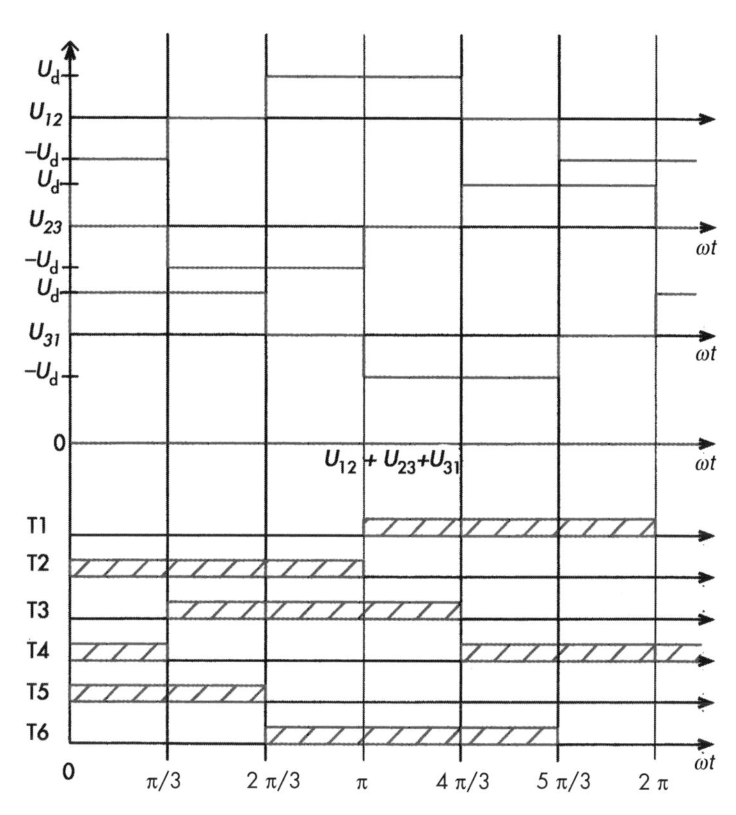

Aus **(3)** ergibt sich $U_3 = -U_1 - U_2$, darin **(2)** eingesetzt ergibt:

$U_2 = -U_1 - U_2$ bzw. $2\,U_2 = -U_1$ bzw. $U_2 = -U_1/2$ eingesetzt in **(1)** ergibt:

$U_1 = -U_1/2 + U_d$ bzw. ${}^3/_2 U_1 = U_d$ bzw. $\mathbf{U_1 = {}^2/_3 U_d}$

Mit diesem Wert für U_1 berechnen sich U_2 und U_3 zu $\mathbf{U_2 = -{}^1/_3 U_d}$ und $\mathbf{U_3 = -{}^1/_3 U_d}$.
Entsprechend dem obigen Ablauf lassen sich für die anderen Zeiträume die Spannungen U_1, U_2 und U_3 berechnen. Bild 6.44c zeigt die Spannungsverläufe von U_1, U_2 und U_3.
Bild 6.44d zeigt die Zeitverläufe der 3 Strangströme. In den $\omega t = \pi/3$ breiten Zeitabschnitten ist die Spannung jeweils konstant. Wird die Spannung größer, steigt der Strom an der ohmsch-induktiven Last exponentiell an, wird die Spannung kleiner, fällt der Strom exponentiell ab. Dabei ist die Steigung des Stroms bei einer Spannungsänderung von ${}^1/_3 U_d$ besonders steil.

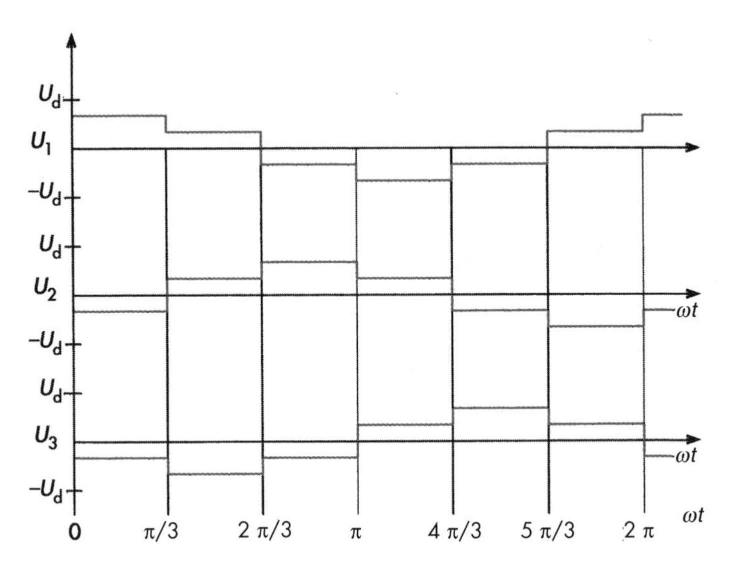

Bild 6.44c Lastspannungen am 3-phasigen U-Wechselrichter

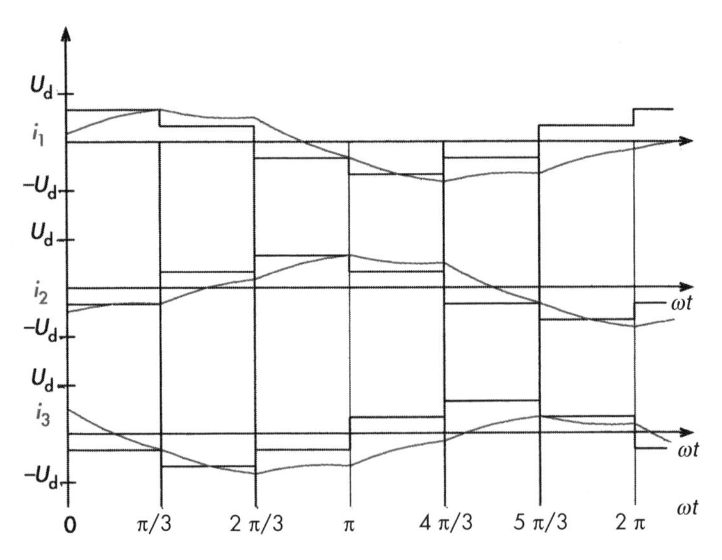

Bild 6.44d Lastströme am 3-phasigen U-Wechselrichter

I-Wechselrichter mit blockförmigem Ausgangsstrom

Einen 3-phasigen Wechselrichter zum Antrieb von Drehstrommotoren zeigt Bild 6.45. Im Gleichstromkreis sorgt eine Induktivität für einen nahezu konstanten Strom I_d, und daher gehört die Schaltung zu den Stromwechselrichterschaltungen.

Die MOSFETs T1…T6 führen abwechselnd den Strom I_d. Es sind jeweils immer nur 2 MOSFETs leitend.

Bild 6.45
Stromwechselrichter

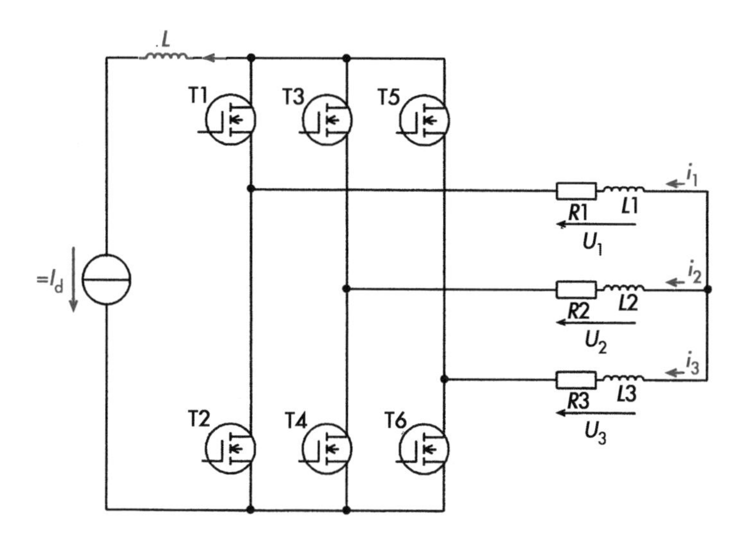

> *Durch wechselweises Einschalten eines MOSFET-Paares wird ein 3-phasiges Stromsystem aufgebaut.*

Bild 6.52 zeigt die Ausgangsströme des I-Wechselrichters. In Bild 6.52 sind in den Stromblöcken zur Erläuterung die jeweils leitenden MOSFETs benannt. Der Gleichstrom I_d kommutiert nahezu unterbrechungslos von einem Halbleiterbauelement zum anderen. Zunächst seien T1 und T6 durchgeschaltet. Der Strom I_d fließt durch T6 über R3, L3 und weiter über L1 und R1 zurück zur Stromquelle (Bild 6.46). Daher ist der Strom $i_3 = -I_d$ in diesem Zeitpunkt negativ, der Strom $i_1 = I_d$ (positiv) und der Strom $i_2 = 0$.

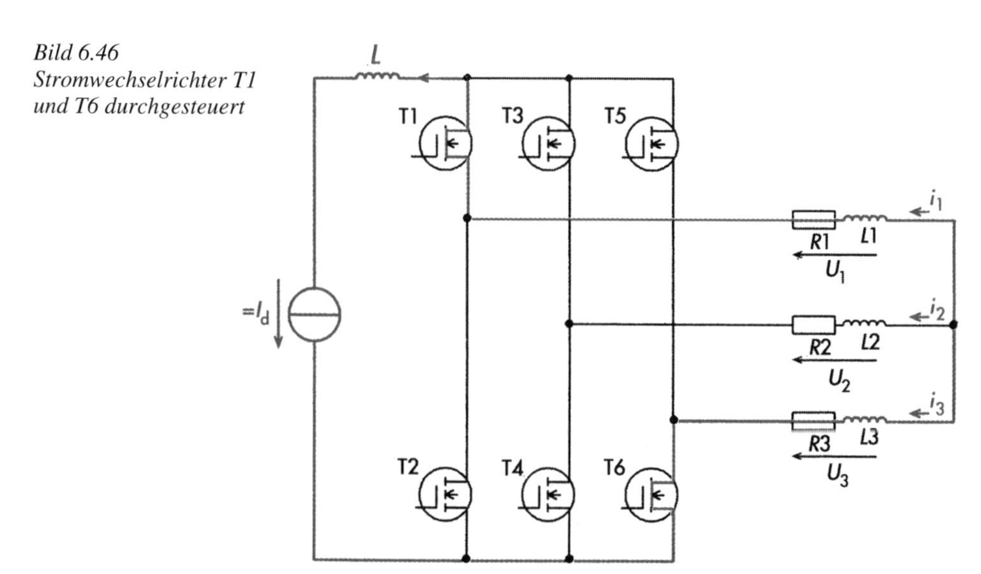

Bild 6.46
Stromwechselrichter T1 und T6 durchgesteuert

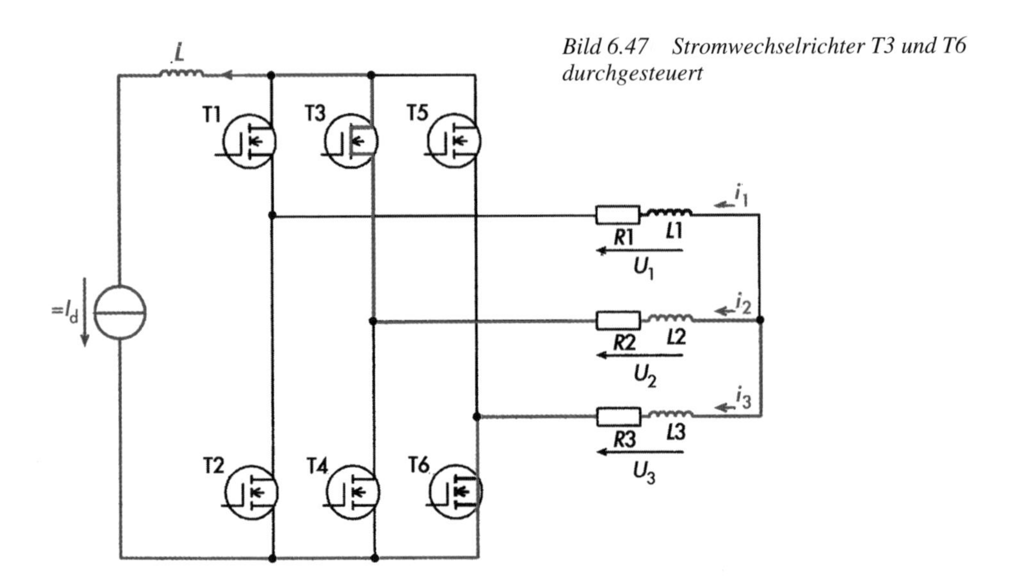

Bild 6.47 Stromwechselrichter T3 und T6 durchgesteuert

Wird T1 zum Zeitpunkt $\omega t =$ abgeschaltet und T3 eingeschaltet, fließt der Strom I_d nicht mehr als i_1 über R1 und L1, sondern als Strom $i_2 = +I_d$ über R2 und L2 (Bild 6.47). Im nächsten Abschnitt $\pi/3 < \omega t < 2\pi/3$ leitet T2 anstelle von T6. Dadurch wird $i_3 = 0$, $i_1 = -I_d$ und $i_2 = +I_d$ (Bild 6.48). Im folgenden Abschnitt $2\pi/3 < \omega t < \pi$ sind T2 und T5 eingeschaltet: $i_1 = -I_d$, $i_2 = 0$ und $i_3 = I_d$ (Bild 6.49). In Bild 6.50, das den Abschnitt $\pi < \omega t < 4\pi/3$ zeigt, leiten T4 und T5. Dadurch ergibt sich $i_1 = 0$, $i_2 = -I_d$ und $i_3 = I_d$. Bild 6.51 schließlich zeigt den Schaltzustand bei dem $i_1 = I_d$, $i_2 = -I_d$ und $i_3 = 0$ ist.

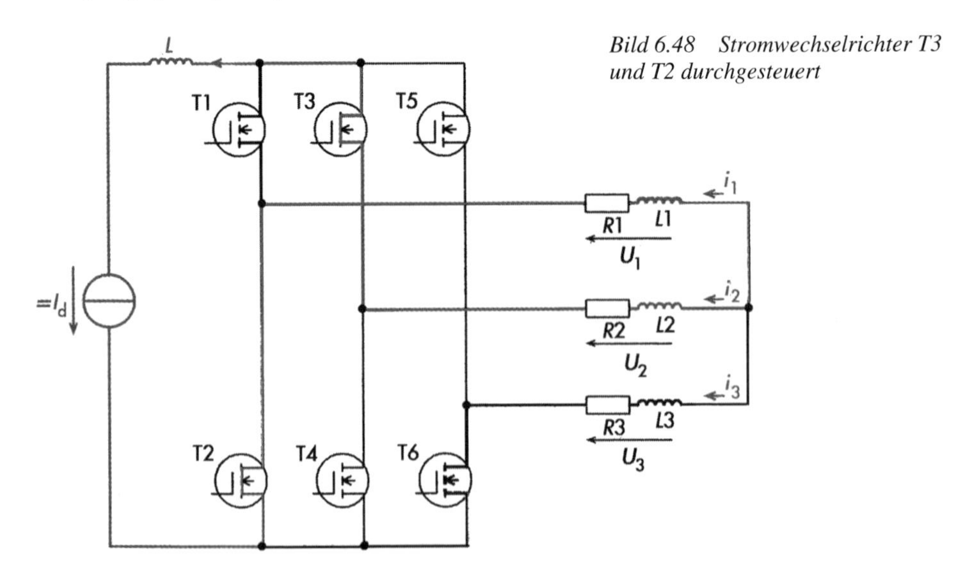

Bild 6.48 Stromwechselrichter T3 und T2 durchgesteuert

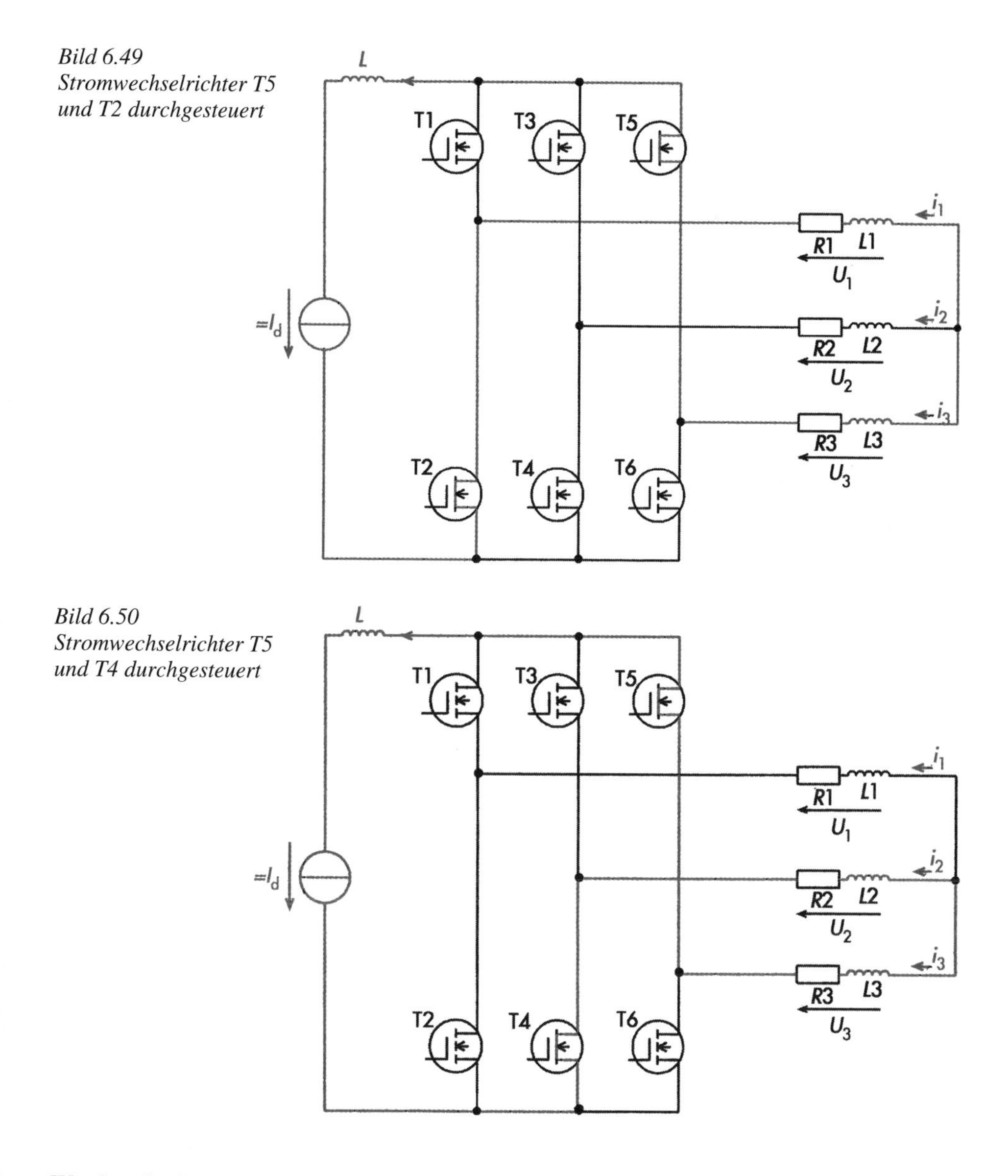

Bild 6.49
Stromwechselrichter T5 und T2 durchgesteuert

Bild 6.50
Stromwechselrichter T5 und T4 durchgesteuert

Werden die Ströme i_1, i_2 und i_3 zu einem beliebigen Zeitpunkt addiert, ergibt sich stets als Summe 0. Es gilt:

$$i_1 + i_2 + i_3 = 0$$

Durch das wechselweise Umschalten entsteht ein 3-phasiges blockförmiges Stromsystem (Bild 6.52). Die angeschlossenen Motoren müssen unbedingt für diese blockförmigen Ströme ausgelegt sein.

Bild 6.51 *Stromwechselrichter T1 und T4 durchgesteuert*

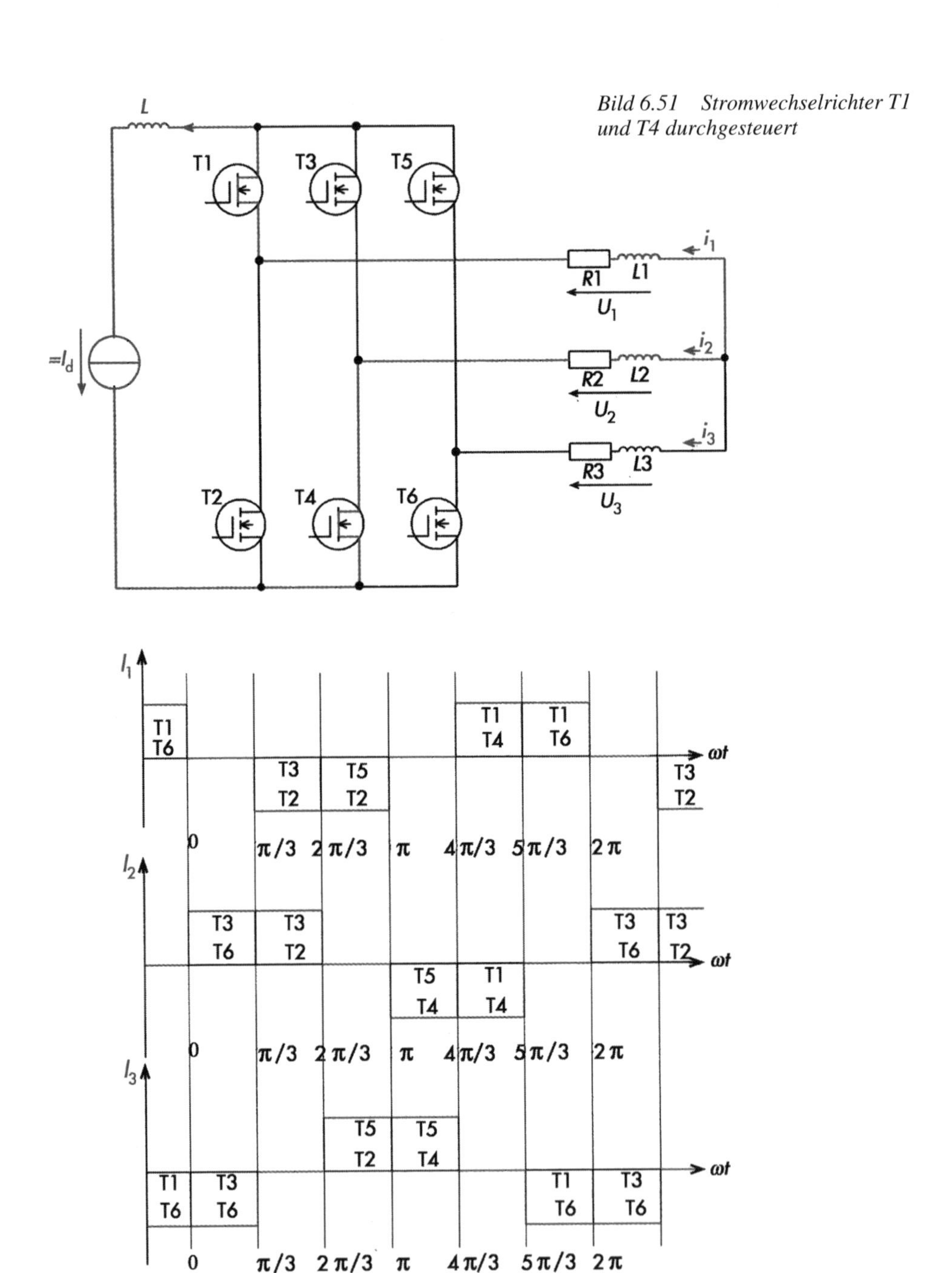

Bild 6.52 Ausgangsströme eines Stromwechselrichters

Blockförmige Ströme haben einen hohen Gehalt an Oberschwingungen.

Die blockförmigen Ströme verschlechtern den Wirkungsgrad des Motors. Die Oberschwingungen führen zu zusätzlichen Verlusten und damit zu einer höheren Wärmebelastung. Darauf muss beim Umrüsten alter ungeregelter Drehstrommotoren auf drehzahlgeregelte Betriebsweise geachtet werden. Wie beim Spannungswechselrichter lässt sich auch beim Stromwechselrichter die Qualität der Ausgangsgrößen durch Pulsung verbessern. Dabei werden die einzelnen Blöcke in mehrere Einzelimpulse zerlegt. Dadurch sinkt der Oberschwingungsgehalt etwas, und die oben beschriebenen Nachteile fallen weniger ins Gewicht.

Netzwechselrichter für niedrige Gleichspannungen

Die bisher beschriebenen selbstgeführten Wechselrichter ermöglichen den Betrieb von Wechselstromverbrauchern an einer Gleichspannung. Dabei war der Scheitelwert der Wechselspannung die erzeugt wurde stets niedriger als die Gleichspannung. Die folgende Schaltung ermöglicht das Einspeisen von Gleichstrom in ein Wechselspannungsnetz höherer Spannung.

Solche Schaltungen werden beispielsweise als Einspeisegeräte bei Solarstromanlagen verwendet. Hier liegt der Spannungswert meist bei 12 V oder 24 V.

Liegt der Gleichspannungswert höher als die Netzspannung kann ein netzgeführter B2-Wechselrichter oder bei 3-phasigen Systemen ein B6-Wechselrichter eingesetzt werden.

Die Schaltung (Bild 6.53) besteht aus 3 Teilen. Zunächst muss die niedrige, durch C1 gepufferte Gleichspannung U auf eine höhere Gleichspannung U_3 gewandelt werden. Das geschieht mit Hilfe eines Hochsetzstellers oder eines Gleichstromumrichters mit Zwischenkreis (vgl. Abschnitt 6.2.5). Ein Gleichstromumrichter arbeitet mit einem Transformator. Dadurch ergibt sich der Vorteil einer galvanischen Trennung zwischen Eingangsseite und Ausgangsseite. Die beiden Transistoren schalten die Gleichspannung U mit sehr hoher Frequenz im Gegentakt an die Primärseite des Transformators. Dabei ist es sehr wichtig, dass niemals beide Transistoren gleichzeitig leiten, da es sonst zu einem Kurzschluss der Gleichspannung U kommt. Die hohe Frequenz erlaubt eine kleine Bauleistung des Transformators.

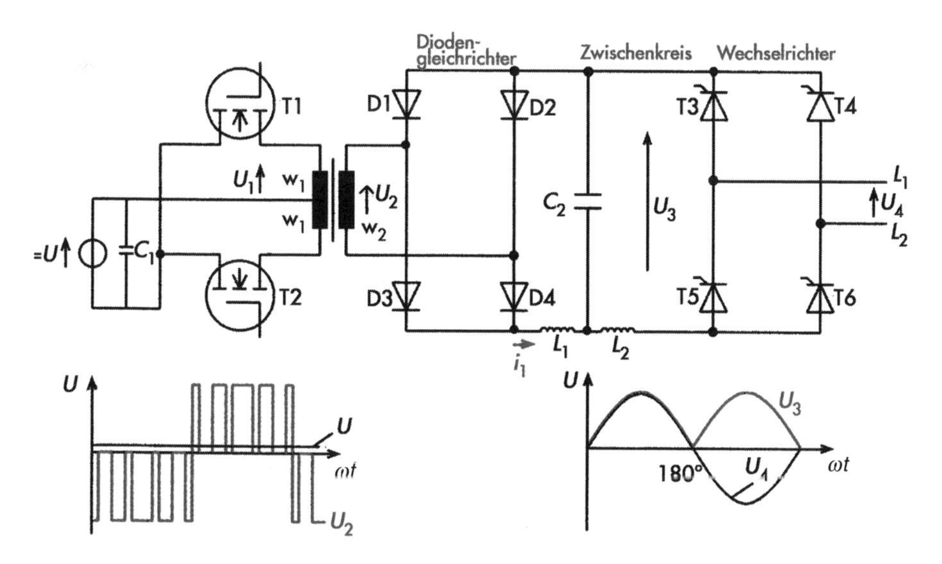

Bild 6.53 Netzgleichrichter für niedrige Gleichspannungen

Die durch das taktende Einschalten entstehende Wechselspannung U_1 wird durch den Transformator auf ein Spannungsniveau U_2 hoch transformiert, das etwas größer als das der Netzwechselspannung U_4 sein muss. Dann fließt die Energie ins Netz.

Das Windungsverhältnis $ü = w_1/w_2$ bestimmt den Scheitelwert von U_2.

$$U_2 = w_2/w_1 \cdot U$$

Da die Primärwindungszahl w_1 viel kleiner als die Sekundärwindungszahl w_2 gewählt wird, ist das Windungsverhältnis $w_1/w_2 < 0$. Die Spannung U_2 wird damit wunschgemäß größer als die Spannung U.

Der Scheitelwert der Spannung U_2 muss höher als der der Netzspannung U_4 sein, damit ein Energietransport ins Netz möglich ist.

Um die Steuerung des Stroms zu erläutern, gehen wir zunächst von einem beliebigen Wert für den Strom i_1 aus. Werden jetzt beide MOSFETs gesperrt, treibt die Induktivität L_1 den Strom i_1 weiter. Der Strom fließt durch die 4 Dioden. Die Spannung über den Dioden D2 und D4 hat den Wert von 2 Diodendurchbruchspannungen. In diesem Schaltzustand sinkt der Wert des Stroms i_1. Wird die Taktung wieder eingeschaltet, nimmt der Strom i_1 zu.

Durch Ein- bzw. Ausschalten der MOSFETs wird die Zu- bzw. Abnahme des Stroms i_1 im Zwischenkreis gesteuert.

Eine Mikroprozessorschaltung kann die MOSFETs so ansteuern , dass eine Sinusform des Stroms i_1 erzeugt wird.
Da die Wechselspannung U_2 eine andere Kurvenform als die Netzspannung U_4 besitzt, kann sie nicht direkt mit dem Netz parallel geschaltet werden. Sie muss zunächst mit Hilfe einer Diodenbrücke (D1-D4) gleichgerichtet werden. Der Energiefluss der linken Seite muss im Mittel dem der rechten Seite des Zwischenkreises entsprechen. Der Kondensator C_2 puffert die Zwischenkreisspannung und bildet mit den Glättungsinduktivitäten $L1$ und $L2$ ein Oberschwingungsfilter. So fließt ein nahezu sinusförmiger Netzstrom. Die Spannung U_3 wird mit Hilfe der B2-Brücke in eine 50-Hz-Wechselspannung U_4 umgewandelt.

6.2.4 Wechselstromumrichter mit Zwischenkreis

Die in den vorhergehenden Abschnitten beschriebenen selbstgeführten Wechselrichter wandeln eine Gleichspannung in Wechselstrom beliebiger Form um. Diese Gleichspannung wird nur in Ausnahmefällen aus Gleichspannungsquellen wie Batterien oder Photovoltaikanlagen gewonnen. Im Allgemeinen werden die Verbraucher am 50-Hz-Landesnetz betrieben. Daher wird dem Wechselrichter in der Regel ein netzgeführter Gleichrichter vorgeschaltet. Diese Zusammenschaltung ergibt einen Wechselstromumrichter.

> *Der Stromkreis zwischen den zusammengeschalteten Stromrichtern wird als* ***Zwischenkreis*** *bezeichnet.*

Daher heißen solche Umrichter auch **Zwischenkreisumrichter.** Es werden 2 Bauweisen unterschieden: Zwischenkreisumrichter mit eingeprägtem Zwischenkreisstrom und Zwischenkreisumrichter mit eingeprägter Spannung. Wird ein Stromwechselrichter an den Zwischenkreis angeschlossen, wird der Zwischenkreis mit eingeprägtem Strom ausgeführt. Soll am Zwischenkreis ein Spannungswechselrichter angeschlossen werden, wird der Zwischenkreis mit eingeprägter Spannung aufgebaut.

> *Ob der Zwischenkreis mit stabilisierter Spannung oder mit stabilisiertem Strom ausgeführt wird, hängt vom nachgeschalteten Wechselrichtertyp ab.*

Wechselstromumrichter mit eingeprägtem Zwischenkreisstrom

Die Zwischenkreisinduktivität L prägt einen konstanten Zwischenkreisstrom i_d ein. An den Zwischenkreis mit eingeprägtem Strom wird ein I-Wechselrichter angeschlossen. Um die Gleichspannung in der Höhe variieren zu können, wird der Gleichrichter oft mit Hilfe einer B2-Brücke gesteuert ausgeführt. Zum Antrieb eines Drehstrommotors muss die Schaltung 3-phasig aufgebaut werden.

> *Der Zwischenkreisstrom wird mit einer möglichst großen Induktivität stabilisiert.*

Diese einfache Schaltung ermöglicht den drehzahlgeregelten Antrieb von Drehstrommotoren am Netz. Durch Umkehren der Spannung an der Drehstrommaschine kann eine Nutzbremsung durchgeführt werden (2-Quadranten-Betrieb). Dabei fließt der Strom im Zwischenkreis nach wie vor in die gleiche Richtung. Durch die umgekehrte Spannung wird der Motor abgebremst und arbeitet jetzt als Generator. Der netzseitige Stromrichter arbeitet dann nicht mehr als Gleichrichter, sondern als Wechselrichter. Es sind also beide Energierichtungen mit wenig Schaltungsaufwand möglich.

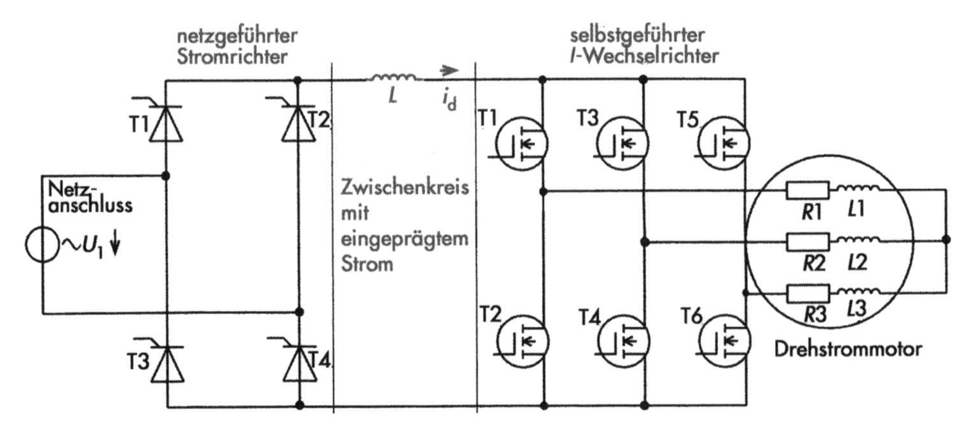

Bild 6.54 Wechselstromumrichter mit Gleichstromzwischenkreis

Wechselstromumrichter mit eingeprägter Zwischenkreisspannung

Bild 6.55 zeigt den 1-phasigen Zwischenkreisumrichter mit eingeprägter Zwischenkreisspannung. Der Kondensator C stabilisiert die Spannung und nimmt Energieschwankungen (Blindleistungsbedarf) des nachgeschalteten selbstgeführten U-Wechselrichters auf.

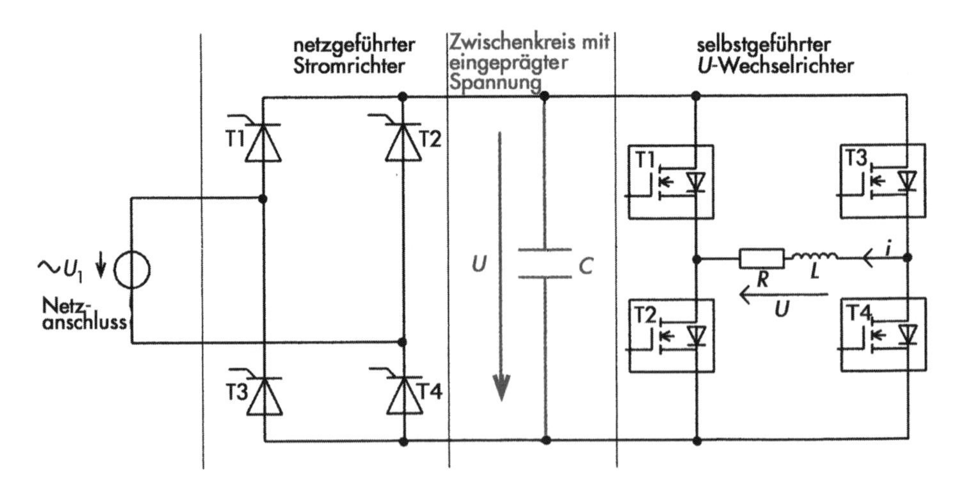

Bild 6.55 Wechselstromumrichter mit Gleichspannungszwischenkreis

> *Die Zwischenkreisspannung wird mit einem Kondensator möglichst großer Kapazität stabilisiert.*

Mit Hilfe eines eingangsseitigen gesteuerten Gleichrichters (B2-Brücke) kann die Höhe der Gleichspannung eingestellt werden. Allerdings verschlechtert sich dadurch der Leistungsfaktor der Gesamtschaltung (vgl. Abschnitt 6.1.1: Gesteuerte 2-pulsige Brückenschaltung).

Der nachfolgende *U*-Wechselrichter erzeugt aus der Gleichspannung eine Wechselspannung variabler Frequenz.
Eine andere Möglichkeit ist die Gleichspannung im Zwischenkreis selbst zu verringern. Dazu wird ein Gleichstromsteller (Tiefsetzsteller) in den Zwischenkreis geschaltet (Bild 6.56a). Damit entfällt der Phasenanschnitt auf der Wechselstromseite, der neben dem erwähnten Blindleistungsbedarf noch den Nachteil hat, höhere Oberschwingungen (vgl. Kapitel 7) im Netz zu erzeugen.

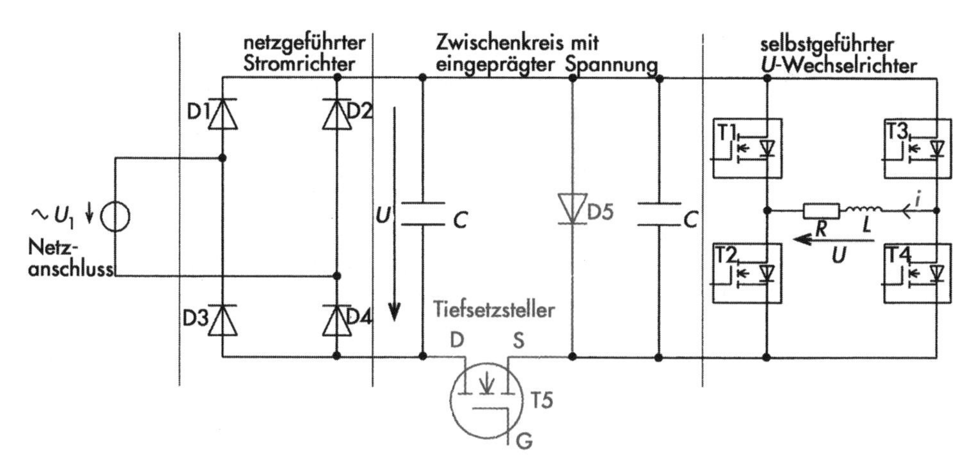

Bild 6.56a Wechselstromumrichter mit Steller im Gleichspannungszwischenkreis

Eine 3. Möglichkeit die Spannung am Ausgang zu verändern, ist dem Zwischenkreis einen Pulswechselrichter nachzuschalten. Der Spannungswechselrichter in Bild 6.56b wird als Pulswechselrichter betrieben. Die Spannung im Zwischenkreis wird nicht verstellt. Wie in Abschnitt 6.2.3.: *U*-Wechselrichter mit pulsförmiger Ansteuerung, beschrieben, ist der Ausgangsstrom beim Pulsverfahren nahezu sinusförmig. Diese Schaltung ist also von den

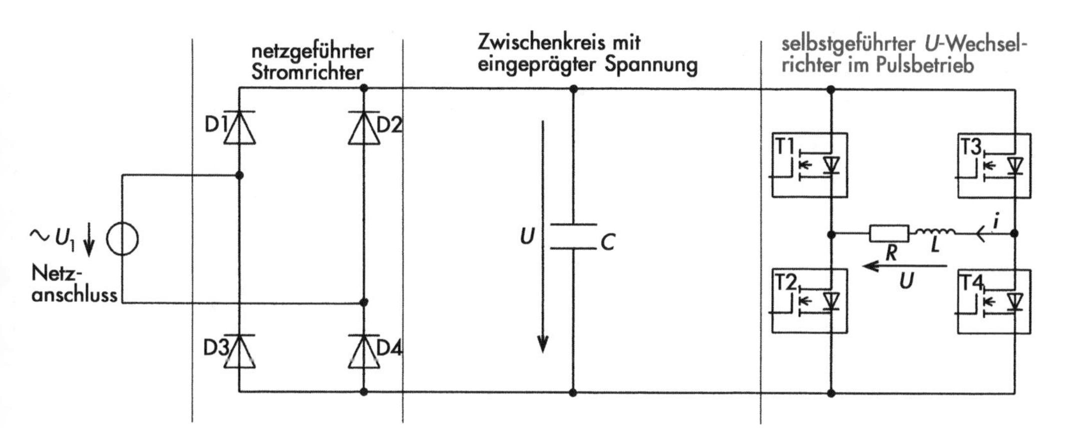

Bild 6.56b Wechselstromumrichter mit ungesteuertem Zwischenkreis und Pulsbetrieb

Eingangs- und Ausgangsgrößen her ideal und wird daher häufig eingesetzt. Allerdings ist die Ansteuerung aufwändiger.

Der Wechselstromumrichter mit ungesteuertem Zwischenkreis und Pulsbetrieb bietet die meisten Vorteile.

Zum Betrieb eines Drehstrommotors wird ein 3-phasiger Wechselrichter wie in Abschnitt 6.2.3.: 3-phasiger *U*-Wechselrichter benötigt, um ein 3-phasiges Spannungssystem aufzubauen. Werden Drehstrommotoren angetrieben, wird oft ein Betrieb in mehreren Quadranten (Bremsen, Treiben, Drehrichtungswechsel) gewünscht (Bild 6.18). Allerdings muss hierzu die Polarität der Spannung oder die Stromflussrichtung geändert werden. Da die Bremsenergie zurückgespeist werden muss, ist der netzseitige Gleichrichter vollgesteuert (4-Quadranten-Betrieb) auszuführen und als Wechselrichter anzusteuern. Der motorseitige Spannungswechselrichter muss bei dieser Betriebsart als Gleichrichter auf den Zwischenkreis arbeiten.
Sind in einem Anwendungsfall mehrere Motoren drehzahlgeregelt anzutreiben, bietet es sich an, die Motoren aus einem gemeinsamen Zwischenkreis zu versorgen. Dann besteht die Möglichkeit, dass ein Motor die rückgespeiste Energie eines anderen Motors aufnimmt und eine Rückspeisung ins Netz nicht erforderlich ist.
Eine 3-phasige Schaltung, die einen 4-Quadranten-Betrieb ermöglicht, ist verhältnismäßig aufwändig aufzubauen. Die vorige Schaltung des Wechselstromumrichters mit eingeprägtem Strom (Bild 6.54) lässt sich besser für Netzrückspeisung auslegen. Sie hat aber immer den Nachteil des hohen Blindleistungsbedarfs bei Betrieb mit abgesenkter Spannung. Zudem arbeitet auch sie nur mit einer Stromflussrichtung und damit nur in 2 Quadranten (rechte Seite in Bild 6.18).
Wird ein Motor mit vorgeschaltetem *U*-Wechselrichter abgebremst, steigt die Spannung im Zwischenkreis an. Kann die Energie nicht ans Netz abgegeben werden, besteht die Möglichkeit einen Bremswiderstand in den Zwischenkreis zu schalten. Immer wenn die Spannung zu hoch steigt, wird der Widerstand eingeschaltet (Bild 6.57). Dadurch wird die Energie, die in

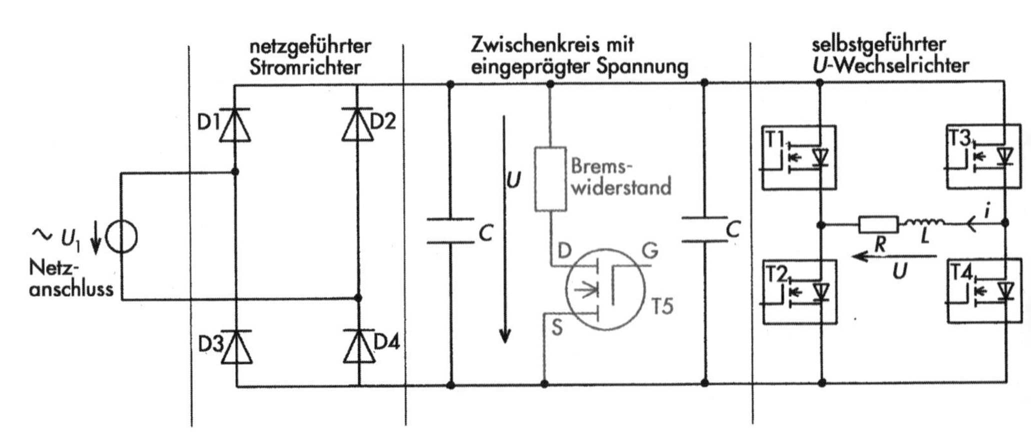

Bild 6.57 Wechselstromumrichter mit Bremswiderstand im Gleichspannungs-zwischenkreis

den Zwischenkreis gespeist wird, in Wärme umgewandelt. Das ist energetisch nicht sinnvoll, aber vom Schaltungsaufwand am preiswertesten.

6.2.5 Gleichstromumrichter mit Zwischenkreis, Schaltnetzteile

Den folgenden Schaltungen kommt heute eine besondere Bedeutung zu. Sie dienen der Umwandlung von Gleichspannungen einer bestimmten Höhe in Gleichspannungen anderer Höhe. Da sich Gleichspannungen nicht über Transformatoren hoch- bzw. heruntertransformieren lassen, muss ein Wechselspannungszwischenkreis aufgebaut werden (Bild 6.58).
Die Gleichspannung U am Eingang wird zunächst in eine Wechselspannung U_1 zerhackt. Die so entstandene Wechselspannung kann mit einem Transformator erhöht bzw. verringert werden.

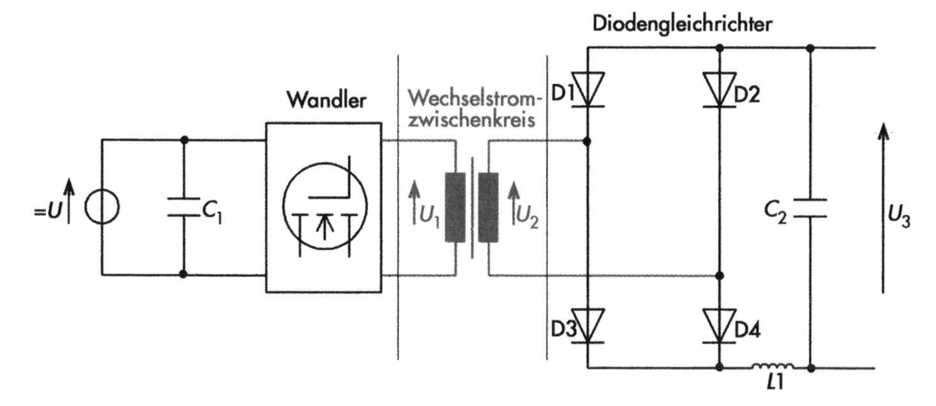

Bild 6.58 Gleichstromumrichter mit Wechselstromzwischenkreis

> *Ein Gleichstromumrichter arbeitet mit einem Wechselstromzwischenkreis.*

Die Ausgangswechselspannung U_2 des Transformators wird mit Hilfe eines Gleichrichters (B2) gleichgerichtet und mit einem Kondensator geglättet. Durch den Transformator erhält man eine galvanische Trennung zwischen Eingangsspannung U und der Ausgangsspannung U_3.
Das Verfahren ermöglicht mittels sehr hoher Schaltfrequenzen des Zerhackers den Trafo in der Baugröße klein zu dimensionieren. Der Blindwiderstand X ist ein Produkt aus Frequenz und Induktivität der Trafowicklung.

$$X = 2 \cdot \pi \cdot f \cdot L$$

Die an den Wicklungen induzierte Leerlaufspannung ist $U = I \cdot X$. Je höher die Frequenz gewählt werden kann, desto niedriger kann die Spuleninduktivität gewählt werden. Eine Grenze bei der Wahl der Frequenz ist durch die maximale Schaltfrequenz der Bauelemente gegeben.

Gleichstromumrichter mit Zwischenkreis lassen sich sehr wirtschaftlich als Netzteile einsetzen (Bild 6.59).

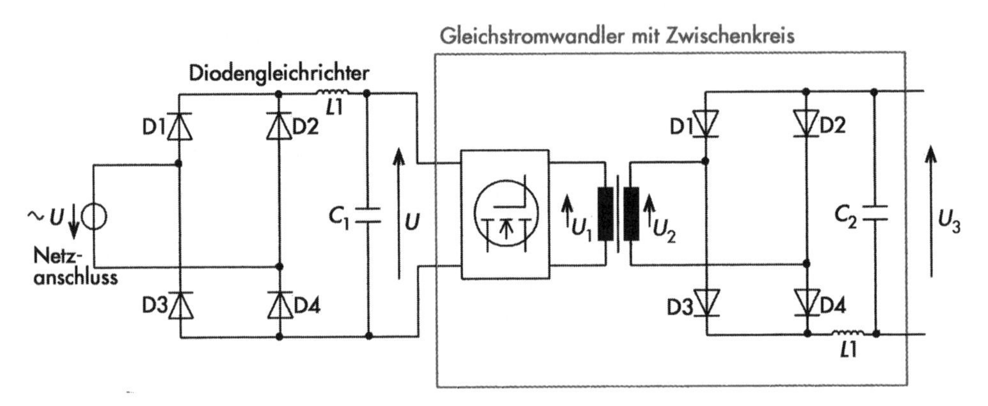

Bild 6.59 Schaltnetzteil

Nach Gleichrichtung der Netzwechselspannung *U*-Netz mit einem Brückengleichrichter wird die so erhaltene Gleichspannung *U* mit Hilfe eines Gleichstromumrichters mit Zwischenkreis in eine andere Gleichspannung U_3 umgewandelt.

Der früher obligatorische, verhältnismäßig große 50-Hz-Netztrafo kann dadurch entfallen und wird durch einen sehr viel kleineren Transformator ersetzt.

Es gibt verschiedene Möglichkeiten die Gleichspannung in eine Wechselspannung zu wandeln. Die Schaltungen unterscheiden sich in der Anzahl der verwendeten Halbleiter in der Art der Ansteuerung und in der Art des Leistungsflusses durch den Transformator.
Fließt die Leistung kontinuierlich über den Transformator, werden solche Schaltungen als **Durchflusswandler** bezeichnet. Andere Schaltungen, sog. **Sperrwandler,** arbeiten ähnlich wie Gleichstromsteller (vgl. Abschnitt 6.2.2) mit galvanischer Trennung.

Sperrwandler

Bild 6.60 zeigt die Schaltung eines Sperrwandlers. Die Kondensatoren C_1 und C_2 stabilisieren die Spannungen. Mit Hilfe des MOSFETs T1 wird die Primärwicklung L1 eines Transformators mit hoher Frequenz ein- und ausgeschaltet. Ist der MOSFET durchgeschaltet, ist die

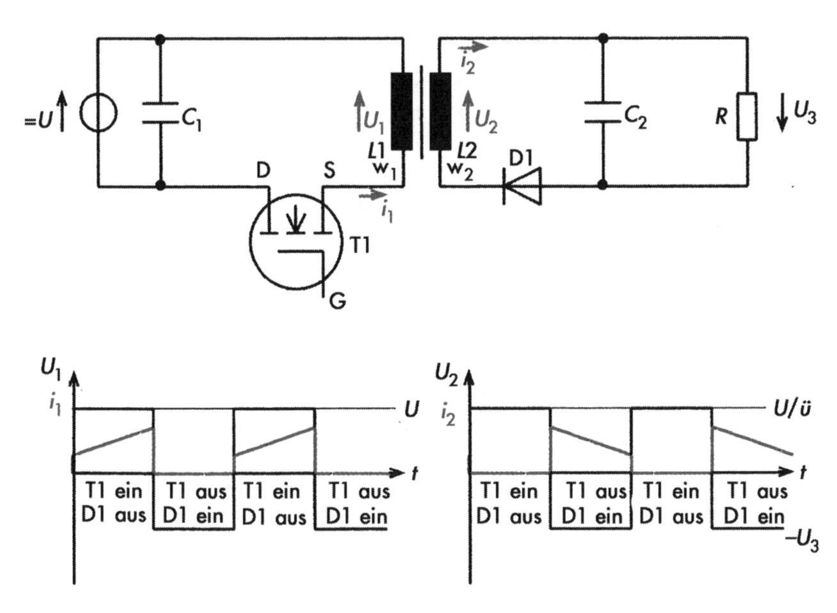

Bild 6.60 Sperrwandler

Spannung U_1 an der Transformatorprimärwicklung $L1$ gleich der Eingangsgleichspannung U. Der Strom i_1 steigt im Verhältnis $U/L1$ linear an und baut ein Magnetfeld auf. Da U_1 und U_2 phasengleich sind, ist die Polarität von U_2 positiv und ergibt sich aus dem Übersetzungsverhältnis $ü = w_1/w_2$ der beiden Trafowicklungen. $U_2 = U_1/ü$. Durch die Polarität von U_2 wird die Diode D1 in Sperrrichtung betrieben, und es kann kein Strom i_2 fließen.
Wird der MOSFET abgeschaltet, wird i_1 schlagartig 0, und das Magnetfeld baut sich wieder ab. Die Spannung U_1 kehrt sich um, um das Magnetfeld aufrechtzuerhalten. Dadurch wird auch U_2 negativ, und die Diode steuert durch. Der Strom i_2 springt auf einen Höchstwert, und die gespeicherte Energie des Magnetfeldes treibt einen langsam abfallenden Strom i_2 durch die Last R. Die Spannung U_2 liegt damit direkt an der stabilisierten Ausgangsspannung, und es gilt $U_2 = -U_3$.

Ein Sperrwandler «schaufelt» die Energie wechselweise von der einen Seite auf die andere. Er besitzt keinen gleichmäßigen Energiefluss.

Durchflusswandler

Die folgenden Schaltungen erzeugen einen gleichmäßigen Energiefluss über den Trafo. Sie werden danach als ***Durchflusswandler*** *bezeichnet.*

Bild 6.61 zeigt einen Durchflusswandler in der Ausführung als **1-Takt-Wandler.** Er enthält nur 1 Schaltelement. Die Kondensatoren stabilisieren die Spannungen so, dass von einer konstanten Eingangsspannung U und einer konstanten Ausgangsspannung U_3 ausgegangen werden kann. Der MOSFET wird in einem festgelegten Tastverhältnis ein- und ausgeschaltet. Der Transformator hat ein festes Übersetzungsverhältnis ü. Beim Einschalten des MOSFETs liegt die Spannung U an der Primärwicklung w_1 des Transformators an. Es gilt daher $U_1 = U$. Die Spannung U_2 ergibt sich aus dem Übersetzungsverhältnis $ü = w_1/w_2$, $U_2 = U_1/ü$. Durch das periodische Ein- und Ausschalten entsteht eine Wechselspannung U_1, die auf die Sekundärspannung U_2 transformiert werden kann.

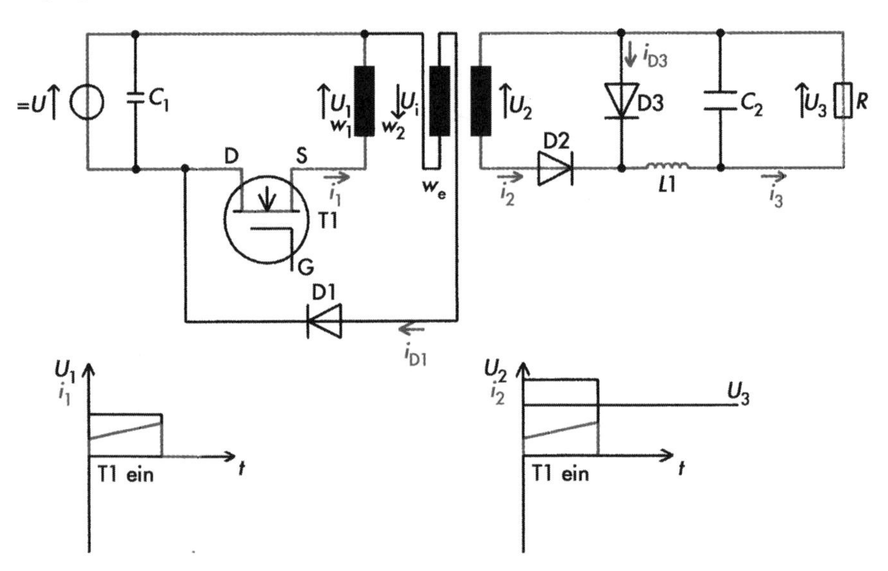

Bild 6.61 Durchfluss-1-Takt-Wandler: T1 leitend

Im Schaltzustand T1 leitend, steigt der Strom i_1 linear an. Bild 6.61 zeigt die Schaltung im Zustand T1 leitend. Der Vorgang entspricht dem Einschalten einer Induktivität. Da sich der Strom i_1 ändert, steigt auch i_2 linear an. Die Diode D2 leitet und die Dioden D1 und D3 sind gesperrt. Die Steilheit des Stromanstiegs wird durch die Induktivität $L1$ bestimmt. $i_2 = i_1 \cdot ü$ unter Vernachlässigung des Magnetisierungsstroms, der zum Aufbau des Magnetfeldes notwendig ist.

Im Schaltzustand T1 gesperrt (Bild 6.62), muss der Strom i_1 durch Schaltungszwang 0 sein. Das Magnetfeld nimmt nicht mehr zu, sondern nimmt ab. Das abnehmende Magnetfeld induziert eine Spannung U_i. Dadurch fließt über die Diode D1 ein Strom i_{D1}. Dieser Strom i_{D1} fließt über eine zur Primärwicklung magnetisch antiparallel geschaltete Entmagnetisierungswicklung (w_e) und baut das vorhandene Magnetfeld ab. Der Strom i_{D1} lädt den Kondensator C_1 auf, und die Energie steht beim nächsten Zyklus wieder zur Verfügung. Die Spannung U_i führt zu einer negativen Spannung U_2. Die negative Spannung U_2 steuert die Diode D3 durch. Wäre nicht die Induktivität $L1$ dazwischengeschaltet, würde der Kondensator C_2 kurzgeschlossen. Der Kondensator C_2 entlädt sich über die Drossel, und der Laststrom nimmt ab. Die Steilheit der Abnahme wird durch $L1$ bestimmt.

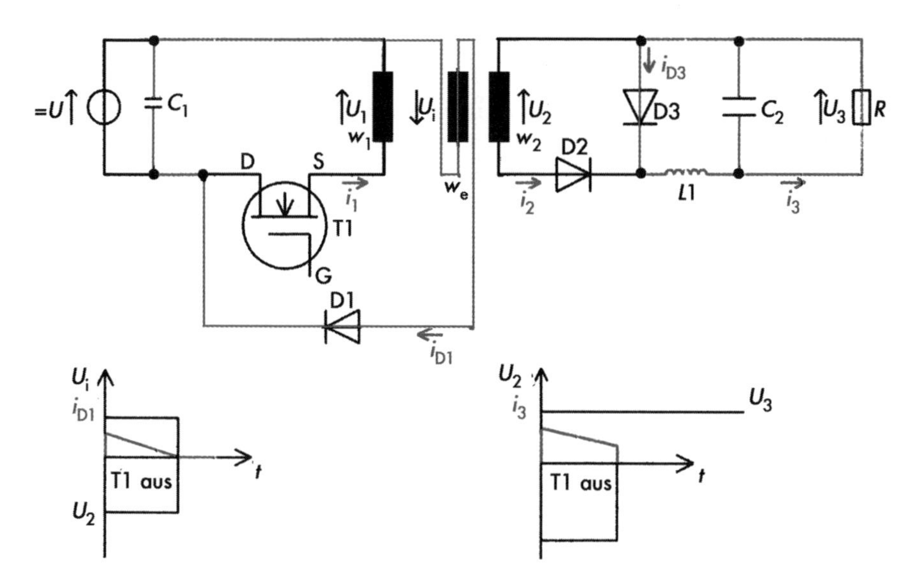

Bild 6.62 Durchfluss-1-Takt-Wandler: T1 gesperrt

Bild 6.63 zeigt einen typischen Verlauf des Laststroms i_3. Den Laststrom erhält man aus der Summe von i_2 und i_{D3}. Im Mittelwert kann das Ohm'sche Gesetz angewendet werden, und es gilt $i_3 = U_3/R$. Die Ausgangsspannung wird mit Hilfe von C_2 konstant gehalten.

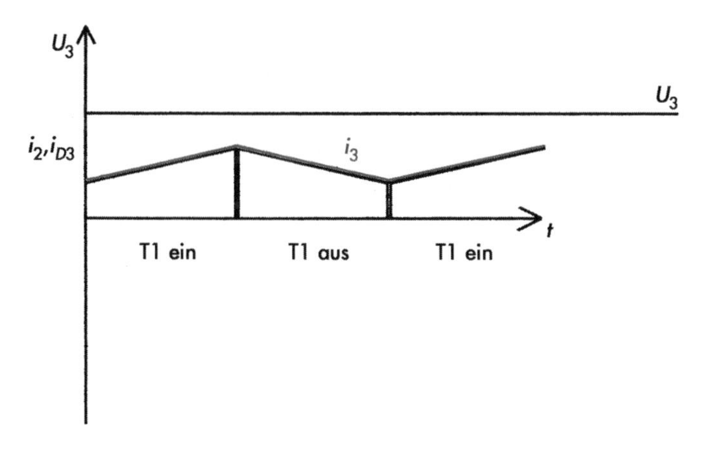

Bild 6.63 Ausgangsstrom eines 1-Takt-Wandlers

Durch das Tastverhältnis T_e/T kann die Ausgangsspannung variiert werden. Es gilt:

$$U_3 = T_e/T \cdot U/ü$$

Diese Vereinfachung gilt nur, solange der Laststrom nicht zu groß wird und dadurch zu lücken beginnt.
Schaltungen mit 2 Halbleitern arbeiten meist im **Gegentakt.** Das bedeutet, dass die beiden MOSFETs wechselweise niederohmig und hochomig geschaltet werden. Es gibt auch Schaltungen mit 2 Halbleiterbauelementen, die im Gleichtakt betrieben werden. Sie sind leicht aufzubauen, haben aber den Nachteil, dass sie den Trafo immer nur in eine Richtung magnetisieren und so Sättigungserscheinungen hervorrufen.

Gegentaktschaltungen magnetisieren den Trafo in beide Richtungen.

Gegentaktschaltungen liefern Ausgangsspannungen mit doppelter Frequenz. Dadurch lässt sich die Ausgangsspannung leichter stabilisieren und der Kondensator kann kleiner gewählt werden.
Wie bei den Gegentaktschaltungen in der Nachrichtentechnik muss auf genaue Synchronisierung und exakt gleiche Eigenschaften der Halbleiter geachtet werden. Bild 6.64 zeigt einen **Gegentaktwandler.** Die Kondensatoren C_1 und C_2 stabilisieren die Spannungen U_1 und U_3. Die Spule $L1$ sorgt für eine Stromglättung.

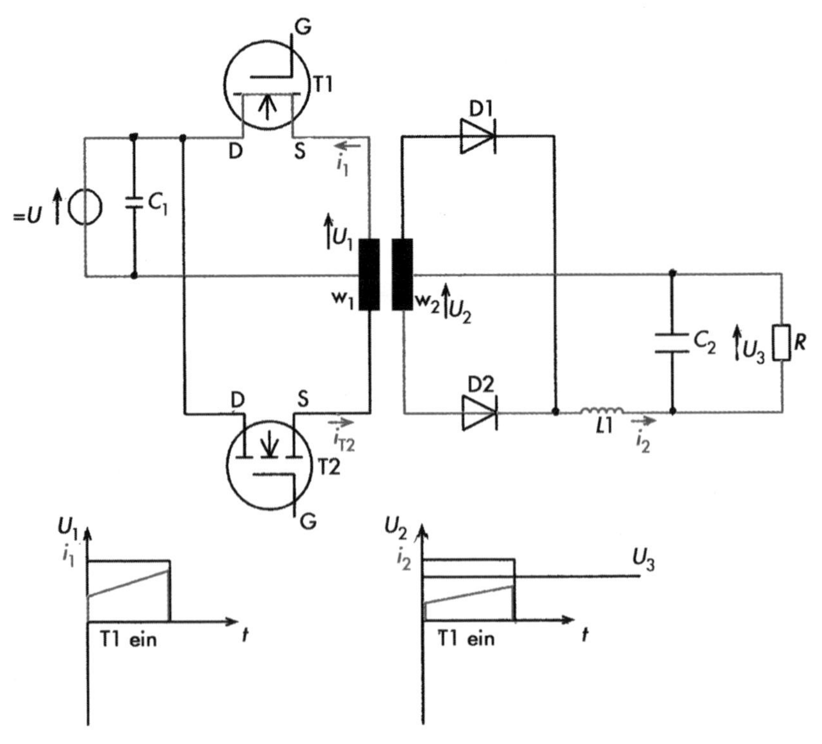

Bild 6.64 Gegentaktwandler: T1 leitend, T2 gesperrt

Wird T1 leitend, steigt der Strom i_1 linear an. Dadurch wird auf der Sekundärseite in der unteren Teilwicklung die Spannung U_2 induziert. Durch Ihre Polarität steuert die Diode D2 durch. In der oberen Teilwicklung wird ebenfalls eine Spannung induziert, die an D1 als Sperrspannung anliegt. D1 bleibt daher gesperrt, und es fließt über diesen Zweig kein Strom. Die Spannung U_2 treibt einen Strom i_2 über D2 durch die Last. Wird T1 gesperrt, fließt der Strom durch die Induktivitäten getrieben durch die Last weiter (Bild 6.65). Der Stromkreis schließt sich über die Dioden D1 und D2. Sie bilden einen Freilaufzweig für die Transformatorinduktivität. In dieser Zeit nimmt der Strom i_2 ab.

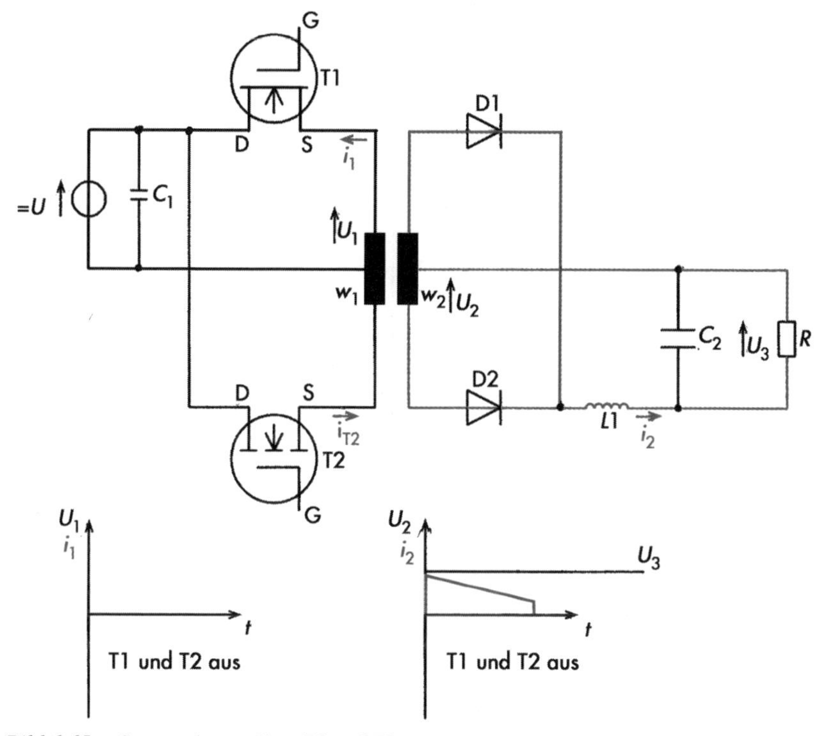

Bild 6.65 Gegentaktwandler: T1 und T2 gesperrt

Im nächsten Schaltzustand wird T2 geschlossen (Bild 6.66). Nun steuert D1 durch und führt den Laststrom i_2. D2 liegt an Sperrspannung, und es fließt daher kein Strom durch D2. Der Strom i_2 steigt in diesem Schaltzustand wieder an.

> *Der Gegentaktwandler arbeitet nur einwandfrei, wenn die MOSFETs T1 und T2 absolut symmetrisch angesteuert werden. Sonst wird der Transformatorkern in eine Richtung vormagnetisiert, und die Stromverhältnisse stimmen nicht mehr.*

Die Höhe der Ausgangsspannung U_3 ergibt sich durch das Einschaltverhältnis T_e/T_a. Das Einschaltverhältnis berechnet man aus 2 Zeitdauern. T_e ist die Zeitdauer in der T1 oder T2

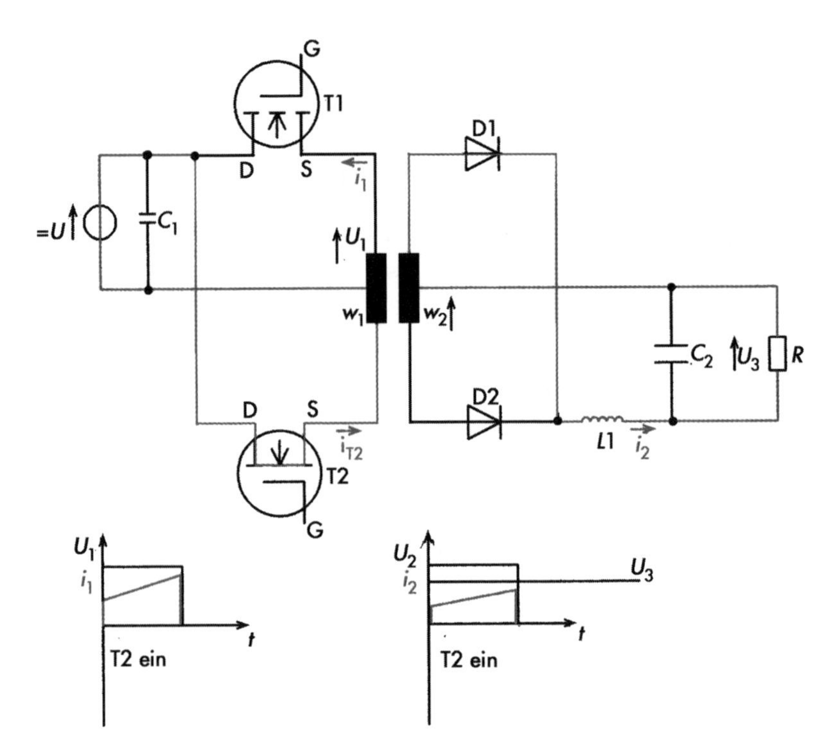

Bild 6.66 Gegentaktwandler: T2 leitend, T1 gesperrt

eingeschaltet sind. T_a ist die Zeit die nach Ausschalten von einem Halbleiter verstreicht bis der nächste Halbleiter eingeschaltet wird, also die Zeit in der weder T1 noch T2 leiten.

6.2.6 Blindleistungsstromrichter

In der elektrischen Energietechnik entstehen durch kapazitive (Kondensatoren) oder induktive (Kupferspulen) Verbraucherströme, die nicht in einer angeschlossenen Last verbraucht werden, sondern zwischen Stromquelle und Stromsenke (Verbraucher) hin- und herpendeln. Solche Ströme werden **Blindströme** genannt. In Kapitel 7 wird dieses Thema genauer erörtert.

> *Blindströme pendeln zwischen Stromquelle und Last hin und her und verursachen in elektrischen Netzen Verluste, ohne am Energietransport beteiligt zu sein.*

Aus diesem Grund besteht ein großes Interesse, Blindströme gering zu halten. Eine häufig angewandte Lösung sind Kompensationsanlagen (vgl. Kapitel 7). Aber auch Stromrichter können zur Blindleistungskompensation eingesetzt werden. Dabei wird der zur Spannung phasenverschoben fließende Blindstrom zwischengespeichert und im Gleichtakt wieder abgegeben.

Die im Folgenden beschriebene Schaltung ermöglicht die Erzeugung von kapazitivem oder induktivem Blindstrom (Bild 6.67). Die Schaltung entspricht dem selbstgeführten Drehstromwechselrichter aus Abschnitt 6.2.3.: 3-phasiger *U*-Wechselrichter. Auf der Gleichspannungsseite ist ein Kondensator als Energiespeicher angeschlossen.

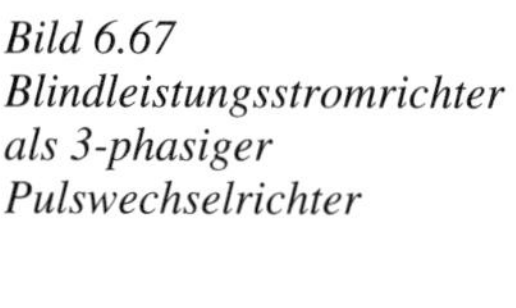

Bild 6.67
Blindleistungsstromrichter als 3-phasiger Pulswechselrichter

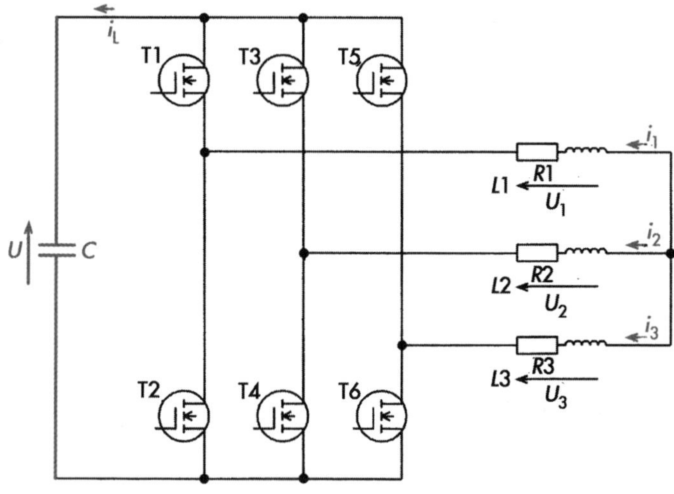

> *Die elektrische Energie pendelt in den Blindleistungsstromrichter hinein und wieder hinaus.*

Dabei wird neben den geringen Durchlassverlusten in den Halbleiterbauelementen keine Wirkleistung verbraucht. Zur Zwischenspeicherung der Energie dient der Kondensator *C*. Es kann auch der 3-phasige *I*-Wechselrichter aus Abschnitt 6.2.3 als Blindleistungsstromrichter eingesetzt werden (Bild 6.68). Die Zwischenspeicherung der Energie übernimmt dann eine Induktivität.

> *Gegenüber Kompensationsanlagen haben Blindleistungsstromrichter den Vorteil der schnellen Regelbarkeit.*

Kompensationsanlagen sind nur in Stufen schaltbar, während Blindleistungsstromrichter über den Steuerwinkel stufenlos regelbar sind und so auf Schwankungen der Blindleistung im Netz vollautomatisch reagieren können. Zudem kann im Gegensatz zur Kompensationsanlage sowohl induktive als auch kapazitive Blindleistung kompensiert werden. Hierüber entscheidet die Spannungshöhe am Kondensator. Ist die Spannung *U* höher als die Netzspannung, wird induktive Blindleistung vom Stromrichter geliefert. Das entspricht der Kompensation von kapazitiver Blindleistung im Netz. Ist die Spannung *U* niedriger, sind die

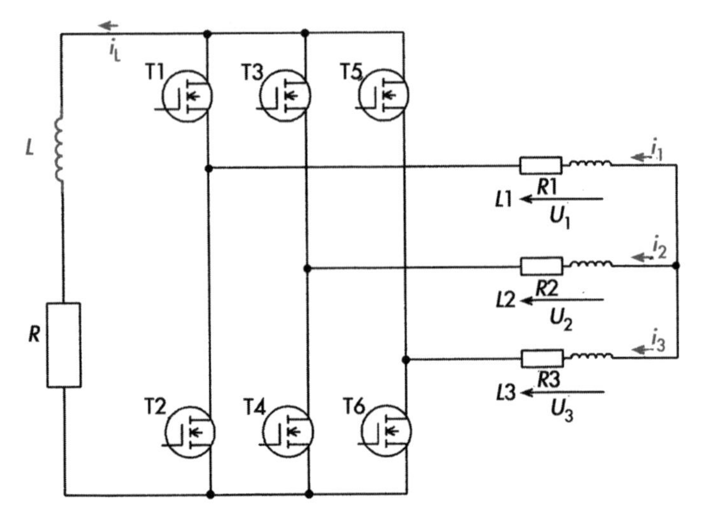

Bild 6.68 Blindleistungsstromrichter als Stromwechselrichter

Verhältnisse umgekehrt, und es wird induktive Blindleistung aus dem Netz aufgenommen. Die Pulsfrequenz wird möglichst niedrig gewählt, um die Halbleiter nicht unnötig zu belasten. Häufig werden Stromrichter mit großen, hochbelastbaren Halbleiterbauelementen mit Netzfrequenz gepulst.

6.2.7 Stromrichter als aktive Filter

Stromrichter lassen sich zur Verringerung von Oberschwingungen im Netz verwenden. In Kapitel 7 wird auf die Entstehung von Oberschwingungen detailliert eingegangen. Eine typische Oberschwingung ist die 5. Harmonische. Ihre Frequenz ist 5-mal so groß, wie die der Netzfrequenz, also 250 Hz. Um eine solche Oberschwingung zu kompensieren, muss eine um 180° phasenversetzte Spannung der Frequenz von 250 Hz erzeugt werden (Bild 6.69).
Dazu wird ein pulsgesteuerter Blindleistungsstromrichter mit Kondensatorspeicher (Bild 6.67) verwendet. Ein Pulswechselrichter kann eine Gleichspannung in Wechselspannungen beliebiger Frequenz umwandeln. Der Blindleistungsstromrichter wird in unserem Beispiel so angesteuert, dass er, wäre er an eine Gleichspannungsquelle angeschlossen, eine Frequenz von 250 Hz liefert. Die Steuerung des Stromrichters stellt die 180°-Phasenverschiebung zur Netzfrequenz ein. Derart angesteuerte Stromrichter werden als **aktive Filter** bezeichnet. Mit ihnen ist ein direktes Ausfiltern störender Oberschwingungen im Netz möglich. Das Verfahren wird auch **aktive Oberschwingungskompensation** genannt.

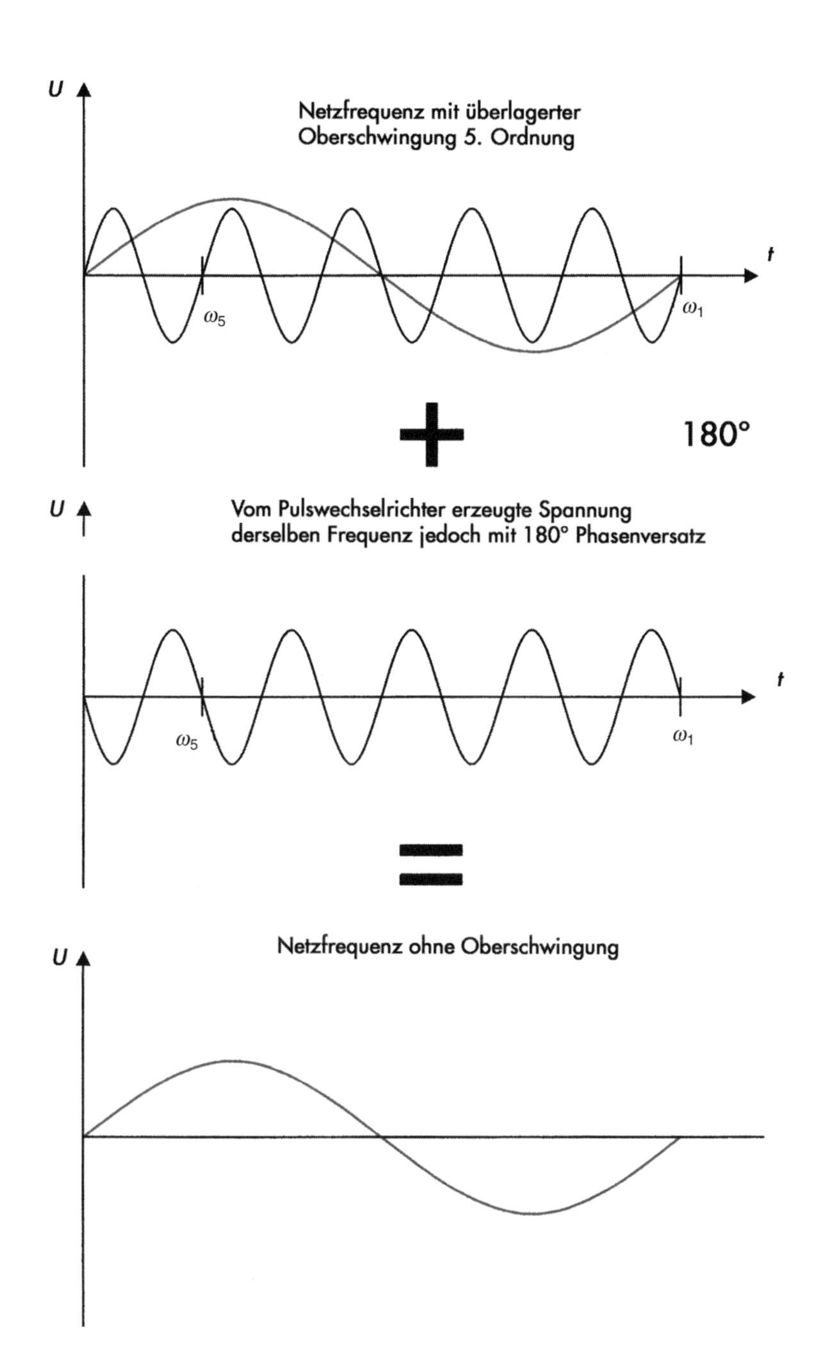

Bild 6.69 Oberschwingungskompensation

7 Blindleistung und Oberschwingungen

7.1 Definition der Blindleistung

Zunächst werden die allgemeingültigen Verhältnisse erläutert, danach die Besonderheiten in der Leistungselektronik (Steuer- und Kommutierungsblindleistung).

An einem Ohm'schen Widerstand sind Strom I_R und Spannung U_R in Phase (Bild 7.1).

Bild 7.1 Ohm'scher Widerstand an einer Wechselspannung

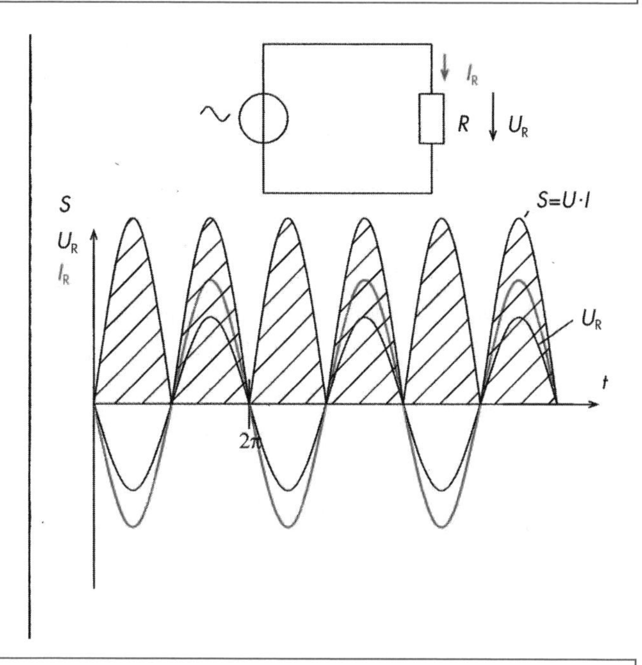

An einer Induktivität eilt der Strom I_L der Spannung U_L hinterher (Bild 7.2).

Eine Spule wirkt jeder Änderung des durch sie fließenden Stroms entgegen. Bei Anlegen einer Spannung fließt daher ein Strom nicht schlagartig, sondern er steigt linear an. Die Gleichung für die induzierte Spannung an einer Spule beschreibt dieses Verhalten:

$$U_L = L \cdot \Delta i_L / \Delta t$$

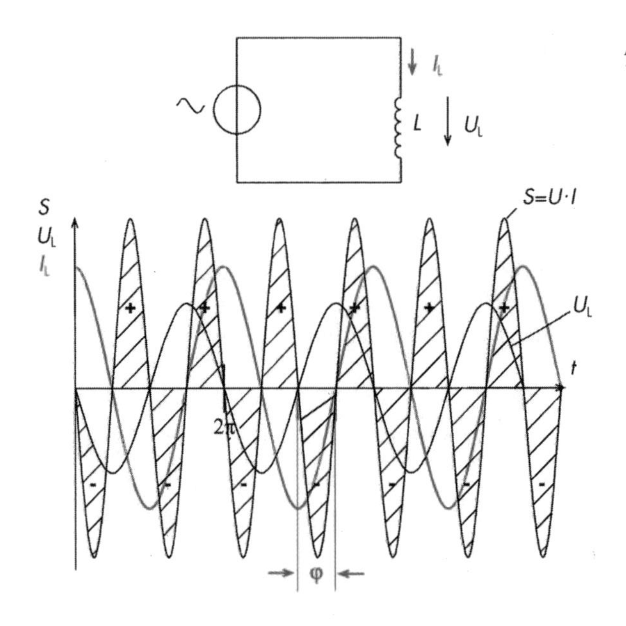

Bild 7.2 Induktivität an einer Wechselspannung

Wird diese Gleichung nach dem Anstieg des Stroms $\Delta i_L/\Delta_t$ aufgelöst ergibt sich $\Delta i_L/\Delta_t = U_L/L$. Die Spannung U_L und die Induktivität L bestimmen den Stromanstieg, wenn eine Spule an eine Spannung angeschlossen wird. Je größer die Induktivität L, desto kleiner die Stromänderung pro Zeiteinheit. Daher ist die Glättung eines Stroms umso besser, je größer die Spule gewählt wird.

An einem Kondensator sind die Verhältnisse umgekehrt. Hier eilt der Strom der Spannung voraus (Bild 7.3). Anschaulich ausgedrückt muss erst eine gewisse Zeit ein Strom in den

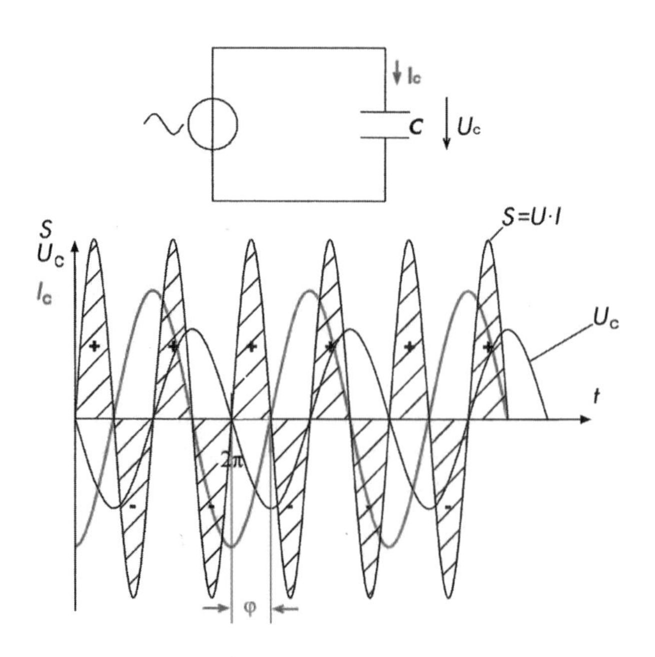

Bild 7.3 Kapazität an einer Wechselspannung

Kondensator fließen, bis eine Spannung vorhanden ist. Der Kondensator wirkt jeder Spannungsänderung entgegen. Für ihn gilt die Gleichung:

$$I_C = C \cdot \Delta U_C / \Delta t$$

Wird diese Gleichung nach dem Spannungsanstieg $\Delta U_C/\Delta t$ aufgelöst, erhält man $\Delta U_C/\Delta t = I_C/C$. Die Spannungsänderung wird also durch den Strom I und durch die Kapazität C definiert. Eine hohe Kapazität verkleinert bei gleichem Strom die Spannungsänderung. Daran lässt sich erkennen, dass für eine gute Glättung ein großer Kondensator nötig ist.

Induktivitäten und Kapazitäten sind Blindwiderstände. In Ihnen wird keine elektrische Leistung in Wärme umgesetzt. Die Leistung wird lediglich gespeichert und wieder zeitversetzt abgegeben.

Im Folgenden werden die Leistungsdefinitionen erläutert. Für die Scheinleistung S gilt:

$$S = U \cdot I$$

Die Wirkleistung P ist mit

$$P = U \cdot I \cdot \cos\varphi$$

definiert. An einem Ohm'schen Widerstand ergibt sich bei geometrischer Multiplikation von Strom und Spannung eine pulsierende positive Leistung. Da $\cos\varphi = 0$ ist, sind hier Scheinleistung und Wirkleistung gleich groß. An einer Spule und an einem Kondensator ergibt die geometrische Multiplikation eine Sinusschwingung, die keinen Gleichanteil hat. Die Leistung pendelt also hin und her. Es wird keine Leistung in Wärme umgesetzt. Diese Leistung, die eigentlich keine physikalische Leistung ist, sondern nur rechnerische Bedeutung hat, wird Blindleistung genannt.

Ihre Definition ist

$$Q = U \cdot I \cdot \sin\varphi$$ (vgl. auch Elementare Elektronik [3])

7.2 Entstehung von Blindleistung und Kompensationsanlagen

> *In allen Stromkreisen, die Induktivitäten und/oder Kapazitäten enthalten, fließen Blindströme.*

Sie transportieren keine Leistung und belasten Transformatoren und Übertragungsnetze. Sie sind daher unerwünscht und sollen vermieden werden. Blindleistung wird im Kraftwerk durch Synchrongeneratoren kompensiert. Synchrongeneratoren werden über ihre Erregerspannung so eingestellt, dass sie die vom Netz benötigte Blindleistung liefern. Je mehr Blindleistung erzeugt werden muss, desto schlechter ist die Ausnutzung der Generatoren. Die Energieversorgungsunternehmen messen ab einer bestimmten Anschlussleistung beim Kunden die Blindleistung. Kunden mit zu hohem Blindanteil müssen zusätzliche Gebühren bezahlen. Ein hoher Blindanteil kann durch ausgedehnte Leuchtstofflampennetze (mit ihren Vorschaltdrosseln) oder viele Asynchronmotoren entstehen.

> *Während Induktivitäten positive Blindleistung benötigen, können Kondensatoren positive Blindleistung liefern.*

Herrscht in einem begrenzten Teilnetz durch einen zu hohen Anteil an Induktivitäten ein Blindleistungsmangel, können Kondensatoren parallelgeschaltet werden, um diesen Mangel zu kompensieren. Die Kondensatoren sind in Gruppen zusammengeschaltet und können nach Bedarf automatisch zugeschaltet werden. Solche Anlagen werden als Kompensationsanlagen bezeichnet. Sehr komfortabel sind Blindleistungsstromrichter (vgl. Abschnitt 6.2.6). Mit ihnen lässt sich Blindleistung in beide Energierichtungen stufenlos kompensieren.

7.3 Steuerblindleistung

Die Steuerblindleistung wurde in Kapitel 4 schon thematisiert. Steuerblindleistung entsteht in einem Wechselstromsteller beim Phasenanschnitt einer Halbwelle. Auch bei den Stromrichtern wird bei jeder Teilaussteuerung Steuerblindleistung benötigt. Der Phasenwinkel φ entspricht hierbei dem Ansteuerwinkel α. Es gilt $\cos\varphi = \cos\alpha$.

> *Je stärker ein Stromrichter ausgesteuert wird, desto größer wird sein Blindleistungsbedarf.*

7.4 Kommutierungsblindleistung

Bei Kommutierungsvorgängen wechselt der Strom von einem Halbleiterbauelement zum anderen. Das geschieht nicht schlagartig, sondern benötigt wegen der stets beteiligten Induktivitäten etwas Zeit. Auch Leistungshalbleiter vertragen schlagartige Stromänderungen nicht gut. Durch die Kommutierung entstehen bei den Eingangsspannungen der Stromrichter Kurzunterbrechungen. Die Eingangsspannung wird während der Kommutierung kurzzeitig 0. Bezogen auf die unbeeinflusste Grundschwingung führt die Kommutierung zu einer leichten Verschiebung des Phasenwinkels. Dadurch entsteht eine Blindleistung, die als *Kommutierungsblindleistung* bezeichnet wird.

7.5 Entstehung von Oberschwingungen, Saugkreise

> *Als Oberschwingungen bezeichnet man ganzzahlige Vielfache der Grundschwingung.*

Häufig wird die Netzfrequenz 50 Hz als Grundschwingung festgelegt. Oberschwingungen werden nach Ihrer Ordnung bezeichnet. Die Ordnung gibt den Multiplikator mit der Grundschwingung an. So hat die Oberschwingung 5. Ordnung bei einer Grundschwingung von 50 Hz eine Frequenz von 250 Hz. Ein anderer Ausdruck für 5. Ordnung ist 5. *Harmonische.*
Der Mathematiker *Fourier* hat bewiesen, dass jede Schwingung, egal welcher Kurvenform, in eine sinusförmige Grundschwingung und eine Summe von sinusförmigen Oberschwingungen zerlegt werden kann. Ein Gleichstromanteil kann hinzukommen.

> *Jeder beliebige Schwingungsverlauf kann in eine sinusförmige Grundschwingung und eine Summe von sinusförmigen Oberschwingungen und in einen Gleichstromanteil zerlegt werden.*

Nach Fourier sind die Amplituden der Oberschwingungen umso höher, je schneller sich die Kurvenform ändert. Das bedeutet, dass ein Schaltvorgang umso mehr hohe Frequenzen enthält, je schneller er abläuft. Aus diesem Grund knackt es unter Umständen im Radio, wenn der Lichtschalter geschaltet wird. Die abrupte Stromänderung führt in der Stromleitung zu einer Oberschwingung im kHz-Bereich. Diese Oberschwingung wird unter ungünstigen Bedingungen abgestrahlt und gelangt an die Radioantenne, wo sie die Knackstörung hervorruft. Oberschwingungen können also Störspannungen in benachbarte Geräte einkoppeln.
Oberschwingungen übertragen keine Leistung im 50-Hz-Bereich, belasten aber die Halbleiter und die Übertragungselemente des Netzes an dem sie angeschlossen sind. Es ist daher erwünscht, den Oberschwingungswert eines Stromrichters möglichst klein zu halten.

In der Leistungselektronik verursachen besonders die blockförmigen Ströme Oberschwingungen im Netzstrom.

Der Strom einer B2-Brücke lässt sich nach der Lehre Fouriers in eine Summe einzelner Sinusschwingungen aufteilen. Die Auswertung ergibt, dass Harmonische 3., 5., 7. usw. Ordnung auftreten. Bewertet man die Grundschwingung mit 100 %, hat die Amplitude der 3. Harmonischen einen Wert von 33 %, d.h., dass ein 50-Hz-Strom von 100 A von einem 150-Hz-Strom mit 33 A überlagert wird. Die Oberschwingung 5. Ordnung hat einen Wert von 20 %, die 7. Ordnung von 14 % usw. Die Reihe lässt sich bis ins Unendliche fortsetzen. Die Amplituden werden mit zunehmender Ordnungszahl immer kleiner. Der Oberschwingungsgehalt nimmt mit zunehmender Pulszahl der Stromrichterschaltung ab.

3-polige Schaltungen wie die B6-Brücke besitzen keine Oberschwingungen, deren Ordnungszahl sich durch 3 teilen lässt.

Die Ströme mit Netzfrequenz besitzen im Drehstromsystem untereinander eine Phasenverschiebung von 360°/3 = 120°.

Oberschwingungsströme 3., 9. usw. Ordnungszahl sind im Drehstromsystem gleichphasig (Bild 7.4).

Die Stromrichterwicklung ist im Stern geschaltet. Die gleichphasigen Ströme würden bei in Dreieck geschalteter Wicklung einen Kreisstrom im Stromrichtertransformator treiben. Bei Sternschaltung fließen die Ströme gleichphasig in den Sternpunkt und können nicht abfließen, solange der Sternpunkt nicht mit dem Nullleiter verbunden wird.
Die wegen ihres robusten Aufbaus (Thyristoren) und der einfachen Steuerung häufig angewendete B6-Brücke erzeugt eine 5. Harmonische in Höhe von 20 % des Nennstroms. Die 7. Harmonische liegt bei 14 %. Die Energieversorgungsunternehmen schreiben vor, dass solche Anteile durch nachgeschaltete Filter gedämpft werden müssen. Solche Filter werden **Saugkreise** genannt (Bild 7.5).

Ein Saugkreis ist ein Reihenschwingkreis aus Spule und Kondensator.

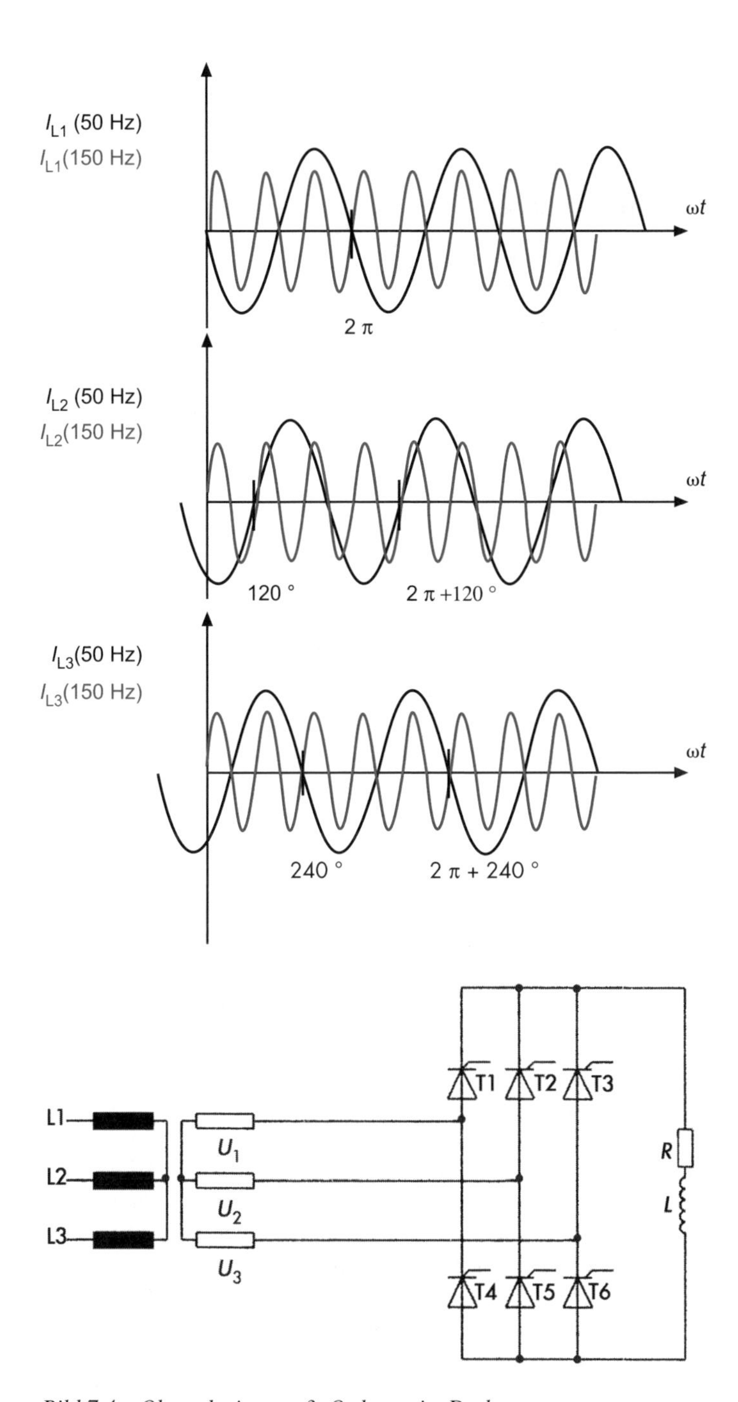

Bild 7.4 Oberschwingung 3. Ordnung im Drehstromsystem

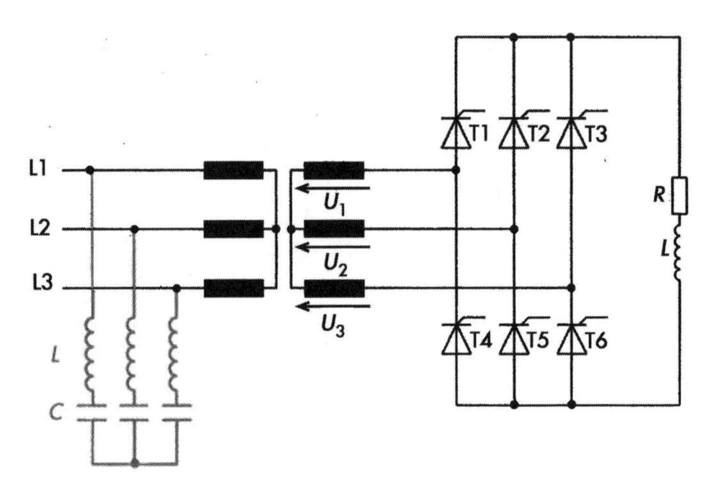

Bild 7.5 Saugkreis für die 5. Oberschwingung

Der Reihenschwingkreis ist bei Resonanzfrequenz niederohmig. Die Resonanzfrequenz f_r ergibt sich aus der **Thomson'schen Schwingungsformel:**

$$f_r = \frac{1}{2\pi \cdot \sqrt{LC}}$$

Der Saugkreis wird so dimensioniert, dass seine Resonanzfrequenz f_r in Höhe der zu eliminierenden Oberschwingung (im Beispiel 250 Hz) liegt. Er **saugt** die Oberschwingung auf die er abgestimmt ist ab. Da jede Oberschwingung einen eigenen Saugkreis benötigt und zudem jede Phase (L1, L2 und L3) einzeln beschaltet werden muss, sind Saugkreise verhältnismäßig aufwendig.

7.6 Elektromagnetische Verträglichkeit

Nach der Lehre Fouriers enthalten Strom- oder Spannungsverläufe mit steilen Änderungen Anteile mit hohen Frequenzen. Das Einschalten eines Halbleiters erzeugt Frequenzen im MHz-Bereich. Ein einfacher Dimmer, bei dem ein Triac die Netzspannung im Phasenanschnitt schaltet, erzeugt erhebliche Störungen im Rundfunkbereich, wenn nicht Abhilfemaßnahmen getroffen werden.

Da immer mehr elektronische Geräte mit Leistungselektronik ausgestattet werden und gleichzeitig die Geräte der Informations- und Kommunikationstechnik immer kleinere Ströme verarbeiten und damit empfindlicher gegen Störspannungen geworden sind, hat auch das Risiko von Fehlfunktionen zugenommen. Um dem entgegenzutreten wurden Normen festgelegt, die einerseits die maximal zulässige Störaussendung von leistungselektronischen Geräten festlegen, aber auch eine erforderliche Mindeststörfestigkeit der nachrichtentechnischen Geräte fordern.

Die nie vollständig vermeidbaren Störungen haben verschiedene Übertragungswege.

Wird die Störung über Leitungsverbindungen übertragen, spricht man von einer **galvanisch eingekoppelten Störung.** Wird die Störung über ein Magnetfeld übertragen, handelt es sich um eine **magnetisch eingekoppelte Störung.** Entsprechend erzeugen elektrische Störfelder **kapazitiv eingekoppelte Störungen.** Sehr hochfrequente Störungen werden oft als elektromagnetische Störwelle abgestrahlt.
Um Störaussendungen zu vermeiden, muss bereits beim Schaltungsentwurf genau darauf geachtet werden, wo Störaussendungen entstehen könnten. Wichtig ist, dass schon beim Entwurf der gedruckten Schaltung und bei der späteren Verdrahtung Störquellen und Störempfänger vermieden werden. Ein schlechte Verdrahtung kann wie eine Antenne Störungen abstrahlen und empfangen. Hier kann Verdrillen der Leitungen Abhilfe schaffen.

Ein Verdrillen der Leitungen untereinander vermindert i.A. die Störaussendung magnetischer Felder.

Störaussendungen lassen sich auch durch Abschirmungen verringern. Dabei sollte die Abschirmung die Störquelle möglichst vollständig umschließen.

Magnetische Felder sind verglichen mit den elektrischen Feldern verhältnismäßig schwer zu schirmen.

Elektrische Felder lassen sich durch einfache Stahlbleche oder Folien schirmen. Magnetfeldabschirmungen müssen jedoch mit magnetisch hochpermeablem Blech hergestellt werden.
Neben der Störquelle kann auch die Störsenke, also das zu schützende Objekt, geschirmt werden.

Mit zunehmendem Abstand sinkt das Risiko, benachbarte Schaltgruppen zu stören.

Umgekehrt sind nah am Stromrichter installierte Steuerungen eher gefährdet. Die Ansteuerelektronik der Halbleiter, die heute fast ausschließlich mit Mikroprozessoren arbeitet, muss daher möglichst störfest gebaut sein. Störfestigkeit wird erreicht, indem den logischen Zuständen 0 und 1 in den digitalen Schaltungen hohe Spannungsunterschiede zugeordnet werden. Eine Schaltung, die dem logischen Zustand 0 die Spannung 0,5 V zuordnet und dem Zustand 1 die Spannung 1 V lässt sich bereits durch eine eingekoppelte Störspannung von 0,5 V stören.

Wird dem Zustand 1 die Spannung 5 V zugeordnet, ist die Störfestigkeit besser, da die Störspannung mindestens 4,5 V betragen muss, um Fehlinformationen zu erzeugen. Leitungsgekoppelte Störungen können durch optoelektronische Übertrager vermieden werden.

8 Anwendungsbeispiele

Bei der Vielzahl der Schaltungen in der Leistungselektronik verliert man leicht die Übersicht, für welchen Zweck die in Kapitel 6 beschriebenen Schaltungen sinnvoll sind. Tabelle 8.1 zeigt eine Übersicht.

Tabelle 8.1 Leistungselektronikanwendungen

Anwendung	Schaltung
Ein- und Ausschalten von Wechselströmen	→ Halbleiterschalter mit Thyristor
Einstellung der Amplitude von Wechselströmen	→ Halbleitersteller mit Thyristor in Phasenanschnittsteuerung
Ein- und Ausschalten von Gleichströmen	→ Halbleiterschalter mit abschaltbaren Bauelement
Einstellung der Amplitude von Gleichströmen	→ Halbleitersteller mit abschaltbaren Bauelement in Pulssteuerung
Gleichrichten eines Wechselstroms	→ M2- und B2-Schaltung
Gleichrichten eines Drehstroms	→ M3- und B6-Schaltung
Wechselrichten eines Gleichstroms (Betrieb am Wechselstromnetz)	→ M2- und B2-Schaltung im Wechselrichterbetrieb → M3- und B6-Schaltung im Wechselrichterbetrieb
Wechselrichten eines Gleichstroms (Inselbetrieb am Wechselstromverbrauchern)	→ Pulswechselrichter (evtl. mit Hochsetzsteller)
Drehzahlregelung eines Gleichstrommotors	→ M2- und B2-Schaltung → M3- und B6-Schaltung
Drehzahlregelung eines langsam drehenden Drehstrommotors	→ Direktumrichter
Drehzahlregelung eines schnell drehenden Drehstrommotors	→ Wechselstromumrichter mit Zwischenkreis
Blindleistungsregelung	→ Stromrichter mit Kondensator bzw. Drossel als Last
Aktive Filter	→ Wechselstromumrichter mit Zwischenkreis (erzeugen der inversen Oberschwingung)

8.1 Ein- und Ausschalten von Strömen bzw. Spannungen

Die Übersicht beginnt mit den für einfaches Ein- und Ausschalten benötigten Schaltungen. Natürlich kann für diese Anwendung auch ein mechanisches Relais bzw. Schütz verwendet werden. Halbleiterschalter haben aber folgende Vorteile:

- Lebensdauer
  Während ein mechanischer Schalter nur zwischen 10^3 (Leistungsschalter) und 10^6 (Lastschütz) Schaltvorgänge verkraftet, ist die Schaltspielzahl beim Halbleiterbauelement nahezu unbegrenzt.
- Schaltverzögerung
  Die Zeit, die vom Anliegen des Schaltbefehls bis zum Beginn des Schaltvorganges vergeht, die Eigenzeit, liegt bei Halbleiterbauelementen im µs-Bereich, während mechanische Schalter mindestens 10 ms brauchen.
- Steuerleistung
  Die Steuerleistung ist bei Halbleiterschaltern meist niedriger.
- Schaltverhalten
  Mechanische Schalter können beim Einschalten prellen. Unter prellen versteht man einen Schwingungsvorgang während des Einschaltens.
  Beim Ausschalten entsteht bei mechanischen Schaltern ein Lichtbogen. Zudem verursachen mechanische Schalter Geräusche und evtl. Vibrationen, die die Umgebung stören. Diese Nachteile treten bei Halbleiterbauelementen nicht auf.

Als Schalter eingesetzte Halbleiterbauelemente haben aber auch Nachteile:

- Durchlassspannung
  Gegenüber mechanischen Schaltern haben Leistungshalbleiter hohe Durchlassspannungen (ca. 2 V gegenüber wenigen mV bei mechanischen Schaltern).
- Sperrstrom
  Bei Halbleiterbauelementen fließt immer ein Sperrstrom. Mechanische Schalter lassen keinen Sperrstrom fließen.
- Sperrspannung
  Während die Luft- und Kriechstrecken bei mechanischen Schützen ausreichend groß dimensioniert werden können, ist die Spannungsfestigkeit bei Halbleitern immer ein Kompromiss mit anderen wichtigen Eigenschaften.
- Preis
  Leistungshalbleiterbauelemente sind erheblich teurer als mechanische Schalter.

Für das Schalten von Wechselströmen genügt ein Thyristor. Nach dem Stromnulldurchgang sperrt der Thyristor wieder.

Ein Gleichstrom kann mit einem Thyristor nicht abgeschaltet werden (vgl. Kapitel 2)

> *Für das Schalten von Gleichstrom ist ein abschaltbares Bauelement (GTO, MOSFET) erforderlich.*

8.2 Wechselstromantriebe und Dimmer (Verändern des Spannungsmittelwertes)

Durch periodisches Ansteuern lässt sich der Mittelwert der Ausgangsgröße eines Halbleiterstellers einstellen. Ein Halbleitersteller für Wechselstrom (Dimmer) arbeitet nach dem Verfahren der Phasenanschnittsteuerung (vgl. Kapitel 3).

> *Ein Halbleitersteller für Wechselstrom kann zur Drehzahlsteuerung von Reihenschlussmotoren mit kleiner Leistung oder als Helligkeitsregler für Glühlampen verwendet werden.*

Ein Halbleitersteller für Gleichstrom verändert den Mittelwert durch periodisches Ein- und Ausschalten der Eingangsspannung. Dieses Verfahren heißt Pulssteuerung (vgl. Kapitel 6).

> *Mit einem Halbleitersteller für Gleichstrom lassen sich Gleichstrommotoren in der Drehzahl verstellen.*

8.3 Umwandeln von Wechselstrom in Gleichstrom (Gleichrichten)

Die einfachste Gleichrichterschaltung ist die 1-Weg-Brückenschaltung M1. Aufgrund der schlechten Qualität der Ausgangsspannung wird sie jedoch kaum eingesetzt.
In Wechselstromanwendungen werden meist die 2-Puls-Mittelpunktschaltung M2 und die Brückenschaltung B2 eingesetzt. Letztere benötigt keinen Trafo mit Mittelpunktanzapfung und ist daher am weitesten verbreitet. Allerdings benötigt sie doppelt so viele Halbleiterbauelemente. Durch Phasenanschnitt kann die Höhe der Ausgangsspannung geregelt werden. Die Schaltungen zählen alle zu den netzgeführten Stromrichtern, da sie ihre Kommutierungsspannung aus dem angeschlossenen Netz beziehen (vgl. Kapitel 5).

> *Eine ungesteuerte B2-Brücke findet sich heute in nahezu allen elektrischen Kleingeräten (Bild 8.1).*

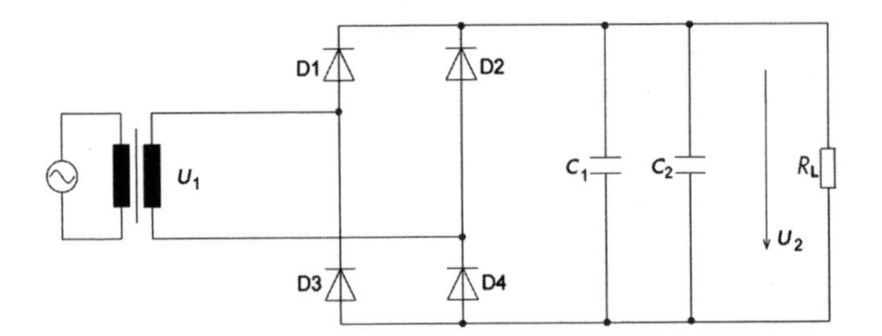

Bild 8.1 Netzteil

Die Kondensatoren stabilisieren die Spannung. Die Schaltung stellt die Gleichspannung für die nachfolgenden elektronischen Schaltungen bereit.
In Kapitel 6 werden die heute sehr häufig eingesetzten Schaltnetzteile beschrieben. Sie ersetzen immer mehr die B2-Schaltung, da sie kleinere Transformatoren benötigen und daher preiswerter aufzubauen sind. Schaltnetzteile gehören zu den selbstgeführten Stromrichtern.

8.4 Drehzahlgeregelte Gleichstromantriebe

Mit Hilfe einer gesteuerten Brückenschaltung lässt sich eine steuerbare Gleichspannung bereitstellen. Ein daran angeschlossener, fremderregter Gleichstrommotor lässt sich in der Drehzahl verstellen.
Die Drehzahl eines Gleichstrommotors hängt von der Speisespannung U_A und vom Erregerfluss ϕ ab:

$$n = \frac{U_A}{K_1 \cdot \phi}$$

K_1 konstante Zahl, beschreibt die Motoreneigenschaften.

Die Drehzahl eines Gleichstrommotors kann durch Spannungserhöhung und durch Feldschwächung erhöht werden.

Wird die Speisespannung des Motors erhöht, steigt auch die Drehzahl linear an. Wird der Erregerfluss geschwächt, steigt die Drehzahl ebenfalls an.

Das Drehmoment M des Gleichstrommotors wird durch den Zusammenhang

$$M = K_2 \cdot \phi \cdot I$$

beschrieben. K_2 ist eine Konstante, und I ist der Ankerstrom, der durch die Ankerwicklung des Motors fließt.
Um den Motor mit niedrigen Drehzahlen n zu betreiben, wird die Ankerspannung U_A verringert. Theoretisch könnte auch der Erregerfluss ϕ verstärkt werden, indem der Erregerstrom vergrößert wird. Es wird aber schnell der Bereich der magnetischen Sättigung erreicht. Eine Drehzahlverstellung durch Flusserhöhung ist daher nur in kleinen Bereichen möglich. Allerdings kann durch Erhöhung des Flusses ϕ das Drehmoment M erhöht werden.
Um die Drehzahl in weiten Bereichen zu erhöhen wird die Ankerspannung U_A erhöht. Ab einer bestimmten Spannung ist dies nicht mehr möglich, da ansonsten die Isolation des Motors gefährdet wird. Dann kann die Drehzahl nur durch Verringern des Flusses ϕ weiter erhöht werden. Ein verringerter Fluss führt aber zu einem schwächeren Drehmoment M. Der Motor kann bei dieser Betriebsweise nicht mehr das volle Drehmoment erzeugen. Bild 8.2 zeigt die Betriebsbereiche Spannungserhöhung und Feldschwächung.

Bild 8.2 Drehzahlverstellung eines Gleichstrommotors

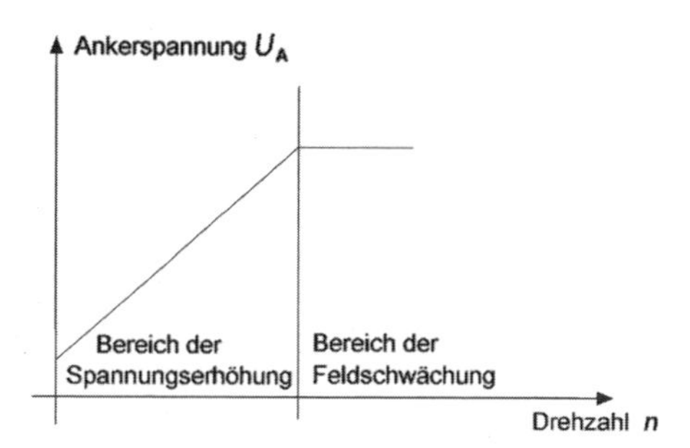

8.5 Umwandeln von Drehstrom in Gleichstrom (Gleichrichten)

Um Drehstrom in eine Gleichspannung zu wandeln kann eine 3-pulsige M3-Schaltung oder eine 6-pulsige B6-Brückenschaltung verwendet werden. Wie bei den 1-phasigen Schaltungen ist auch bei den 3-phasigen Schaltungen die B6-Schaltung am weitesten verbreitet. Beide Schaltungen zählen zu den netzgeführten Stromrichtern und können die Höhe der Ausgangsspannung variieren.

B6-Brücken dienen heute meist als Vorstufe für Zwischenkreisstromrichter (vgl. Kapitel 6). Eine gesteuerte B6-Brücke kann z.B. einen Gleichstrommotor aus dem Drehstromnetz versorgen und ihn in der Drehzahl steuern.

Ein weiteres Anwendungsbeispiel ist die HGÜ (**H**ochspannungs-**G**leichstrom**ü**bertragung). Die HGÜ wird eingesetzt, wenn elektrische Energie über große Entfernungen transportiert werden muss. Dabei wird der Drehstrom mit Hilfe von Transformatoren zunächst aus etwa 10 kV hochtransformiert. Eine nachgeschaltete B6-Brücke erzeugt eine Gleichspannung. Aufgrund der hohen Spannung werden zunehmend die in Kapitel 2 beschriebenen lichtgezündeten Thyristoren eingesetzt.

8.6 Drehstromantriebe (Umwandeln der 50-Hz-Netzspannung in eine Spannung variabler Frequenz)

Da bei den meisten Antrieben nicht immer die gleiche Drehzahl gefordert wird sollen sie drehzahlgeregelt arbeiten. Am häufigsten kommen Drehstrom-Asynchronmotoren zum Einsatz da sie wartungsarm (keine Kohlen), billig herzustellen und robust sind. Sie haben im Verhältnis zu Gleichstrommaschinen kleinere Abmessungen und damit auch ein niedrigeres Gewicht. Asynchron- und Synchronmaschinen unterscheiden sich durch ihren Läufer. Während Asynchronmaschinen meist einen einfach herzustellenden, preiswerten Käfigläufer besitzen, werden Synchronmotoren aufwändiger aufgebaut. Sie haben eine eigene Erregereinrichtung und bieten den Vorteil, je nach Höhe der Erregerspannung, induktive Blindleistung aufnehmen oder abgeben zu können. Nachteilig ist, dass sie spezielle Wicklungen benötigen, um am Netz anzulaufen.
Asynchron- und Synchronmotoren können nur durch Verändern der Frequenz der Speisespannung in weiten Bereichen in der Drehzahl verstellt werden.

Die Synchronmaschine dreht synchron zur speisenden Frequenz f.

Eine weitere, die Drehzahl der Synchronmaschine bestimmende Größe ist die Polpaarzahl p. Je nach Bauweise besitzt ein Motor unterschiedlich viele Polpaare. Stark vereinfacht ist ein Polpaar eine Wicklung um ein Blechpaket, also eine durch die Bauart des Motors fest vorgegebene Größe. Aus baulichen Gründen ist die Polpaarzahl nach oben begrenzt. Die Drehzahl n erhält man aus

$$n_{syn} = f/p$$

Diese Drehzahl wird als **synchrone Drehzahl** n_{syn} bezeichnet. Übliche Drehzahlen für Synchronmaschinen sind 1500 und 3000 min^{-1}. bzw. 25 und 50 s^{-1}. Damit ergibt sich bei $f = 50$ Hz eine Polpaarzahl von 1 oder 2. Eine Synchronmaschine mit niedrigeren Nenndrehzahlen (z.B. 750 min^{-1}) muss eine entsprechend höhere Polpaarzahl ($p = 3$) aufweisen.

Die Drehzahl von Synchronmaschinen lässt sich nur durch Verändern der Frequenz der Speisespannung verändern.

Ein Asynchronmotor besitzt gegenüber der synchronen Drehzahl n_{syn} einen Schlupf s. Der Asynchronmotor dreht mit einer etwas geringeren Drehzahl n_{asyn}. Der Schlupf s beschreibt den Zusammenhang. Asynchron- und Synchronmaschine sind bis auf den Läufer baugleich. Durch die unterschiedliche Läuferkonstruktion dreht die Asynchronmaschine aber mit der Drehzahl

$$n_{asyn} = n_{syn} \cdot (1 - s)$$

Der Asynchronmotor kann auch durch Verringern der Speisespannung oder durch Vorschalten von Widerständen in kleinen Bereichen drehzahlgeregelt werden. Die Drehzahl nimmt durch Verringern der Speisespannung ab. Ein starkes Abweichen von der Nenndrehzahl ist so aber nicht möglich. Neben den im Folgenden beschriebenen umrichtergespeisten Motoren spielt dieses Verfahren aber eine untergeordnete Rolle.

8.6.1 Drehzahlgeregelte Asynchron- und Synchronmotoren

Grundsätzlich eigen sich sowohl Synchron- als auch Asynchronmotoren für drehzahlgeregelte Antriebe. Asynchronmotoren sind preiswerter und robuster und werden daher bevorzugt eingesetzt.
Der in Kapitel 6 beschriebene Direktumrichter kann eine Ausgangsspannung mit sehr viel niedrigerer Frequenz bereitstellen. An ihm können sehr langsam laufende Drehstromantriebe (Mühlen usw.) betrieben werden. Der Direktumrichter zählt zu den netzgeführten Stromrichtern.
Soll die Drehzahl jedoch in weiten Bereichen von 0 bis über die 50-Hz-Netzfrequenz hinaus verstellbar sein, müssen Umrichter mit Zwischenkreis verwendet werden.
Die Drehzahlregelung bietet viele Vorteile: Nehmen wir als Beispiel eine Abluftanlage mit elektrisch betriebenen Lüftern. In alten Anlagen ohne Leistungselektronik können diese Motoren meist nur mit einer festen Drehzahl betrieben werden. Der Luftvolumenstrom wird über Drosselklappen gebremst. Die Lüfter laufen mit voller Leistung gegen die Drosselklappe. Man kann sich leicht vorstellen wieviel Energie große Lüftungsanlagen pro Jahr verschwenden.
Ein Wechselstromumrichter mit Zwischenkreis (auch Frequenzumrichter genannt) ermöglicht ein Absenken der Drehzahl bis in sehr niedrige Bereiche. Auch das Drehmoment des Motors lässt sich regeln. Die Lüfter verbrauchen nur so viel Energie wie zur Luftumwälzung benötigt wird. Das spart Energie und schont die Ressourcen.

8.6.2 Bahnantriebe (Umwandeln der $16\,^2/_3$-Hz-Bahnnetzspannung in eine Spannung variabler Frequenz)

Die Leistungselektronik hat auch bei den Schienenfahrzeugen erhebliche Fortschritte bei den Antriebssystemen ermöglicht. Am Anfang der Antriebsgeschichte kamen Gleichstrommotoren zum Einsatz. Gleichstrommotoren werden durch Verstellen der Speisespannung drehzahlgeregelt. Ohne Leistungselektronik war aber ein Verändern der Spannungshöhe nicht möglich. Mit Hilfe von Vorwiderständen erreichte man einen Spannungsabfall im Lastkreis und damit eine geringere Spannung am Motor. Die Verluste waren enorm und nur im Winterbetrieb als Wagenheizung sinnvoll. Die nächste Entwicklung waren Wechselstrommotoren. Ohne Leistungselektronik konnten Wechselspannungen in unterschiedlicher Höhe nur mit Hilfe von Transformatoren bereitgestellt werden. Noch in den 70er Jahren ließen sich die nunmehr eingesetzten Wechselstrommotoren nur mit unterschiedlichen Trafowicklungen auf den Lokomotiven stufenweise regeln. Der Durchbruch zu Ressourcen schonenden Antrieben kam mit Einführung der gesteuerten Drehstrommotoren. Wie schon erläutert, lassen sich Drehstrommotoren nur über die Frequenz in der Drehzahl verstellen. Ein Antriebssystem muss daher einen Drehstrom variabler Frequenz bereitstellen. Mit Hilfe der Leistungselektronik ist dies möglich. Der $16\,^2/_3$-Hz-Wechselstrom des Bahnnetzes wird zunächst gleichgerichtet. Der

Gleichstrom wird dann in 3 120° phasenversetzte Wechselströme umgewandelt, die ein symmetrisches Drehstromsystem bilden. Mit solchen Drehstrom-Zwischenkreisumrichtern ist es auch möglich, die Motoren der Schienenfahrzeuge im generatorischen Bereich anzusteuern.

Heutige Hochgeschwindigkeitszüge nutzen ausnahmslos die Drehstromtechnik.

Sie können bei ausgeglichener Fahrweise einen großen Teil der elektrischen Energie, die zur Beschleunigung des Zuges notwendig war, beim Bremsvorgang ins Netz zurückspeisen. Scharfes Bremsen ist allerdings nur mechanisch möglich, da die Ströme sonst zu hoch würden.

8.7 Inselwechselrichter (Umwandeln von Gleichstrom in Wechsel- bzw. Drehstrom)

Häufig soll aus einer niedrigen Gleichspannung (z.B. 12 oder 24 V KFZ-Spannung) eine Wechselspannung von 230 V erzeugt werden. Dazu wird zunächst mit einem Hochsetzsteller die Gleichspannung auf das Spannungsniveau der gewünschten Wechselspannung gebracht. Die hohe Gleichspannung wird dann mit dem Pulsverfahren in eine Wechselspannung «zerhackt».
Photovoltaikanlagen, die nicht am Landesnetz betrieben werden, können nicht mit einem netzgeführten Wechselrichter (B2- oder B6-Brücke) den Gleichstrom einspeisen. In diesem Fall wird der Wechselrichter mit Hilfe eines selbstgeführten Pulswechselrichters aufgebaut.

8.8 Photovoltaik-Wechselrichter (Einspeisen von Gleichstrom in ein Wechsel- bzw. Drehstromnetz)

Um eine Gleichspannung, wie sie beispielsweise mit Photovoltaikanlagen (solare Stromerzeugung) erzeugt wird, ins Netz einzuspeisen, muss in den meisten Fällen zunächst die Gleichspannung mit einem Hochsetzsteller angehoben werden. Anschließend kann ein Pulswechselrichter die Wechselspannung erzeugen.
Da der Ausgang am Netz angeschlossen ist, besteht aber auch die Möglichkeit, einen netzgeführten Wechselrichter (B2- oder B6-Brücke) zu verwenden. Der Wechselrichter wird so angesteuert (Steuerwinkel $\alpha > 90°$), dass die Energie ins Netz fließt.
Bis zu Leistungen von 5 kW dürfen Photovoltaikanlagen 1-phasig an das Netz des Energieversorgers angeschlossen werden. Ab 5 kW muss die Einspeisung 3-phasig, z.B. mit einer B6-Brückenschaltung erfolgen.

9 Datenblätter

Technische Information / Technical Information

eupec

Netz-Gleichrichterdiode
Rectifier Diode

65 DN 02 ... 06

N

Elektrische Eigenschaften / Electrical properties

Vorläufige Daten
Preliminary data

Höchstzulässige Werte / Maximum rated values

Periodische Spitzensperrspannung repetitive peak reverse voltage	T_{vj} = - 25°C...$T_{vj\,max}$	V_{RRM}	200, 400 600	V V
Stoßspitzensperrspannung non-repetitive peak reverse voltage	T_{vj} = + 25°C...$T_{vj\,max}$	V_{RSM}	250, 450 650	V V
Durchlaßstrom-Grenzeffektivwert RMS forward current		I_{FRMSM}	13300	A
Dauergrenzstrom mean forward current	T_K = 98 °C	I_{FAVM}	8470	A
Stoßstrom-Grenzwert surge forward current	T_{vj} = 25°C, t_p = 10ms T_{vj} = $T_{vj\,max}$, t_p = 10ms	I_{FSM}	103 95	kA kA
Grenzlastintegral I^2t-value	T_{vj} = 25°C, t_p = 10ms T_{vj} = $T_{vj\,max}$, t_p = 10ms	I^2t	53 45	A^2s*10^6 A^2s*10^6

Charakteristische Werte / Characteristic values

Durchlaßspannung forward voltage	T_{vj} = $T_{vj\,max}$, i_F = 10kA	v_F	max. 0,98	V
Schleusenspannung threshold voltage	T_{vj} = $T_{vj\,max}$	$V_{(TO)}$	0,7	V
Ersatzwiderstand forward slope resistance	T_{vj} = $T_{vj\,max}$	r_T	0,027	mΩ
Sperrstrom reverse current	T_{vj} = $T_{vj\,max}$, v_R = V_{RRM}	i_R	max. 100	mA

Thermische Eigenschaften / Thermal properties

Innerer Wärmewiderstand thermal resistance, junction to case	Kühlfläche / cooling surface beidseitig / two-sided, Θ = 180°sin beidseitig / two-sided, DC Anode / anode, Θ = 180°sin Anode / anode, DC Kathode / cathode, Θ = 180°sin Kathode / cathode, DC	R_{thJC}	 max. 0,0047 max. 0,0040 max. max. max. max.	 °C/W °C/W °C/W °C/W °C/W °C/W
Übergangs-Wärmewiderstand thermal resistance, case to heatsink	Kühlfläche / cooling surface beidseitig / two-sided	R_{thCK}	 max. 0,0025	 °C/W
Höchstzulässige Sperrschichttemperatur max. junction temperature		$T_{vj\,max}$	180	°C
Betriebstemperatur operating temperature		$T_{c\,op}$	- 40...+180	°C
Lagertemperatur storage temperature		T_{stg}	- 40...+180	°C

Mechanische Eigenschaften / Mechanical properties

Vorläufige Daten
Preliminary data

Gehäuse, siehe Anlage case, see appendix Si-Elemente mit Druckkontakt Si-pellets with pressure contact			Seite 3 page 3	
Anpreßkraft clamping force		F	55...80	kN
Gewicht weight		G	typ.	g
Kriechstrecke creepage distance				mm
Schwingfestigkeit vibration resistance	f = 50Hz		50	m/s²

Hinweis :
Wir empfehlen die Diode mit einem temperaturbeständigen O-Ring zu schützen.
Notice:
We recommend to protect the diode with a temperture resistant *O-Rin* g.

Kathode

Anode

Kühlung cooling	Analytische Elemente des transienten Wärmewiderstandes Z_{thJC} für DC Analytical ementes of transient thermal impedance Z_{thJC} for DC						
	Pos.n	1	2	3	4	5	6
beidseitig two-sided	R_{thn} [°C/W]	0,002386	0,000785	0,000769	0,000058		
	τ_n [s]	0,063997	0,017082	0,000942	0,000027		
anodenseitig anode-sided	R_{thn} [°C/W]						
	τ_n [s]						
kathodenseitig cathode-sided	R_{thn} [°C/W]						
	τ_n [s]						

Analytische Funktion / analytical function : $Z_{thJC} = \sum_{n=1}^{n_{max}} R_{thn} \left(1 - EXP \left(- t / t_n \right) \right)$

Vorläufige Daten / Preliminary data

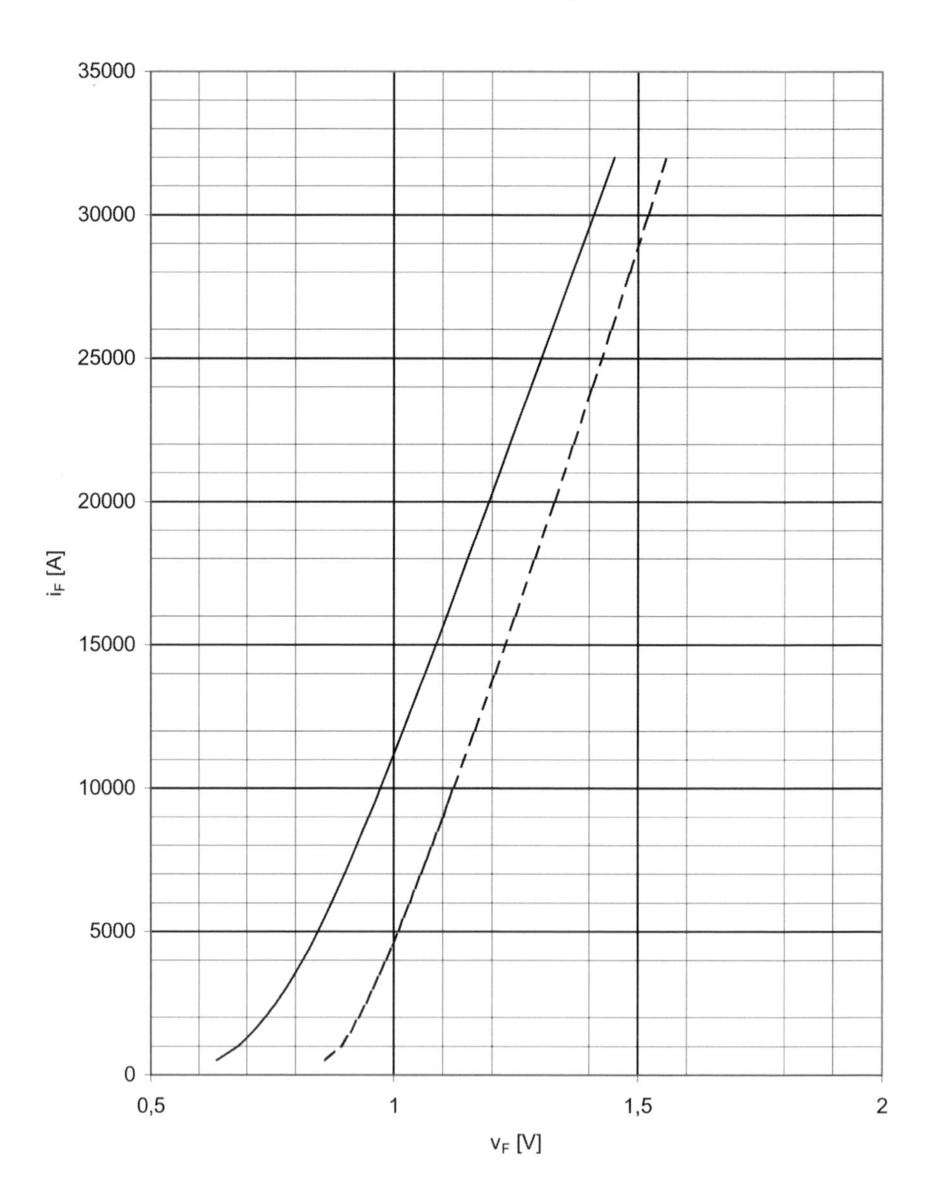

Grenzdurchlaßkennlinie / Limiting Forward characteristics $i_F = f(v_F)$

—— T_{vj} = 180°C

------ T_{vj} = 25°C

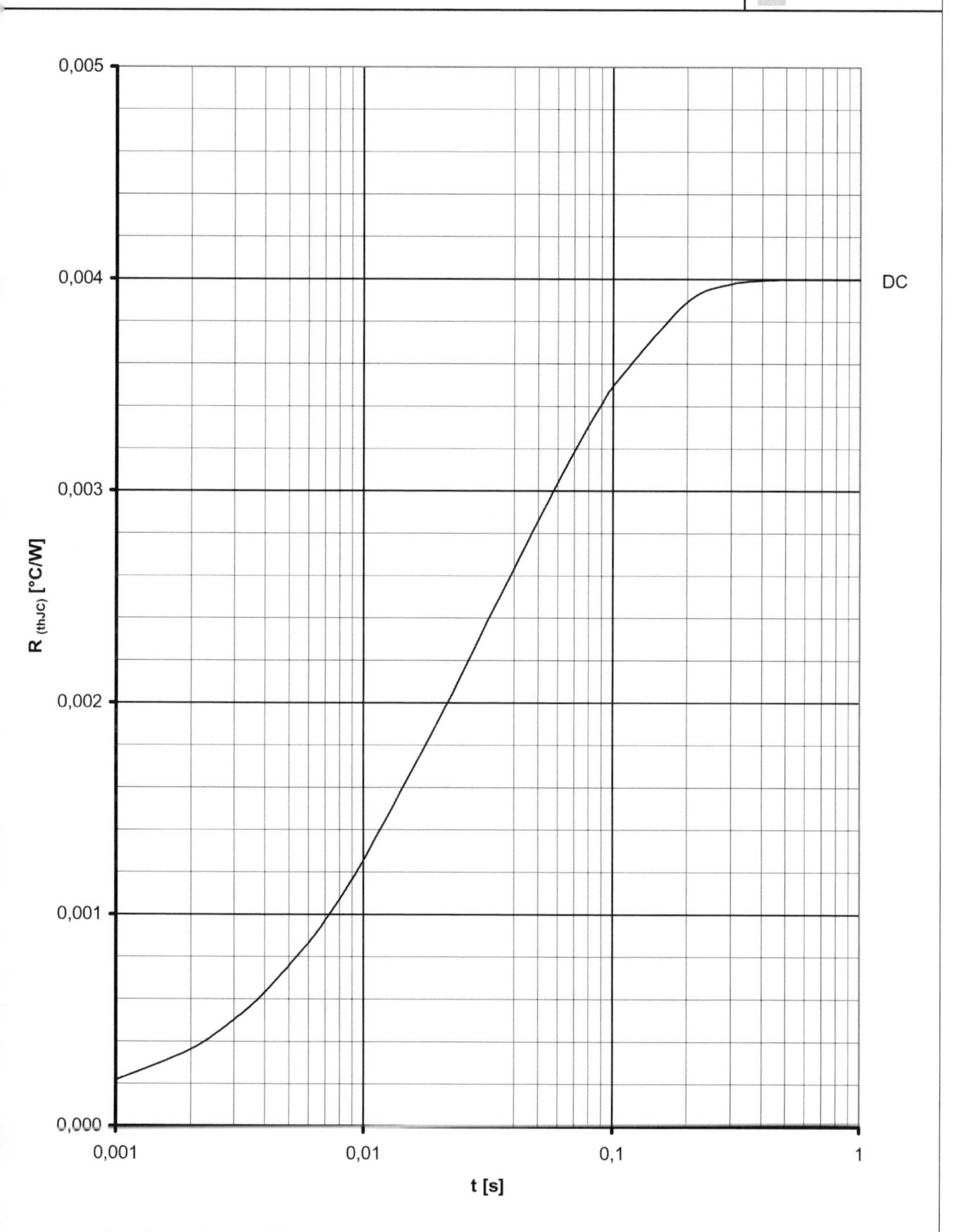

Transienter innerer Wärmewiderstand / Transient thermal impedance $Z_{(th)JC} = f(t)$, DC

Technische Information / Technical Information

eupec

Netz Gleichrichterdiode
Rectifier Diode

D 2601 N 85 ... 90 T

N

Vorläufige Daten
Preliminary Data

Elektrische Eigenschaften / Electrical properties

Höchstzulässige Werte / Maximum rated values

Periodische Spitzensperrspannung repetitive peak reverse voltage	t_{vj} = -40°C ... $t_{vj\,max}$ f = 50Hz	V_{RRM}	8500 9000	V V
Durchlaßstrom-Grenzeffektivwert RMS forward current	t_C = 60°C, f = 50Hz	I_{FRMSM}	4850	A
Dauergrenzstrom mean forward current	t_C = 85°C, f = 50Hz t_C = 60°C, f = 50Hz	I_{FAVM}	2600 3070	A A
Stoßstrom-Grenzwert surge forward current	t_{vj} = 25°C, t_p = 10ms t_{vj} = $t_{vj\,max}$, t_p = 10ms	I_{FSM}	52 50	kA kA
Grenzlastintegral I^2t-value	t_{vj} = 25°C, t_p = 10ms t_{vj} = $t_{vj\,max}$, t_p = 10ms	I^2t	$13{,}5 \cdot 10^6$ $12{,}5 \cdot 10^6$	A^2s A^2s

Charakteristische Werte / Characteristic values

Durchlaßspannung forward voltage	t_{vj} = $t_{vj\,max}$, i_F = 4000 A	V_F	max 2,6	V
Schleusenspannung threshold voltage	t_{vj} = $t_{vj\,max}$	$V_{(TO)}$	1	V
Ersatzwiderstand forward slope resistance	t_{vj} = $t_{vj\,max}$	r_T	0,4	mΩ
Durchlaßrechenkennlinie 500 A ≤ i_F ≤ 5000 A On-state characteristics for calculation $V_F = A + B \cdot i_F + C \cdot \ln(i_F + 1) + D \cdot \sqrt{i_F}$	t_{vj} = $t_{vj\,max}$	 A B C D	max. -0,0971 0,000315 0,157 0,0021	
Sperrstrom reverse current	t_{vj} = $t_{vj\,max}$, V_R = V_{RRM}	i_R	100	mA

Vorläufige Daten
Preliminary Data

Thermische Eigenschaften / Thermal properties

Innerer Wärmewiderstand thermal resistance, junction to case	beidseitig / two-sided, DC Anode / anode, DC Kathode /cathode, DC	R_{thJC}	max 0,0075 max 0,0141 max 0,0160	°C/W °C/W °C/W
Übergangs-Wärmewiderstand thermal resistance, case to heatsink	Kühlfläche / cooling surface beidseitig / two-sided einseitig / single sided	R_{thCK}	max 0,006 max 0,012	°C/W °C/W
Höchstzulässige Sperrschichttemperatur max. junction temperature		$t_{vj\ max}$	160	°C
Betriebstemperatur operating temperature		$t_{c\ op}$	-40...+160	°C
Lagertemperatur storage temperature		t_{stg}	-40...+160	°C

Mechanische Eigenschaften / Mechanical properties

Gehäuse, siehe Anlage case, see appendix			Seite 3	
Si - Element mit Druckkontakt Si - pellet with pressure contact			76DN90	
Anpreßkraft clamping force		F	36...52	kN
Gewicht weight		G	typ 1200	g
Kriechstrecke creepage distance			30	mm
Luftstrecke air distance			20	mm
Feuchteklasse humidity classification	DIN 40040		C	
Schwingfestigkeit vibration resistance	f = 50Hz		50	m/s^2

Vorläufige Daten
Preliminary Data

Outline Drawing

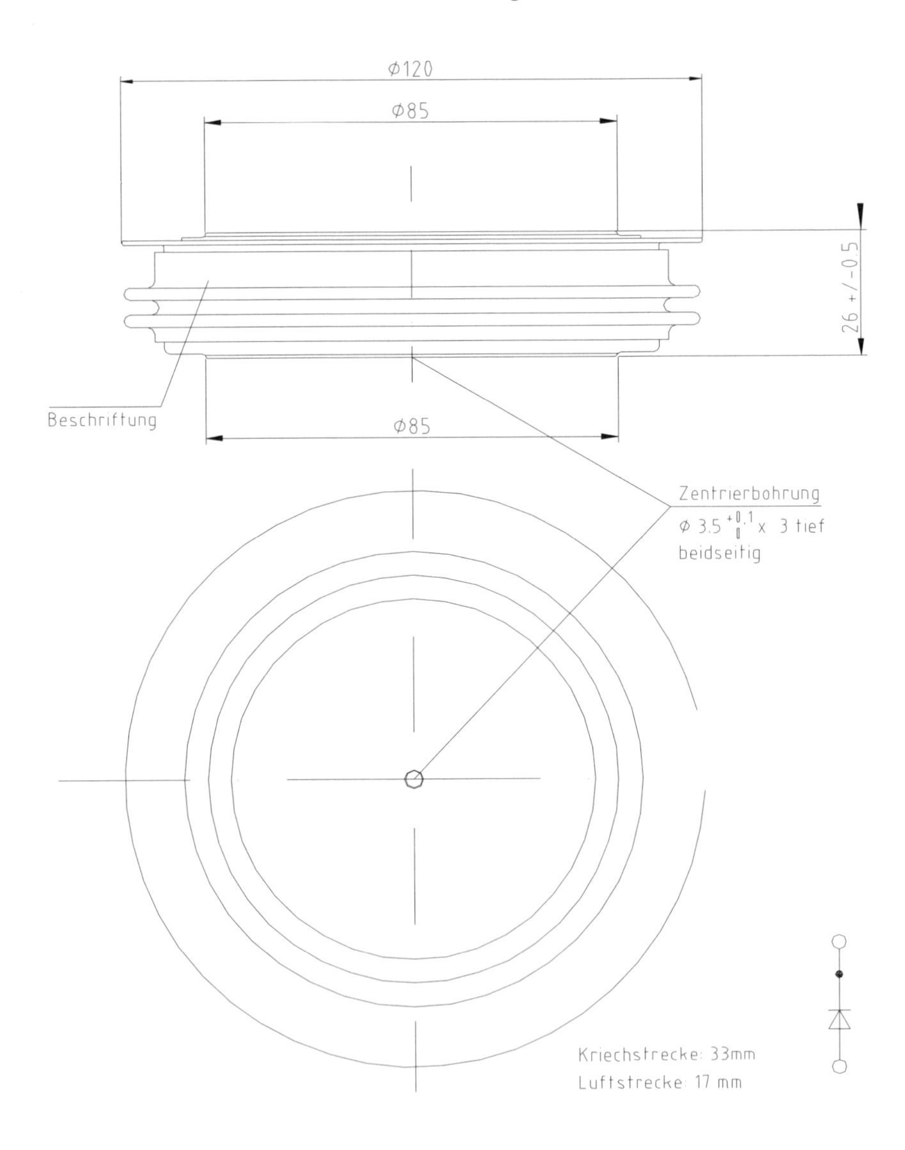

On-State Characteristics (v_F)
upper limit of scatter range

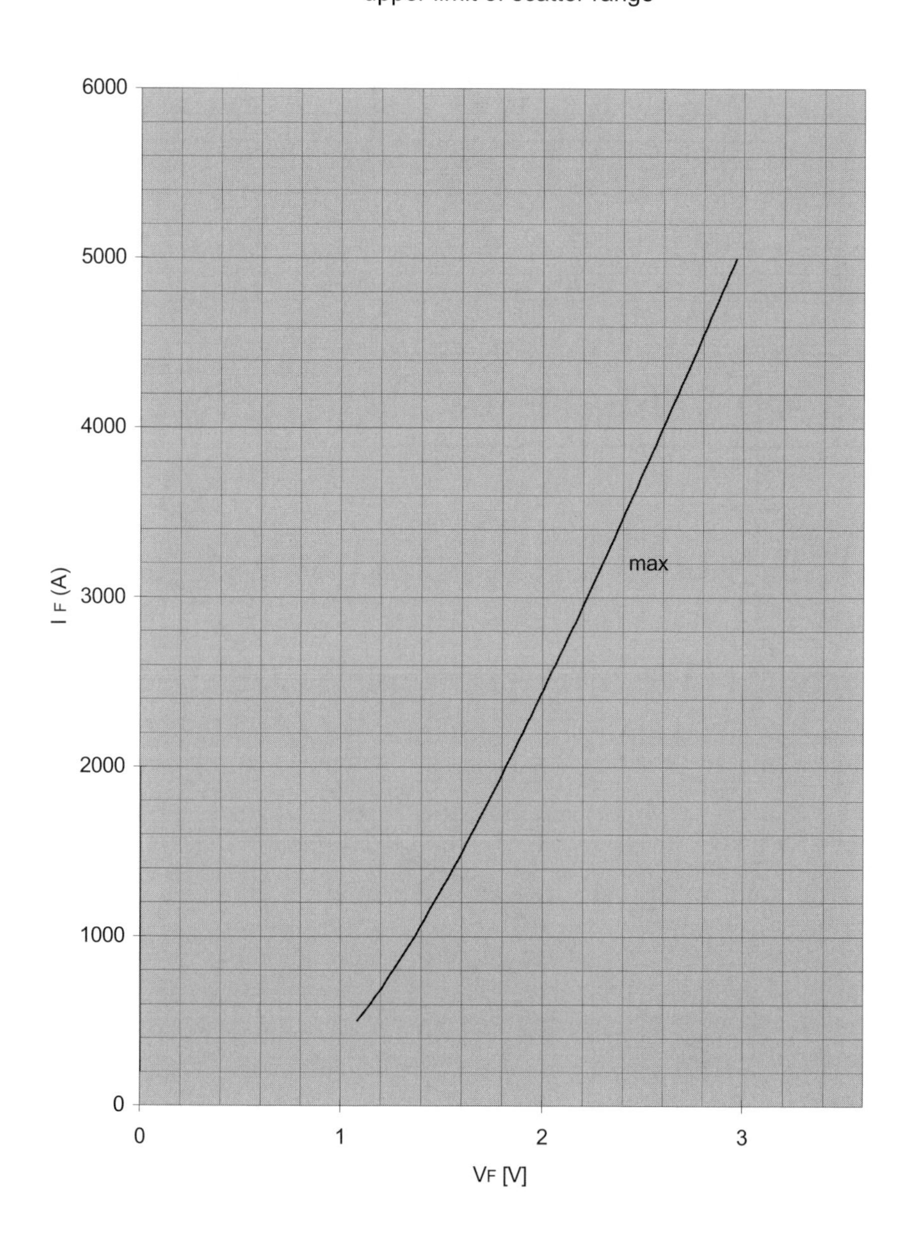

Transient thermal Impedance for constant-current

	doppelseitige Kühlung		anodenseitige Kühlung		kathodenseitige Kühlung	
	r [K/W]	[s]	r [K/W]	[s]	r [K/W]	[s]
1	0,0015	1,38	0,0081	9,8	0,01	10,2
2	0,0023	0,185	0,0023	0,185	0,0023	0,185
3	0,0022	0,07	0,0022	0,07	0,0022	0,07
4	0,001	0,01	0,001	0,01	0,001	0,01
5	0,0005	0,0018	0,0005	0,0018	0,0005	0,0018
	0,0075	-	0,0141	-	0,016	-

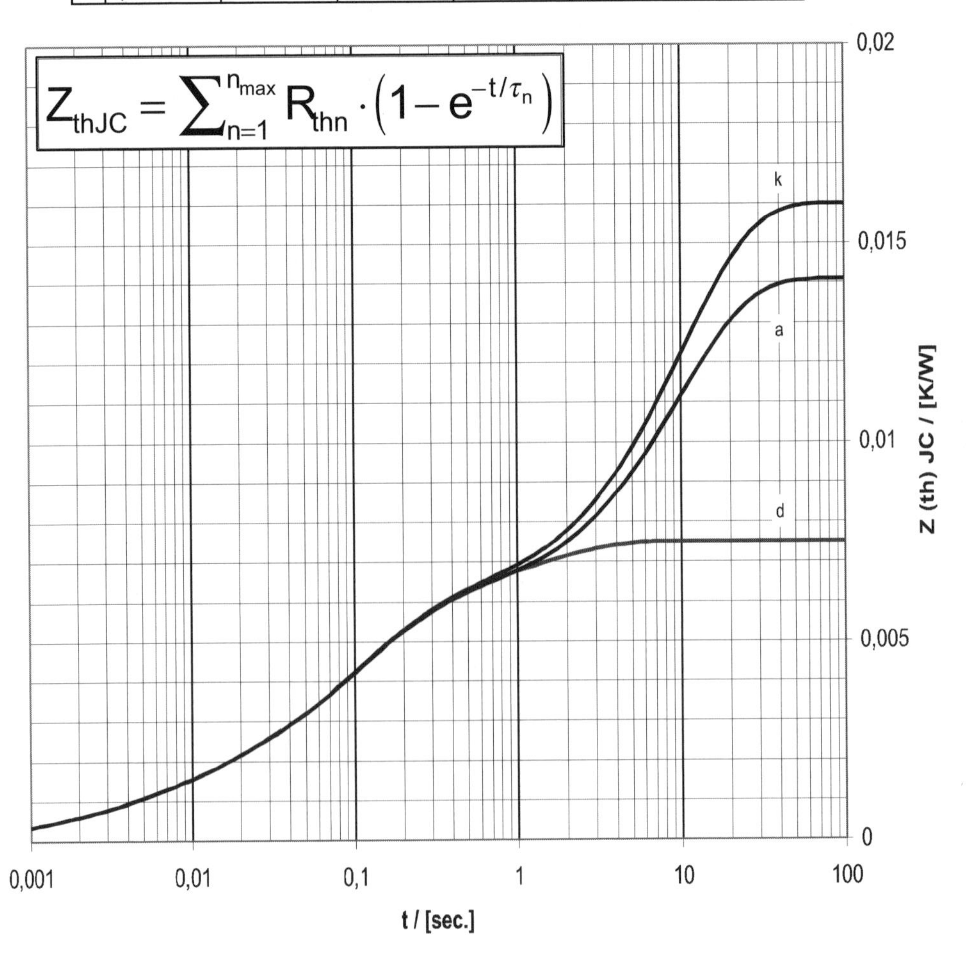

Features:

Volle Sperrfähigkeit bei 125° mit 50 Hz

Full blocking capability at 125°C with 50 Hz

Hohe Stoßströme und niedriger Wärme-widererstände durch NTV-Verbindung zwischen Silizium und Mo-Trägerscheibe.

High surge currents and low thermal resistance by using low temperature-connection NTV between silicon wafer and molybdenum.

Elektroaktive Passivierung durch a - C:H

Electroactive passivation by a - C:H

Elektrische Eigenschaften / Electrical properties

Höchstzulässige Werte / Maximum rated values

Periodische Vorwärts - und Rückwärts - Spitzensperrspannung repetitive peak forward off-state and reverse voltage	f = 50 Hz	V_{DRM}, V_{RRM}	$t_{vj\,min}$ = -40°C 7500 8000	$t_{vj\,min}$ = 0°C 7700 8200	 V V
Durchlaßstrom-Grenzeffektivwert RMS forward current		I_{TRMSM}		5600	A
Dauergrenzstrom mean forward current	t_C = 85°C, f = 50Hz t_C = 60°C, f = 50Hz	I_{TAVM}		2560 3570	A A
Stoßstrom-Grenzwert surge forward current	t_{vj} = 25°C, t_p = 10ms, V_R = 0 t_{vj} = $t_{vj\,max}$, t_p = 10ms, V_R = 0	I_{TSM}		63 56	kA kA
Grenzlastintegral I^2t-value	t_{vj} = 25°C, t_p = 10ms t_{vj} = $t_{vj\,max}$, t_p = 10ms	I^2t		$19{,}8 \cdot 10^6$ $15{,}7 \cdot 10^6$	A^2s A^2s
Kritische Stromsteilheit critical rate of rise of on-state current	DIN IEC 747-6 f = 50Hz, v_D = 0,67 V_{DRM} i_{GM} = 3A, di_G/dt = 6A/µs	$(di/dt)_{cr}$		300	A/µs
Kritische Spannungssteilheit critical rate of rise of off-state current	t_{vj} = $t_{vj\,max}$, v_D = 0,67 V_{DRM} 5. Kennbuchstabe / 5 th letter H	$(dv/dt)_{cr}$		2000	V/µs

Elektrische Eigenschaften / Electrical properties

Charakteristische Werte / Characteristic values

Durchlaßspannung on-state voltage	$t_{vj} = t_{vj\,max}$, i_T = 6kA	v_T	typ 2,75	max 2,95	V
Schleusenspannung / threshold voltage Ersatzwiderstand / slope resistance	$t_{vj} = t_{vj\,max}$	$V_{(TO)}$ r_T	typ 1,23 0,253	max 1,28 0,278	V mΩ
Durchlaßrechenkennlinien 500 A ≤ i_T ≤ 6000 A On - state characteristics for calculation $V_T = A + B \cdot i_T + C \cdot \ln(i_T + 1) + D \cdot \sqrt{i_T}$	$t_{vj} = t_{vj\,max}$	A B C D	typ -0,00607 0,000181 0,162 0,00342	max -0,00503 0,000187 0,16 0,0057	
Zündstrom gate trigger current	t_{vj} = 25°C, v_D = 6V	I_{GT}		350	mA
Zündspannung gate trigger voltage	t_{vj} = 25°C, v_D = 6V	V_{GT}		2,5	V
Nicht zündender Steuerstrom gate non-trigger current	$t_{vj} = t_{vj\,max}$, v_D = 6V $t_{vj} = t_{vj\,max}$, v_D = 0,5 V_{DRM}	I_{GD}		20 10	mA mA
nicht zündende Steuerspannung gate non-trigger voltage	$t_{vj} = t_{vj\,max}$, v_D = 0,5 $_{VDRM}$	V_{GD}		0,4	V
Haltestrom holding current	t_{vj} = 25°C, v_D = 12V, R_A = 4,7Ω	I_H		350	mA
Einraststrom latching current	t_{vj} = 25°C, v_D = 12V, R_{GK} ≥ 10Ω i_{GM} = 3A, di_G/dt= 6 A/µs, t_g = 20µs	I_L		3	A
Vorwärts- und Rückwärts-Sperrstrom forward off-state and reverse currents	$t_{vj} = t_{vj\,max}$ $v_D = V_{DRM}$, $v_R = V_{RRM}$	i_D, i_R		900	mA
Zündverzug gate controlled delay time	DIN IEC 747-6 t_{vj} = 25°C, i_{GM} = 3A, di_G/dt = 6A/µs	t_{gd}		2,5	µs
Freiwerdezeit circuit commutated turn-off time	$t_{vj} = t_{vj\,max}$, $i_{TM} = I_{TAVM}$ v_{RM} = 100V, v_{DM} = 0,67 V_{DRM} dv_D/dt = 20V/µs, $-di_T/dt$ = 10A/µs 4. Kennbuchstabe / 4 th letter O	t_q	typ	550	µs
Sperrverzögerungsladung recovered charge	$t_{vj} = t_{vj\,max}$ I_{TM} = 2,5 kA, di/dt = 10 A/µs V_R = 0,5 V_{RRM}, V_{RM} = 0,8 V_{RRM}	Q_r		22	mAs
Rückstromspitze peak reverse recovery current	$t_{vj} = t_{vj\,max}$ I_{TM} = 2,5 kA, di/dt = 10 A/µs V_R = 0,5 V_{RRM}, V_{RM} = 0,8 V_{RRM}	I_{RM}		400	A

Thermische Eigenschaften / Thermal properties

Innerer Wärmewiderstand thermal resistance, junction to case	beidseitig / two-sided, Θ = 180°sin beidseitig / two-sided , DC Anode / anode DC Kathode / cathode DC	R_{thJC}	0,0046 0,0043 0,0075 0,01	°C/W °C/W °C/W °C/W
Übergangs-Wärmewiderstand thermal resistance, case to heatsink	beidseitig / two-sided einseitig / single-sided	R_{thCK}	0,001 0,002	°C/W °C/W
Höchstzulässige Sperrschichttemperatur max. junction temperature		$t_{vj\ max}$	125	°C
Betriebstemperatur operating temperature		$t_{c\ op}$	-40...+125	°C
Lagertemperatur storage temperature		t_{stg}	-40...+150	°C

Mechanische Eigenschaften / Mechanical properties

Gehäuse, siehe Anlage case, see appendix			Seite 4	
Si-Element mit Druckkontakt, Amplifying-Gate Si-pellet with pressure contact, amplifying gate			119TN80	
Anpreßkraft clampig force		F	90...130	KN
Gewicht weight		G	typ 4000	g
Kriechstrecke creepage distance			49	mm
Feuchteklasse humidity classification	DIN 40040		C	
Schwingfestigkeit vibration resistance	f = 50Hz		50	m/s^2

Maßbild / Outline

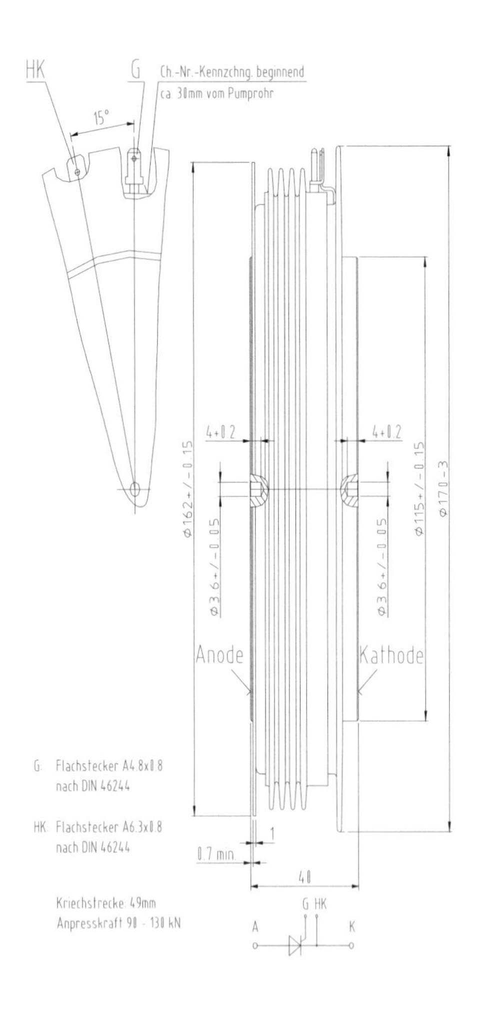

Durchlaßkennlinie $i_T = f (v_T)$

Limiting and typical on-state characteristic

$t_{vj} = 125\ °C$

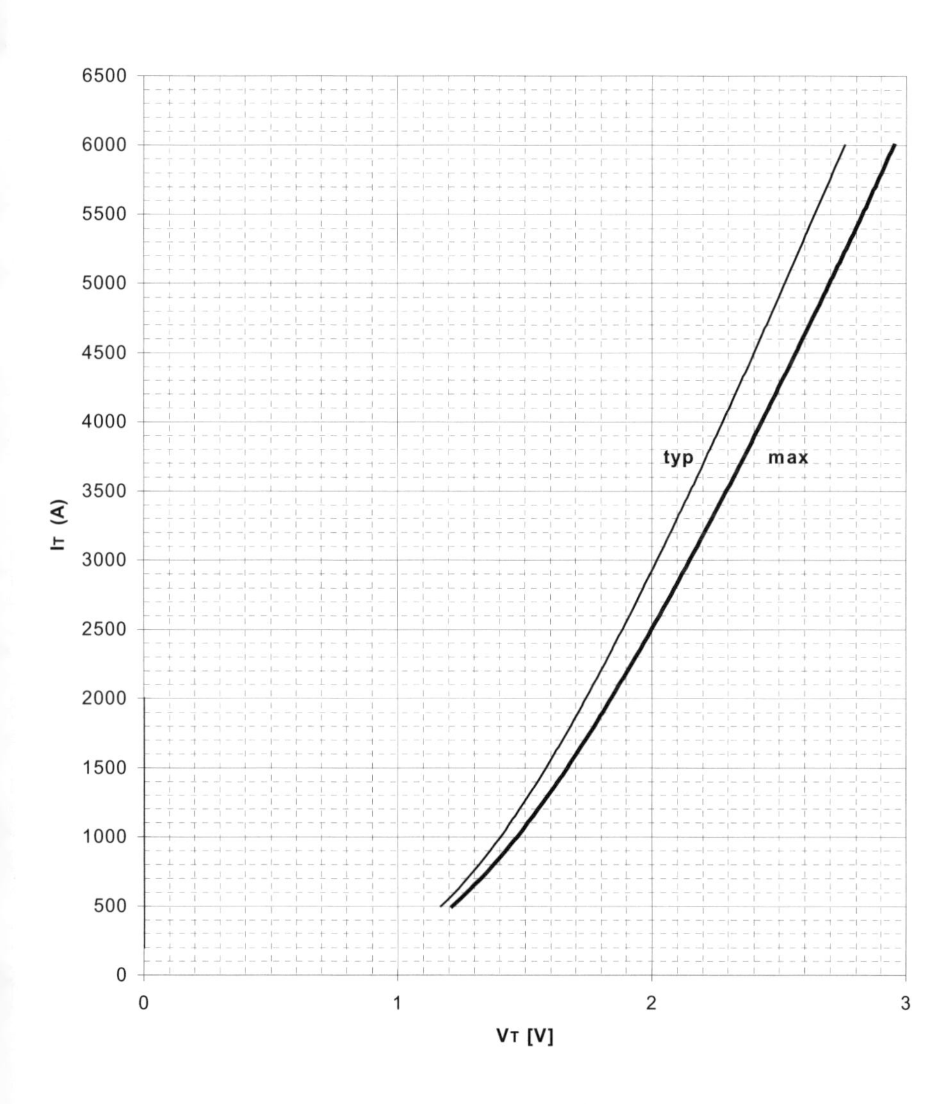

Transienter innerer Wärmewiderstand
Transient thermal impedance $Z_{(th)JC} = f(t)$

	doppelseitige Kühlung		anodenseitige Kühlung		kathodenseitige Kühlung	
	r [K/W]	[s]	r [K/W]	[s]	r [K/W]	[s]
1	0,00183	1,9	0,00465	7,5	0,00715	10,2
2	0,00132	0,3	0,00052	0,85	0,00052	0,85
3	0,00075	0,065	0,00157	0,225	0,00157	0,225
4	0,00038	0,011	0,00054	0,029	0,00054	0,029
5	0,00002	0,003	0,00022	0,0075	0,00022	0,0075
	0,0043	-	0,0075	-	0,01	-

$$Z_{thJC} = \sum_{n=1}^{n_{\max}} R_{thn} \cdot \left(1 - e^{-t/\tau_n}\right)$$

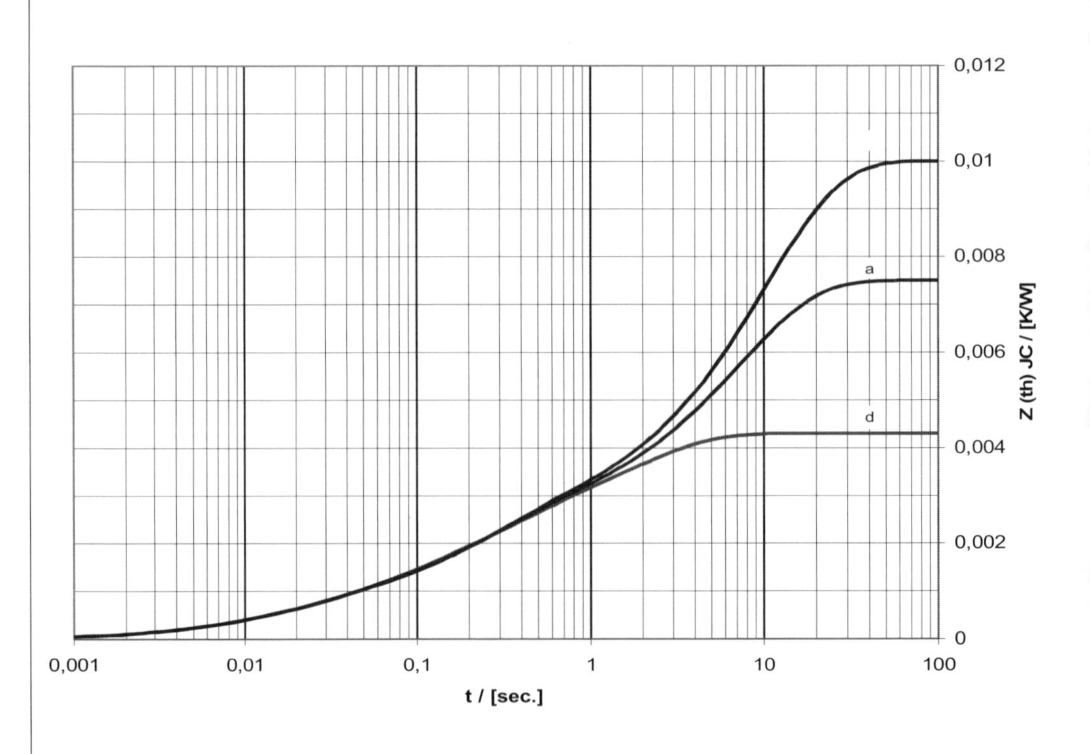

Technische Information / Technical Information

eupec

Netz Thyristor
Phase Control Thyristor

T 4771 N 22...29 TOF

Features:

Volle Sperrfähigkeit bei 125° mit 50 Hz

Hohe Stoßströme und niedriger Wärme-widerstände durch NTV-Verbindung zwischen Silizium und Mo-Trägerscheibe.

Elektroaktive Passivierung durch a - C:H

Full blocking capability at 125°C with 50 Hz

High surge currents and low thermal resistance by using low temperature-connection NTV between silicon wafer and molybdenum.

Electroactive passivation by a - C:H

Elektrische Eigenschaften / Electrical properties

Höchstzulässige Werte / Maximum rated values

Parameter	Bedingungen / Conditions	Symbol		Wert / Value	Einheit / Unit
Periodische Vorwärts - und Rückwärts - Spitzensperrspannung repetitive peak forward off-state and reverse voltage	f = 50 Hz	V_{DRM}, V_{RRM}	$t_{vj\,min}$ = -40°C 2200 2600 2800 2900	$t_{vj\,min}$ = 0°C 2250 2650 2900 3000	 V V V V
Durchlaßstrom-Grenzeffektivwert RMS forward current		I_{TRMSM}		10200	A
Dauergrenzstrom mean forward current	t_C = 85°C, f = 50Hz t_C = 60°C, f = 50Hz	I_{TAVM}		4770 6500	A A
Stoßstrom-Grenzwert surge forward current	t_{vj} = 25°C, t_p = 10ms t_{vj} = $t_{vj\,max}$, t_p = 10ms	I_{TSM}		95 90	kA kA
Grenzlastintegral I^2t-value	t_{vj} = 25°C, t_p = 10ms t_{vj} = $t_{vj\,max}$, t_p = 10ms	I^2t		$45{,}1 \cdot 10^6$ $40{,}5 \cdot 10^6$	A^2s A^2s
Kritische Stromsteilheit critical rate of rise of on-state current	DIN IEC 747-6 f = 50Hz, v_D = 0,67 V_{DRM}, i_{GM} = 3A, di_G/dt = 6A/µs	$(di/dt)_{cr}$		300	A/µs
Kritische Spannungssteilheit critical rate of rise of off-state voltage	t_{vj} = $t_{vj\,max}$, v_D = 0,67 V_{DRM} 5. Kennbuchstabe / 5 th letter F	$(dv/dt)_{cr}$		1000	V/µs

Technische Information / Technical Information

Netz Thyristor
Phase Control Thyristor

T 4771 N 22...29 TOF

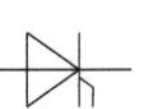

Charakteristische Werte / Characteristic values

Durchlaßspannung on-state voltage	$t_{vj} = t_{vj\,max}$, i_T= 4kA	v_T	typ 1,11	max 1,14	V
Schleusenspannung / threshold voltage Ersatzwiderstand / slope resistance	$t_{vj} = t_{vj\,max}$ 3kA / 6kA	$V_{(TO)}$ r_T	typ 0,796 0,0760	max 0,821 0,0774	V mΩ
Durchlaßrechenkennlinie $1000\ A \leq i_T \leq 10000A$ on - state characteristics for calculation $V_T = A + B \cdot i_T + C \cdot \ln(i_T + 1) + D \cdot \sqrt{i_T}$	$t_{vj} = t_{vj\,max}$	A B C D	typ –0,1085 0,0000126 0,0886 0,0069	max –0,1065 0,0000273 0,0993 0,00496	
Zündstrom gate trigger current	t_{vj} = 25°C, v_D = 6V	I_{GT}		350	mA
Zündspannung gate trigger voltage	t_{vj} = 25°C, v_D = 6V	V_{GT}		2,5	V
Nicht zündender Steuerstrom gate non-trigger current	$t_{vj} = t_{vj\,max}$, v_D = 6V $t_{vj} = t_{vj\,max}$, $v_D = 0{,}5 \cdot V_{DRM}$	I_{GD}		20 10	mA mA
nicht zündende Steuerspannung gate non-trigger voltage	$t_{vj} = t_{vj\,max}$, $v_D = 0{,}5\ V_{DRM}$	V_{GD}		0,4	V
Haltestrom holding current	t_{vj} = 25°C, v_D = 12V, R_A = 4,7Ω	I_H		350	mA
Einraststrom latching current	t_{vj} = 25°C, v_D = 12V, $R_{GK} \geq 10Ω$ i_{GM} = 3A, di_G/dt= 6 A/µs, t_g = 20µs	I_L		3	A
Vorwärts- und Rückwärts-Sperrstrom forward off-state and reverse currents	$t_{vj} = t_{vj\,max}$ $v_D = V_{DRM}$, $v_R = V_{RRM}$	i_D, i_R		200	mA
Zündverzugszeit gate controlled delay time	DIN IEC 747-6 t_{vj} = 25°C, i_{GM} = 3A, di_G/dt = 6A/µs	t_{gd}		1,5	µs
Freiwerdezeit circuit commutated turn-off time	$t_{vj} = t_{vj\,max}$, $i_{TM} = I_{TAVM}$ v_{RM} = 100V, $v_{DM} = 0{,}67\ V_{DRM}$ dv_D/dt = 20V/µs, $-di_T/dt$ = 10A/µs 4. Kennbuchstabe / 4 th letter O	t_q	typ.	250	µs
Sperrverzögerungsladung recovered charge	$t_{vj} = t_{vj\,max}$ I_{TM} = 3500A, di/dt = 10A/µs $V_R = 0{,}5\ V_{RRM}$, $V_{RM} = 0{,}8\ V_{RRM}$	Q_r		12	mAs
Rückstromspitze peak reverse recovery current	$t_{vj} = t_{vj\,max}$ I_{TM} = 3500A, di/dt = 10 A/µs $V_R = 0{,}5 \cdot V_{RRM}$, $V_{RM} = 0{,}8 \cdot V_{RRM}$	I_{RM}		320	A

Thermische Eigenschaften / Thermal properties

Innerer Wärmewiderstand thermal resistance, junction to case	beidseitig / two-sided, Θ = 180°sin beidseitig / two-sided , DC Anode / anode DC Kathode / cathode DC	R_{thJC}	0,0048 0,0045 0,0085 5 0,0095	°C/W °C/W °C/W °C/W
Übergangs-Wärmewiderstand thermal resistance, case to heatsink	beidseitig / two-sided einseitig / single-sided	R_{thCH}	0,0015 0,0030	°C/W °C/W
Höchstzulässige Sperrschichttemperatur max. junction temperature		$t_{vj\ max}$	125	°C
Betriebstemperatur operating temperature		$t_{c\ op}$	-40...+125	°C
Lagertemperatur storage temperature		t_{stg}	-40...+150	°C

Mechanische Eigenschaften / Mechanical properties

Gehäuse, siehe Anlage case, see appendix			Seite 4	
Si–Element mit Druckkontakt, Amplifying gate silicon pellet with pressure contact, amplifying gate	Silizium Tablette silicon wafer		100TN29	
Anpreßkraft clampig force		F	63...91	kN
Gewicht weight		G	typ. 2500	g
Kriechstrecke surface creepage distance			33	mm
Feuchteklasse humidity classification	DIN 40040		C	
Schwingfestigkeit vibration resistance	f = 50Hz		50	m/s^2

Outline Drawing

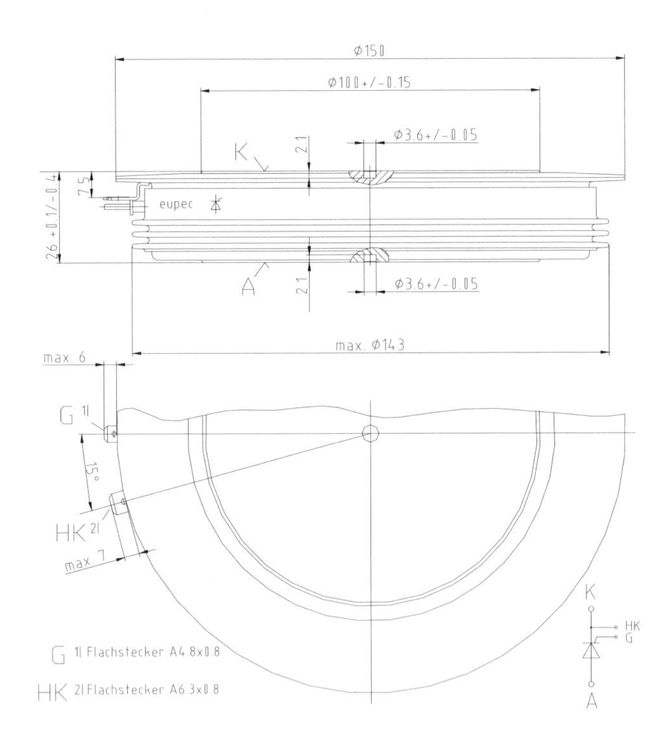

Durchlaßkennlinien / on-state characteristic

$i_T = f\ (v_T)$

$t_{vj} = 125°C$

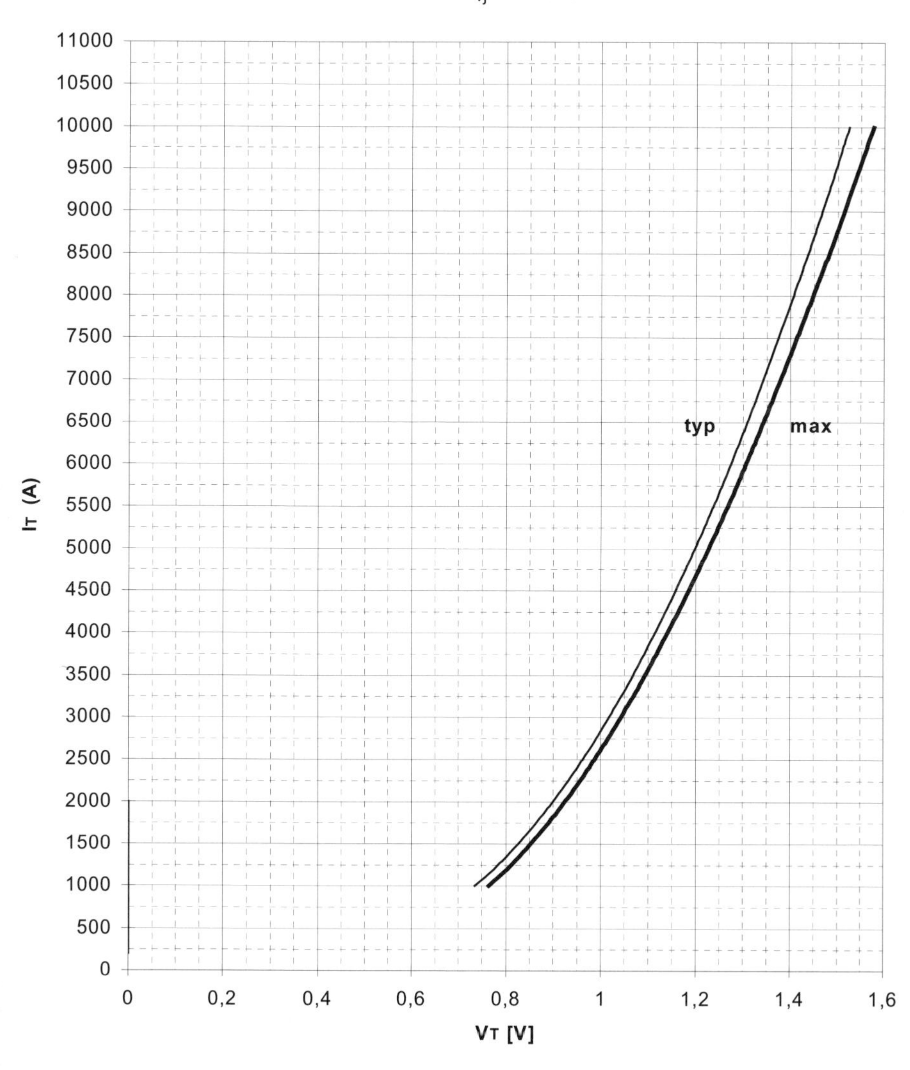

Transienter innerer Wärmewiderstand
Transient thermal impedance
$Z_{(th)JC} = f(t)$

	doppelseitige Kühlung double sided cooling		anodenseitige Kühlung anode sided cooling		kathodenseitige Kühlung cathod sided cooling	
	r [K/W]	[s]	r [K/W]	[s]	r [K/W]	[s]
1	0,00238	1,03	0,00562	5,69	0,00653	6,08
2	0,00108	0,16	0,00083	0,59	0,00072	0,81
3	0,00073	0,03	0,00124	0,139	0,00129	0,16
4	0,00031	0,0071	0,00068	0,02	0,00070	0,025
5			0,00018	0,0058	0,00026	0,0068
	0,0045	-	0,00855	-	0,0095	-

Doppelseitige Kühlung / double sided cooling:	add. R_{th} [K/W]
180°-Rechteckstrom / 180° rectangular current:	0,00035
120°-Rechteckstrom / 120° rectangular current:	0,00052
60°-Rechteckstrom / 60° rectangular current:	0,00072
30°-Rechteckstrom / 30° rectangular current:	0,00085
180°-Sinusstrom / 180° sine current:	0,00033

$$Z_{thJC} = \sum_{n=1}^{n_{max}} R_{thn} \cdot \left(1 - e^{-t/\tau_n}\right)$$

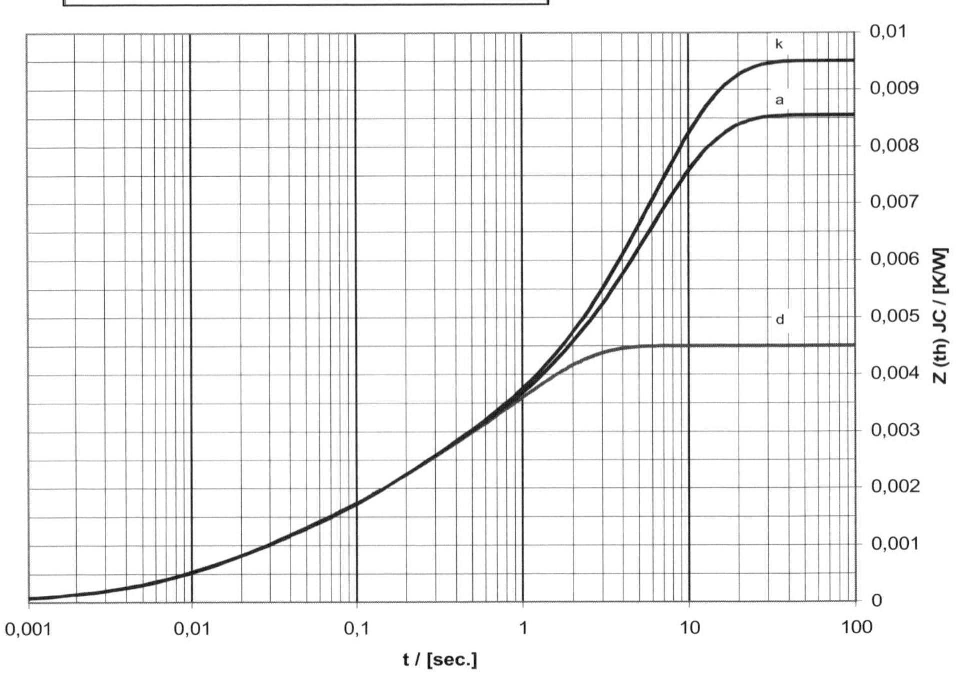

Technische Information / Technical Information

IGBT-Module
IGBT-Modules

FZ 600 R 65 KF1

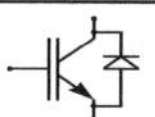

Höchstzulässige Werte / Maximum rated values

Elektrische Eigenschaften / Electrical properties

Kollektor-Emitter-Sperrspannung collector-emitter voltage	T_{vj}=125°C T_{vj}=25°C T_{vj}=-40°C	V_{CES}	6500 6300 5800	V
Kollektor-Dauergleichstrom DC-collector current	T_C = 80 °C T_C = 25 °C	$I_{C,nom.}$ I_C	600 1200	A A
Periodischer Kollektor Spitzenstrom repetitive peak collector current	t_P = 1 ms, T_C = 80°C	I_{CRM}	1200	A
Gesamt-Verlustleistung total power dissipation	T_C=25°C, Transistor	P_{tot}	11,4	kW
Gate-Emitter-Spitzenspannung gate-emitter peak voltage		V_{GES}	+/- 20V	V
Dauergleichstrom DC forward current		I_F	600	A
Periodischer Spitzenstrom repetitive peak forw. current	t_P = 1 ms	I_{FRM}	1200	A
Grenzlastintegral der Diode I^2t - value, Diode	V_R = 0V, t_p = 10ms, T_{vj} = 125°C	I^2t	165	k A^2s
Isolations-Prüfspannung insulation test voltage	RMS, f = 50 Hz, t = 1 min.	V_{ISOL}	10,2	kV
Teilentladungs Aussetzspannung partial discharge extinction voltage	RMS, f = 50 Hz, Q_{PD} typ. 10pC (acc. To IEC 1287)	V_{ISOL}	5,1	kV

Charakteristische Werte / Characteristic values

Transistor / Transistor			min.	typ.	max.	
Kollektor-Emitter Sättigungsspannung collector-emitter saturation voltage	I_C = 600A, V_{GE} = 15V, T_{vj} = 25°C I_C = 600A, V_{GE} = 15V, T_{vj} = 125°C	$V_{CE\ sat}$	- -	4,3 5,3	4,9 5,9	V V
Gate-Schwellenspannung gate threshold voltage	I_C = 100mA, V_{CE} = V_{GE}, T_{vj} = 25°C	$V_{GE(th)}$	6,4	7,0	8,1	V
Gateladung gate charge	V_{GE} = -15V ... +15V	Q_G	-	8,4	-	µC
Eingangskapazität input capacitance	f = 1MHz,T_{vj} = 25°C,V_{CE} = 25V, V_{GE} = 0V	C_{ies}	-	84	-	nF
Kollektor-Emitter Reststrom collector-emitter cut-off current	V_{CE} = 6300V, V_{GE} = 0V, T_{vj} = 25°C V_{CE} = 6500V, V_{GE} = 0V, T_{vj} = 125°C	I_{CES}	-	0,6 60	-	mA mA
Gate-Emitter Reststrom gate-emitter leakage current	V_{CE} = 0V, V_{GE} = 20V, T_{vj} = 25°C	I_{GES}	-	-	400	nA

prepared by: Dr. Oliver Schilling	date of publication: 2002-07-05
approved by: Dr. Schütze 2002-07-05	revision/Status: Series 1

Charakteristische Werte / Characteristic values

Transistor / Transistor

			min.	typ.	max.	
Einschaltverzögerungszeit (ind. Last) turn on delay time (inductive load)	I_C = 600A, V_{CE} = 3600V V_{GE} = ±15V, R_{Gon} = 4,3Ω, C_{GE}=68nF, T_{vj} = 25°C, V_{GE} = ±15V, R_{Gon} = 4,3Ω, C_{GE}=68nF, T_{vj} = 125°C,	$t_{d,on}$	- -	0,75 0,72	- -	µs µs
Anstiegszeit (induktive Last) rise time (inductive load)	I_C = 600A, V_{CE} = 3600V V_{GE} = ±15V, R_{Gon} = 4,3Ω, C_{GE}=68nF, T_{vj} = 25°C, V_{GE} = ±15V, R_{Gon} = 4,3Ω, C_{GE}=68nF, T_{vj} = 125°C,	t_r	- -	0,37 0,40	- -	µs µs
Abschaltverzögerungszeit (ind. Last) turn off delay time (inductive load)	I_C = 600A, V_{CE} = 3600V V_{GE} = ±15V, R_{Goff} = 25Ω, C_{GE}=68nF, T_{vj} = 25°C, V_{GE} = ±15V, R_{Goff} = 25Ω, C_{GE}=68nF, T_{vj} = 125°C,	$t_{d,off}$	- -	5,50 6,00	- -	µs µs
Fallzeit (induktive Last) fall time (inductive load)	I_C = 600A, V_{CE} = 3600V V_{GE} = ±15V, R_{Goff} = 25Ω, C_{GE}=68nF, T_{vj} = 25°C, V_{GE} = ±15V, R_{Goff} = 25Ω, C_{GE}=68nF, T_{vj} = 125°C,	t_f	- -	0,40 0,50	- -	µs µs
Einschaltverlustenergie pro Puls turn-on energy loss per pulse	I_C = 600A, V_{CE} = 3600V, V_{GE} = ±15V R_{Gon} = 4,3Ω, C_{GE}=68nF, T_{vj} = 125°C , L_σ = 280nH	E_{on}	-	5900	-	mJ
Abschaltverlustenergie pro Puls turn-off energy loss per pulse	I_C = 600A, V_{CE} = 3600V, V_{GE} = ±15V R_{Goff} = 25Ω, C_{GE}=68nF, T_{vj} = 125°C , L_σ = 280nH	E_{off}	-	3500	-	mJ
Kurzschlußverhalten SC Data	$t_P \leq$ 10µsec, $V_{GE} \leq$ 15V, acc to appl.note 2002/05 $T_{vj} \leq$125°C, V_{CC}=4400V, V_{CEmax}=V_{CES} -$L_{\sigma CE}$ ·di/dt	I_{SC}	-	3000	-	A
Modulinduktivität stray inductance module		$L_{\sigma CE}$	-	18	-	nH
Modulleitungswiderstand, Anschlüsse - Chip module lead resistance, terminals - chip		$R_{CC'+EE'}$	-	0,12	-	mΩ

Diode / Diode

			min.	typ.	max.	
Durchlaßspannung forward voltage	I_F = 600A, V_{GE} = 0V, T_{vj} = 25°C I_F = 600A, V_{GE} = 0V, T_{vj} = 125°C	V_F	3,0	3,8 3,9	4,6 4,7	V V
Rückstromspitze peak reverse recovery current	I_F = 600A, - di_F/dt = 2000A/µs V_R = 3600V, V_{GE} = -10V, T_{vj} = 25°C V_R = 3600V, V_{GE} = -10V, T_{vj} = 125°C	I_{RM}	- -	800 1000	- -	A A
Sperrverzögerungsladung recovered charge	I_F = 600A, - di_F/dt = 2000A/µs V_R = 3600V, V_{GE} = -10V, T_{vj} = 25°C V_R = 3600V, V_{GE} = -10V, T_{vj} = 125°C	Q_r	- -	550 1050	- -	µC µC
Abschaltenergie pro Puls reverse recovery energy	I_F = 600A, - di_F/dt = 2000A/µs V_R = 3600V, V_{GE} = -10V, T_{vj} = 25°C V_R = 3600V, V_{GE} = -10V, T_{vj} = 125°C	E_{rec}	- -	660 1600	- -	mJ mJ

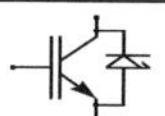

Thermische Eigenschaften / Thermal properties

			min.	typ.	max.	
Innerer Wärmewiderstand thermal resistance, junction to case	Transistor / transistor, DC Diode/Diode, DC	R_{thJC}	- -	- -	0,011 0,021	K/W K/W
Übergangs-Wärmewiderstand thermal resistance, case to heatsink	pro Modul / per Module $\lambda_{Paste} \leq 1$ W/m*K / $\lambda_{grease} \leq 1$ W/m*K	R_{thCK}	-	0,006	-	K/W
Höchstzulässige Sperrschichttemperatur maximum junction temperature		$T_{vj,\,max}$	-	-	150	°C
Betriebstemperatur Sperrschicht junction operation temperature	Schaltvorgänge IGBT(RBSOA);Diode(SOA) switching operation IGBT(RBSOA);Diode(SOA)	$T_{vj,op}$	-40	-	125	°C
Lagertemperatur storage temperature		T_{stg}	-40	-	125	°C

Mechanische Eigenschaften / Mechanical properties

Gehäuse, siehe Anlage case, see appendix				
Innere Isolation internal insulation			AIN	
Kriechstrecke creepage distance			56	mm
Luftstrecke clearance			26	mm
CTI comperative tracking index			>600	
Anzugsdrehmoment f. mech. Befestigung mounting torque	Schraube /screw M6	M	5	Nm
Anzugsdrehmoment f. elektr. Anschlüsse terminal connection torque	Anschlüsse / terminals M4 Anschlüsse / terminals M8	M	2 8 - 10	Nm Nm
Gewicht weight		G	1400	g

Ausgangskennlinie (typisch) $I_C = f(V_{CE})$
Output characteristic (typical) $V_{GE} = 15V$

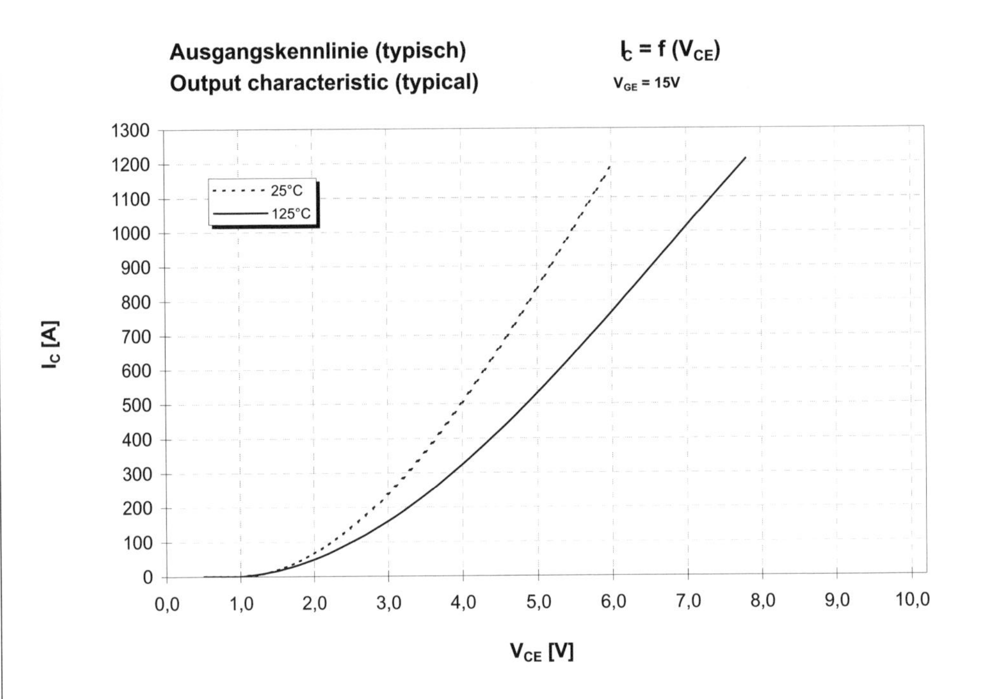

Ausgangskennlinienfeld (typisch) $I_C = f(V_{CE})$, V_{GE}= < see inset >
Output characteristic (typical) $T_{vj} = 125°C$

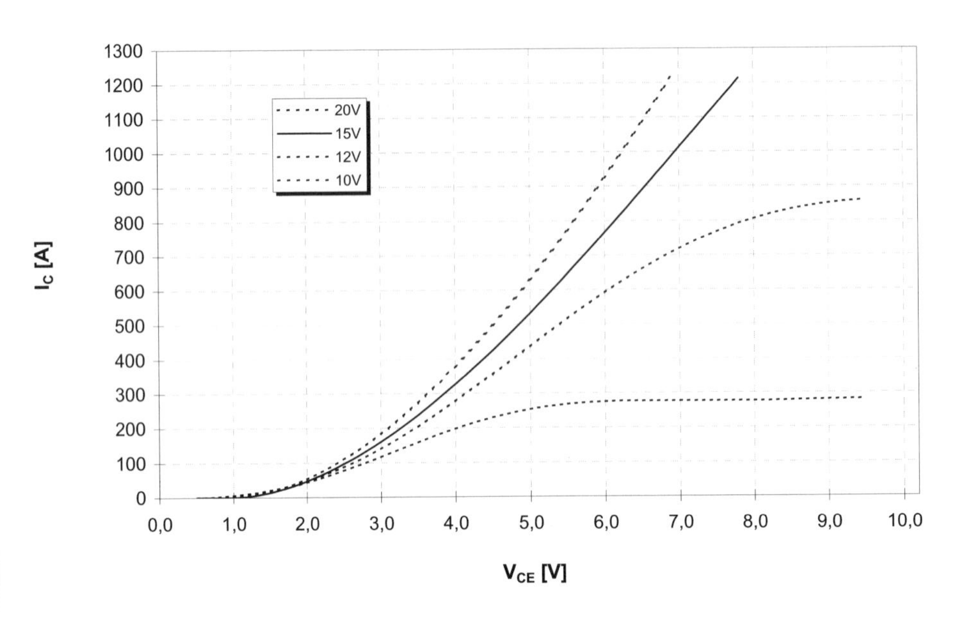

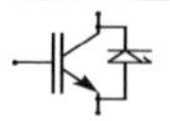

Übertragungscharakteristik (typisch) $I_C = f(V_{GE})$
Transfer characteristic (typical) $V_{CE} = 10V$

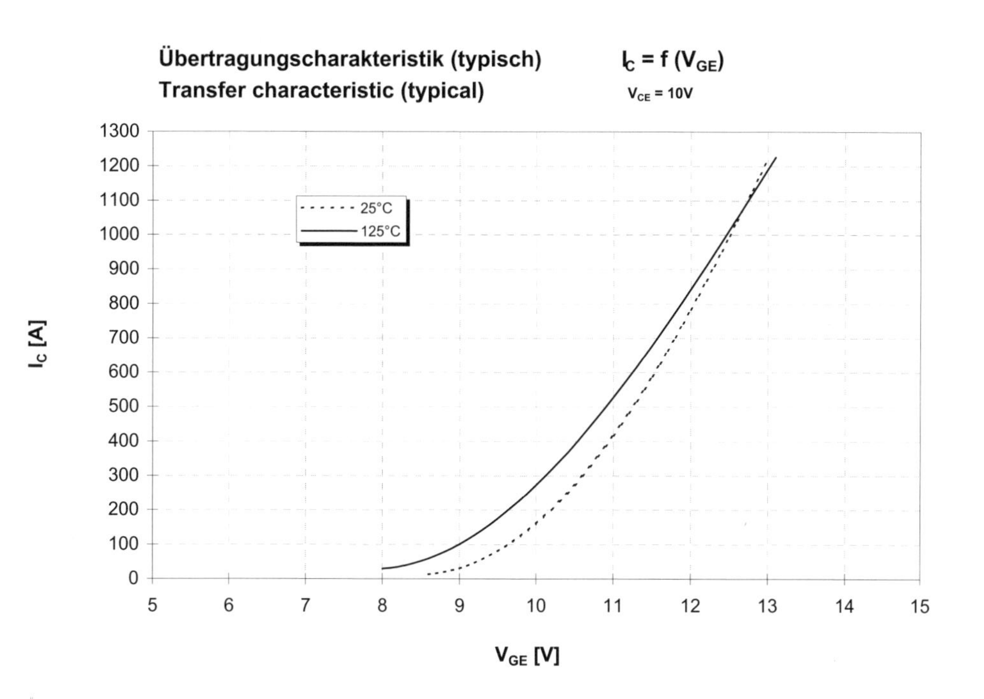

Durchlaßkennlinie der Inversdiode (typisch) $I_F = f(V_F)$
Forward characteristic of inverse diode (typical)

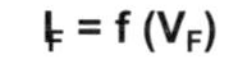
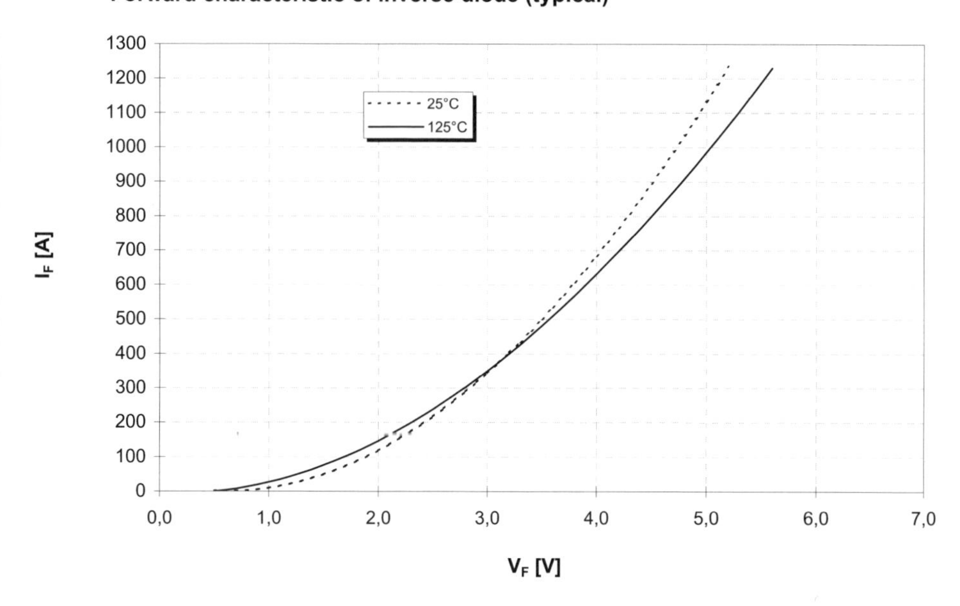

Schaltverluste (typisch) $E_{on} = f(I_C)$, $E_{off} = f(I_C)$, $E_{rec} = f(I_C)$

Switching losses (typical) R_{Gon}=4,3Ω, R_{Goff}=25Ω, C_{GE} = 68nF, V_{GE}=±15V, V_{CE} = 3600V, T_{vj} = 125°C,

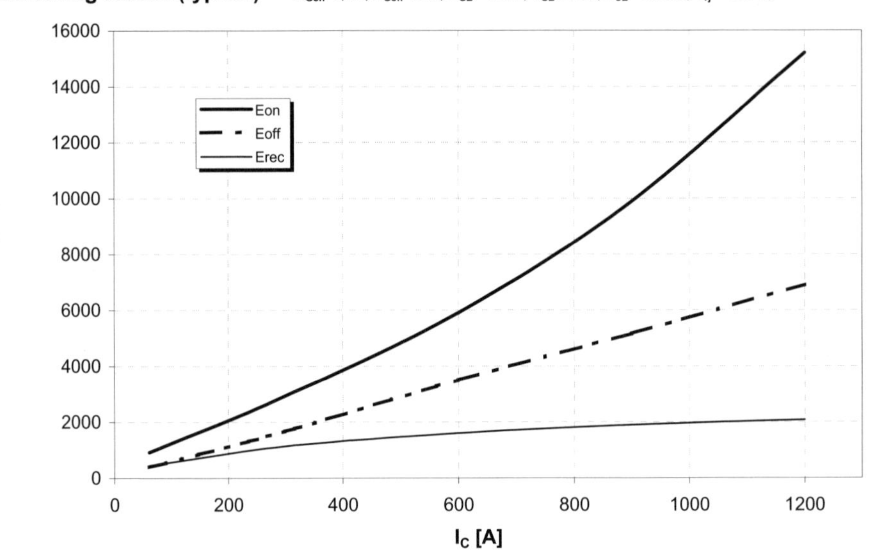

Schaltverluste (typisch) $E_{on} = f(R_G)$, $E_{off} = f(R_G)$, $E_{rec} = f(R_G)$

Switching losses (typical) I_C = 600A , V_{CE} = 3600V , V_{GE}=±15V, C_{GE}=68nF , T_{vj} = 125°C

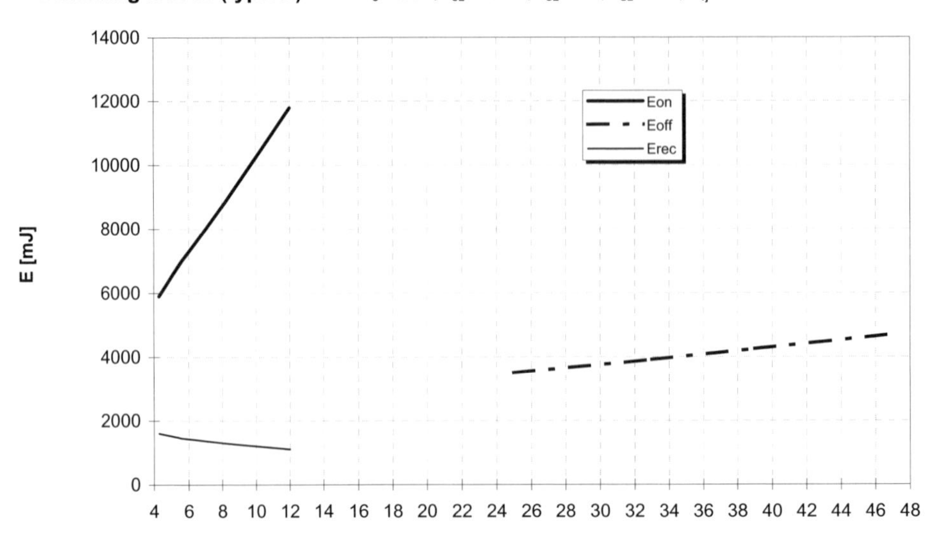

Sicherer Arbeitsbereich (RBSOA)
Reverse bias safe operation area (RBSOA) $R_{G,off}$ = 25Ω, C_{GE}=68nF, V_{GE}=±15V, T_{vj}= <see inset>, V_{CC} <=4400V

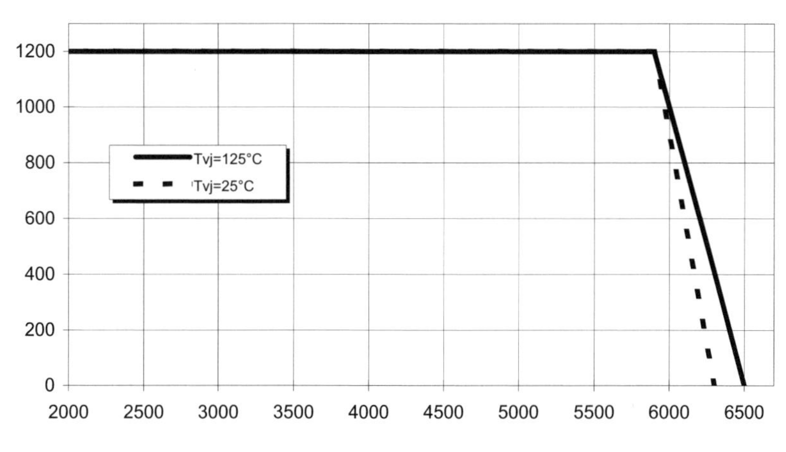

Sicherer Arbeitsbereich Diode (SOA)
safe operation area Diode (SOA) P_{max} = 1800kW ; T_{vj}= 125°C

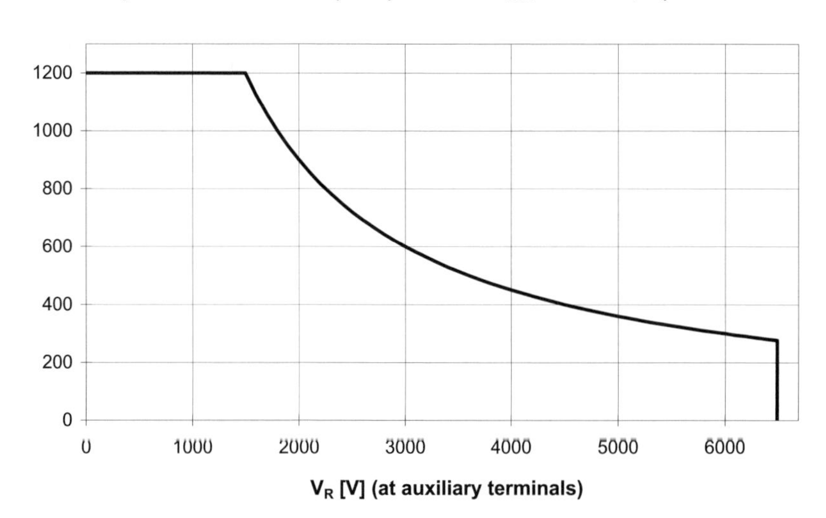

Technische Information / Technical Information

IGBT-Module
IGBT-Modules

FZ 600 R 65 KF1

Transienter Wärmewiderstand $Z_{thJC} = f(t)$
Transient thermal impedance

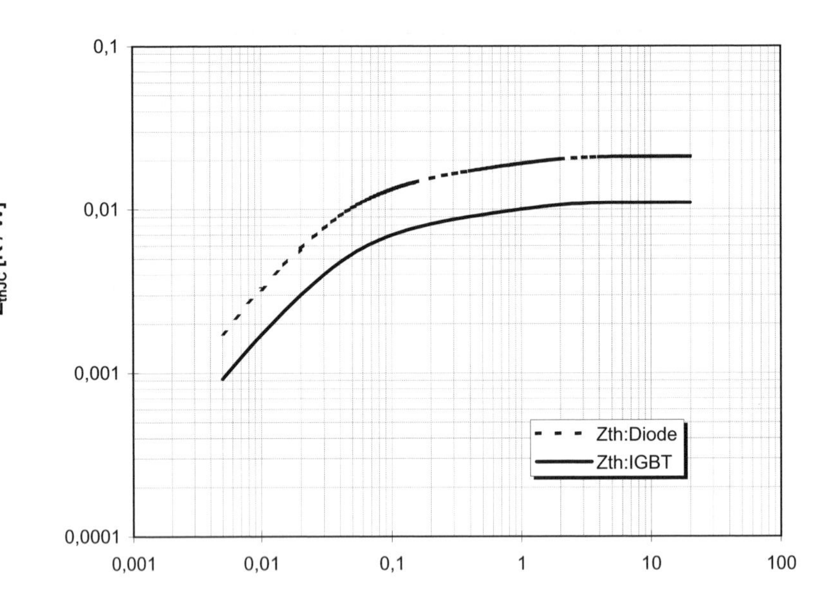

i		1	2	3	4
r_i [K/kW]	: IGBT	4,95	2,75	0,66	2,64
τ_i [s]	: IGBT	0,030	0,10	0,30	1,0
r_i [K/kW]	: Diode	9,45	5,25	1,26	5,04
τ_i [s]	: Diode	0,030	0,10	0,30	1,0

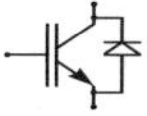

Äußere Abmessungen /
extenal dimensions

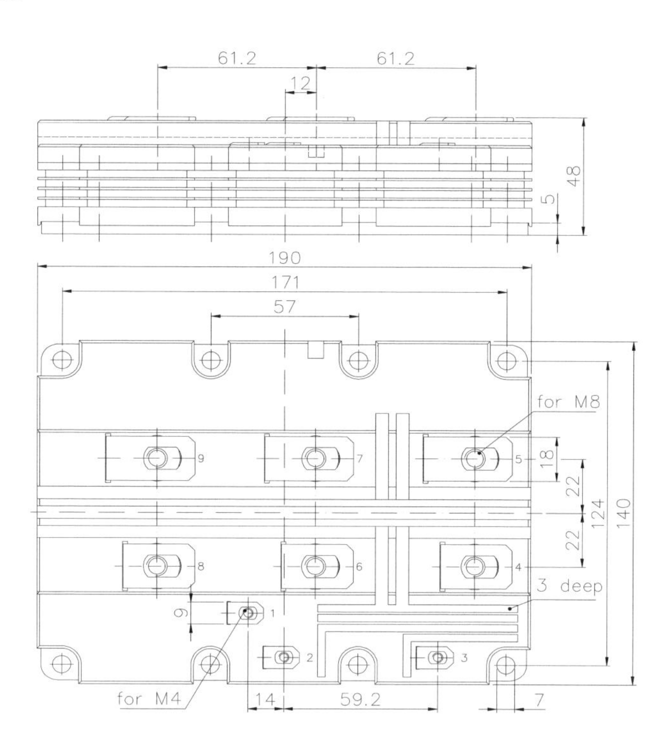

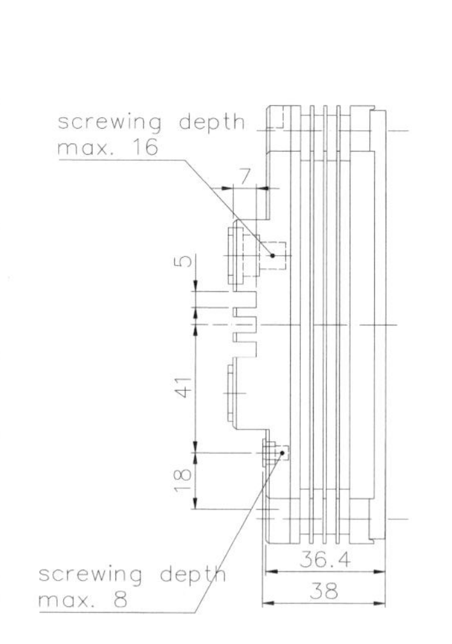

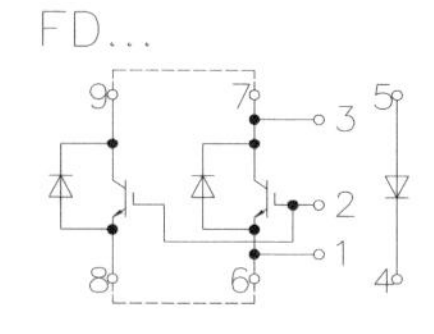

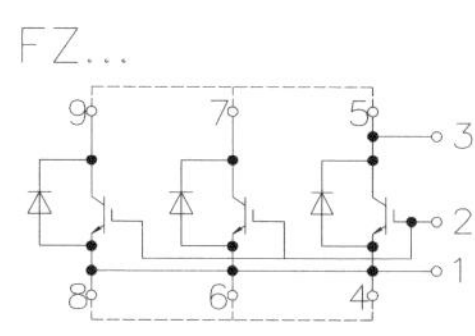

Anschlüsse / Terminals	1	Hilfsemitter / auxiliary emitter
	2	Gate / gate
	3	Hilfskollektor / auxiliary collector
	4,6,8,	Emitter / emitter
	5,7,9	Kollektor / collector

Technische Information / Technical Information

IGBT-Module
IGBT-Modules

FZ2400R17KF6C B2

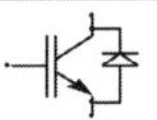

Höchstzulässige Werte / Maximum rated values

Elektrische Eigenschaften / Electrical properties

Kollektor-Emitter-Sperrspannung collector-emitter voltage		V_{CES}	1700	V
Kollektor-Dauergleichstrom DC-collector current	T_C = 80 °C T_C = 25 °C	$I_{C,nom.}$ I_C	2400 3800	A A
Periodischer Kollektor Spitzenstrom repetitive peak collector current	t_P = 1 ms, T_C = 80°C	I_{CRM}	4800	A
Gesamt-Verlustleistung total power dissipation	T_C=25°C, Transistor	P_{tot}	19,2	kW
Gate-Emitter-Spitzenspannung gate-emitter peak voltage		V_{GES}	+/- 20V	V
Dauergleichstrom DC forward current		I_F	2400	A
Periodischer Spitzenstrom repetitive peak forw. current	tp = 1 ms	I_{FRM}	4800	A
Grenzlastintegral der Diode I^2t - value, Diode	V_R = 0V, t_p = 10ms, T_{vj} = 125°C	I^2t	1500	kA^2s
Isolations-Prüfspannung insulation test voltage	RMS, f = 50 Hz, t = 1 min.	V_{ISOL}	4	kV

Charakteristische Werte / Characteristic values

Transistor / Transistor

			min.	typ.	max.	
Kollektor-Emitter Sättigungsspannung collector-emitter saturation voltage	I_C = 2400A, V_{GE} = 15V, T_{vj} = 25°C I_C = 2400A, V_{GE} = 15V, T_{vj} = 125°C	$V_{CE\ sat}$		2,6 3,1	3,1 3,6	V V
Gate-Schwellenspannung gate threshold voltage	I_C = 190mA, V_{CE} = V_{GE}, T_{vj} = 25°C	$V_{GE(th)}$	4,5	5,5	6,5	V
Gateladung gate charge	V_{GE} = -15V ... +15V	Q_G		29		µC
Eingangskapazität input capacitance	f = 1MHz, T_{vj} = 25°C, V_{CE} = 25V, V_{GE} = 0V	C_{ies}		160		nF
Rückwirkungskapazität reverse transfer capacitance	f = 1MHz, T_{vj} = 25°C, V_{CE} = 25V, V_{GE} = 0V	C_{res}		8		nF
Kollektor-Emitter Reststrom collector-emitter cut-off current	V_{CE} = 1700V, V_{GE} = 0V, T_{vj} = 25°C V_{CE} = 1700V, V_{GE} = 0V, T_{vj} = 125°C	I_{CES}		0,06 30	4,5 240	mA mA
Gate-Emitter Reststrom gate-emitter leakage current	V_{CE} = 0V, V_{GE} = 20V, T_{vj} = 25°C	I_{GES}			400	nA

prepared by: Alfons Wiesenthal	date of publication: 10.11.2000
approved by: Christoph Lübke; 10.11.2000	revision: serie

Technische Information / Technical Information

IGBT-Module
IGBT-Modules

FZ2400R17KF6C B2

Charakteristische Werte / Characteristic values

Transistor / Transistor			min.	typ.	max.	
Einschaltverzögerungszeit (ind. Last) turn on delay time (inductive load)	I_C = 2400, V_{CE} = 900V					
	V_{GE} = ±15V, R_G = 0,6Ω, T_{vj} = 25°C	$t_{d,on}$		0,3		µs
	V_{GE} = ±15V, R_G = 0,6Ω, T_{vj} = 125°C			0,3		µs
Anstiegszeit (induktive Last) rise time (inductive load)	I_C = 2400, V_{CE} = 900V					
	V_{GE} = ±15V, R_G = 0,6Ω, T_{vj} = 25°C	t_r		0,23		µs
	V_{GE} = ±15V, R_G = 0,6Ω, T_{vj} = 125°C			0,23		µs
Abschaltverzögerungszeit (ind. Last) turn off delay time (inductive load)	I_C = 2400, V_{CE} = 900V					
	V_{GE} = ±15V, R_G = 0,6Ω, T_{vj} = 25°C	$t_{d,off}$		1,5		µs
	V_{GE} = ±15V, R_G = 0,6Ω, T_{vj} = 125°C			1,5		µs
Fallzeit (induktive Last) fall time (inductive load)	I_C = 2400, V_{CE} = 900V					
	V_{GE} = ±15V, R_G = 0,6Ω, T_{vj} = 25°C	t_f		0,18		µs
	V_{GE} = ±15V, R_G = 0,6Ω, T_{vj} = 125°C			0,19		µs
Einschaltverlustenergie pro Puls turn-on energy loss per pulse	I_C = 2400A, V_{CE} = 900V, V_{GE} = 15V					
	R_G = 0,6Ω, T_{vj} = 125°C, L_S = 50nH	E_{on}		750		mWs
Abschaltverlustenergie pro Puls turn-off energy loss per pulse	I_C = 2400A, V_{CE} = 900V, V_{GE} = 15V					
	R_G = 0,6Ω, T_{vj} = 125°C, L_S = 50nH	E_{off}		1060		mWs
Kurzschlußverhalten SC Data	$t_P \leq$ 10µsec, $V_{GE} \leq$ 15V					
	$T_{vj} \leq$125°C, V_{CC}=1000V, V_{CEmax}=V_{CES}-L_{sCE} ·dI/dt	I_{SC}		9600		A
Modulinduktivität stray inductance module		L_{sCE}		10		nH
Modulleitungswiderstand, Anschlüsse - Chip module lead resistance, terminals - chip	pro Zweig / per arm	$R_{CC'+EE'}$		0,06		mΩ

Charakteristische Werte / Characteristic values

Diode / Diode			min.	typ.	max.	
Durchlaßspannung forward voltage	I_F = 2400A, V_{GE} = 0V, T_{vj} = 25°C	V_F		2,1	2,5	V
	I_F = 2400A, V_{GE} = 0V, T_{vj} = 125°C			2,1	2,5	V
Rückstromspitze peak reverse recovery current	I_F = 2400A, - di_F/dt = 11000A/µsec					
	V_R = 900V, VGE = -10V, T_{vj} = 25°C	I_{RM}		1750		A
	V_R = 900V, VGE = -10V, T_{vj} = 125°C			2200		A
Sperrverzögerungsladung recovered charge	I_F = 2400A, - di_F/dt = 11000A/µsec					
	V_R = 900V, VGE = -10V, T_{vj} = 25°C	Q_r		530		µAs
	V_R = 900V, VGE = -10V, T_{vj} = 125°C			960		µAs
Abschaltenergie pro Puls reverse recovery energy	I_F = 2400A, - di_F/dt =11000A/µsec					
	V_R = 900V, VGE = -10V, T_{vj} = 25°C	E_{rec}		320		mWs
	V_R = 900V, VGE = -10V, T_{vj} = 125°C			600		mWs

Technische Information / Technical Information

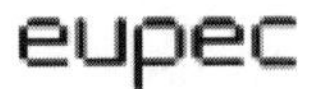

IGBT-Module
IGBT-Modules

FZ2400R17KF6C B2

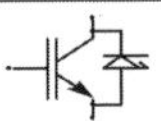

Thermische Eigenschaften / Thermal properties

			min.	typ.	max.	
Innerer Wärmewiderstand thermal resistance, junction to case	Transistor / transistor, DC	R_{thJC}			0,007	K/W
	Diode/Diode, DC				0,012	K/W
Übergangs-Wärmewiderstand thermal resistance, case to heatsink	pro Modul / per module λ_{Paste} = 1 W/m*K / λ_{grease} = 1 W/m*K	R_{thCK}		0,006		K/W
Höchstzulässige Sperrschichttemperatur maximum junction temperature		T_{vj}			150	°C
Betriebstemperatur operation temperature		T_{op}	-40		125	°C
Lagertemperatur storage temperature		T_{stg}	-40		125	°C

Mechanische Eigenschaften / Mechanical properties

Gehäuse, siehe Anlage case, see appendix					
Innere Isolation internal insulation			AIN		
Kriechstrecke creepage distance			32		mm
Luftstrecke clearance			20		mm
CTI comperative tracking index		min.	>400		
Anzugsdrehmoment f. mech. Befestigung mounting torque		M1		5	Nm
Anzugsdrehmoment f. elektr. Anschlüsse terminal connection torque	terminals M4	M2		2	Nm
	terminals M8			8 - 10	Nm
Gewicht weight		G	1500		g

Mit dieser technischen Information werden Halbleiterbauelemente spezifiziert, jedoch keine Eigenschaften zugesichert. Sie gilt in Verbindung mit den zugehörigen Technischen Erläuterungen.

This technical information specifies semiconductor devices but promises no characteristics. It is valid in combination with the belonging technical notes.

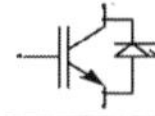

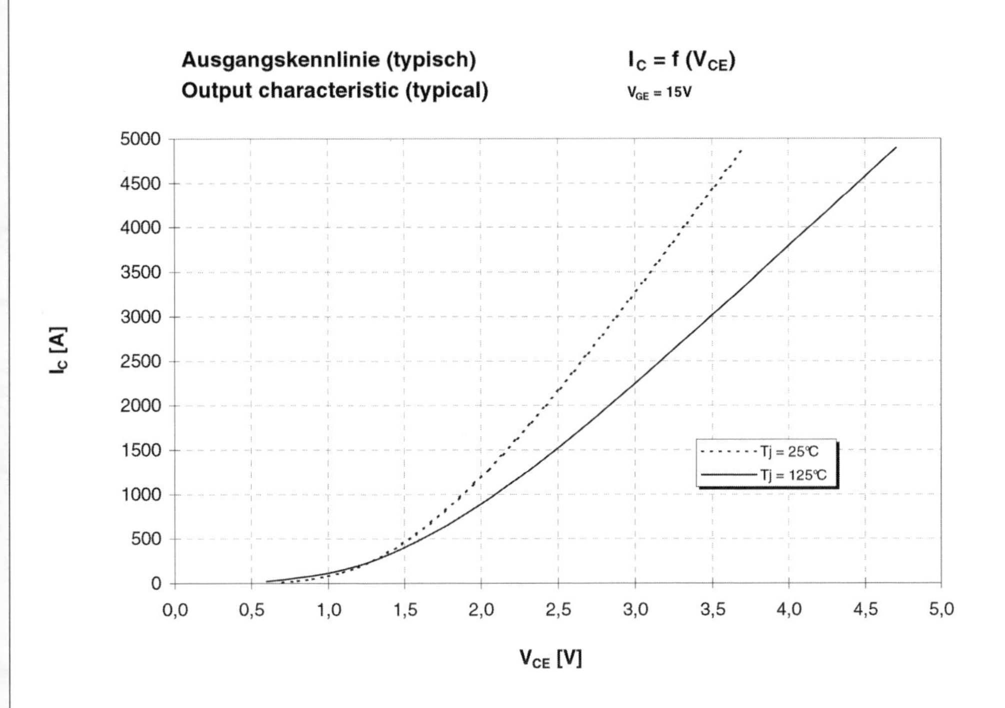
Ausgangskennlinie (typisch)
Output characteristic (typical)
$I_C = f(V_{CE})$
$V_{GE} = 15V$
5000
4500
4000
3500
3000
2500
2000
1500
1000
500
0
I_C [A]
0,0
0,5
1,0
1,5
2,0
2,5
3,0
3,5
4,0
4,5
5,0
V_{CE} [V]
Tj = 25°C
Tj = 125°C

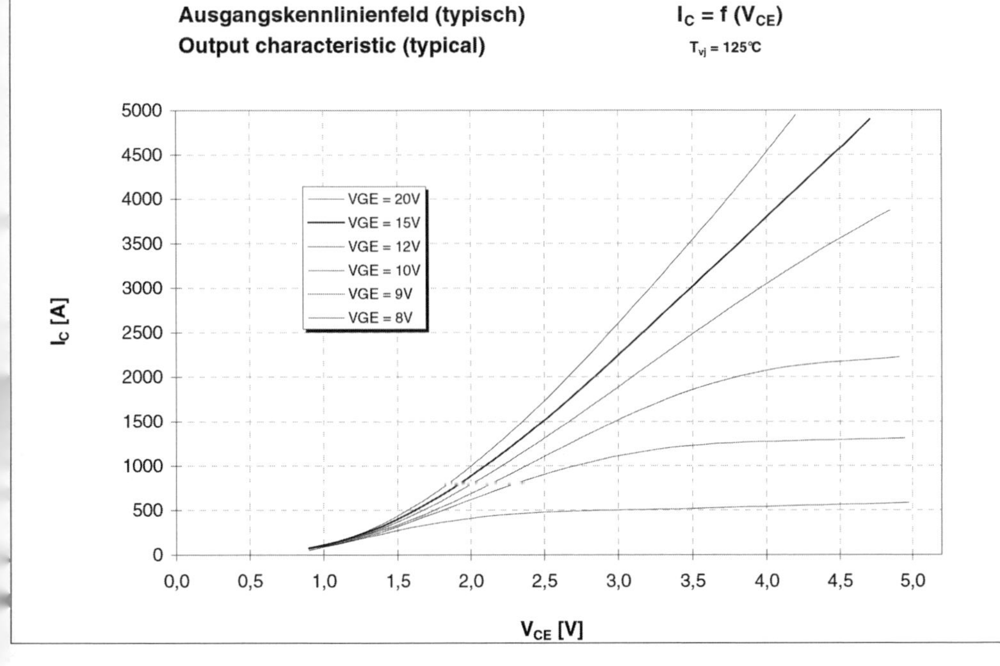
Ausgangskennlinienfeld (typisch)
Output characteristic (typical)
$I_C = f(V_{CE})$
$T_{vj} = 125°C$
5000
4500
4000
3500
3000
2500
2000
1500
1000
500
0
I_C [A]
VGE = 20V
VGE = 15V
VGE = 12V
VGE = 10V
VGE = 9V
VGE = 8V
0,0
0,5
1,0
1,5
2,0
2,5
3,0
3,5
4,0
4,5
5,0
V_{CE} [V]

Übertragungscharakteristik (typisch) $I_C = f(V_{GE})$
Transfer characteristic (typical) $V_{CE} = 20V$

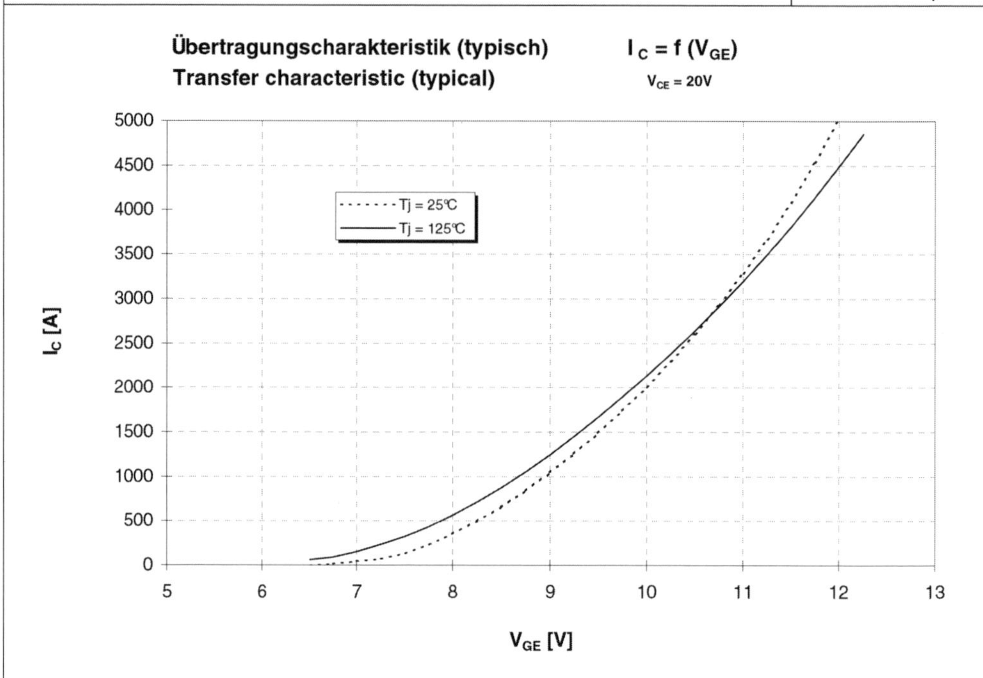

Durchlaßkennlinie der Inversdiode (typisch) $I_F = f(v_F)$
Forward characteristic of inverse diode (typical)

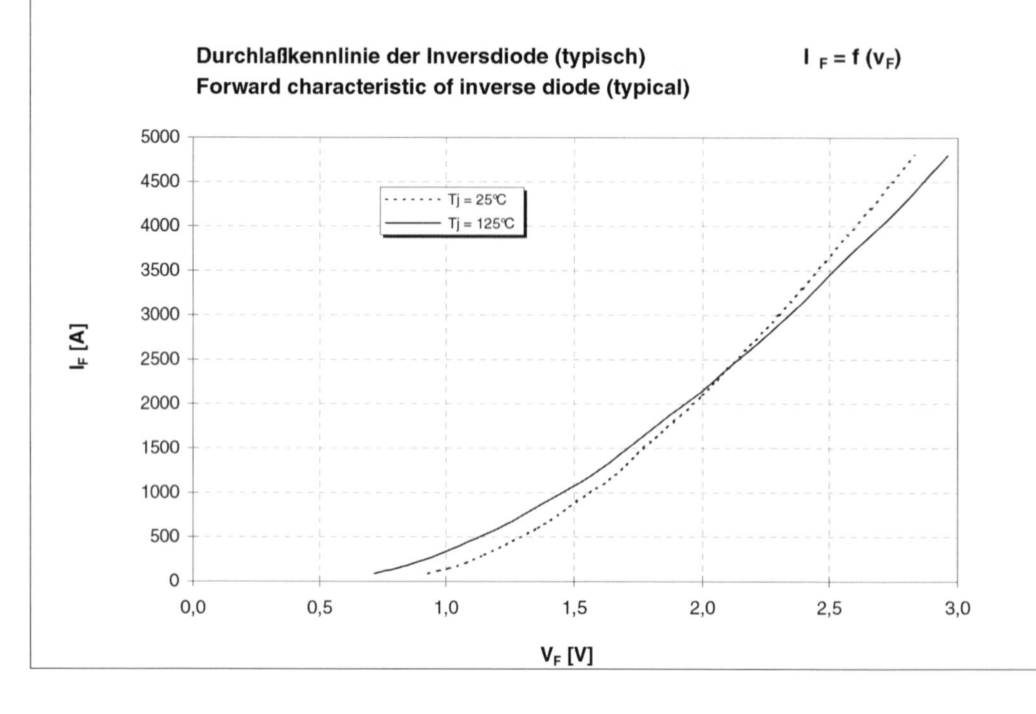

Technische Information / Technical Information

IGBT-Module
IGBT-Modules

FZ2400R17KF6C B2

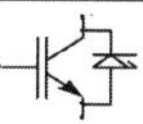

Schaltverluste (typisch) $E_{on} = f(I_C)$, $E_{off} = f(I_C)$, $E_{rec} = f(I_C)$
Switching losses (typical) $R_{gon} = R_{goff} = 0{,}6\ \Omega$, $V_{CE} = 900V$, $T_j = 125°C$, $VGE = \pm 15V$

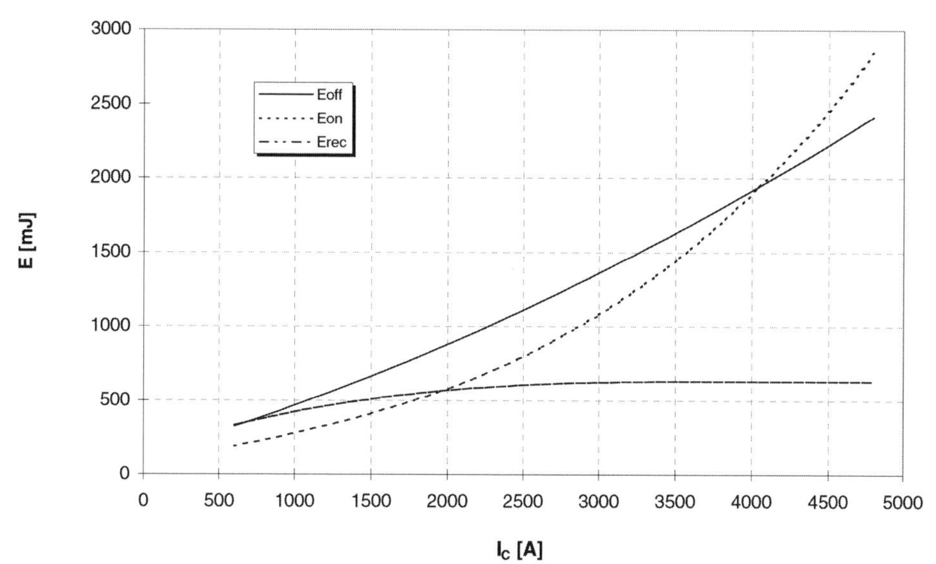

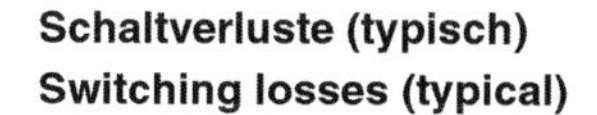

Schaltverluste (typisch) $E_{on} = f(R_G)$, $E_{off} = f(R_G)$, $E_{rec} = f(R_G)$
Switching losses (typical) $I_C = 2400A$, $V_{CE} = 900V$, $T_j = 125°C$, $V_{GE} = \pm 15V$

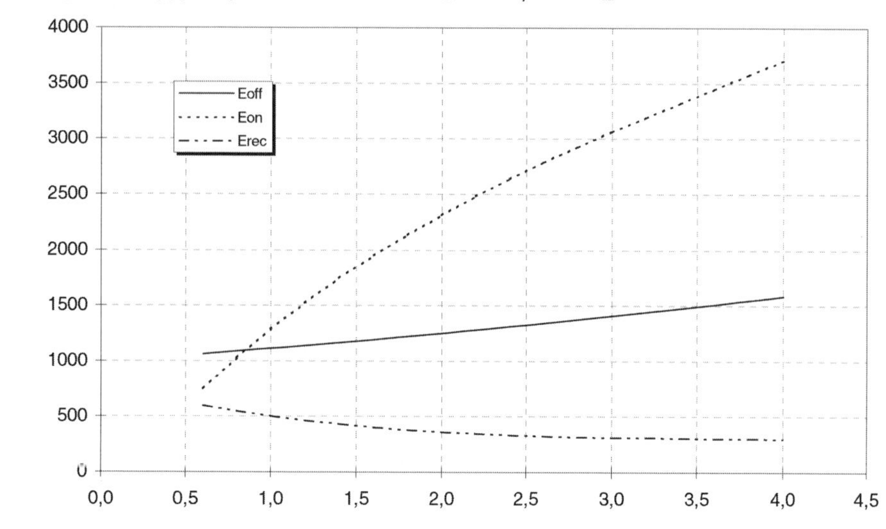

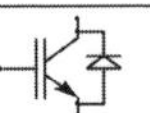

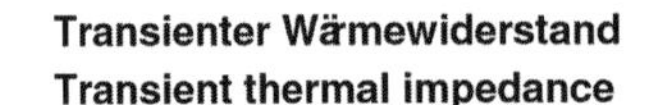

Transienter Wärmewiderstand $Z_{thJC} = f(t)$
Transient thermal impedance

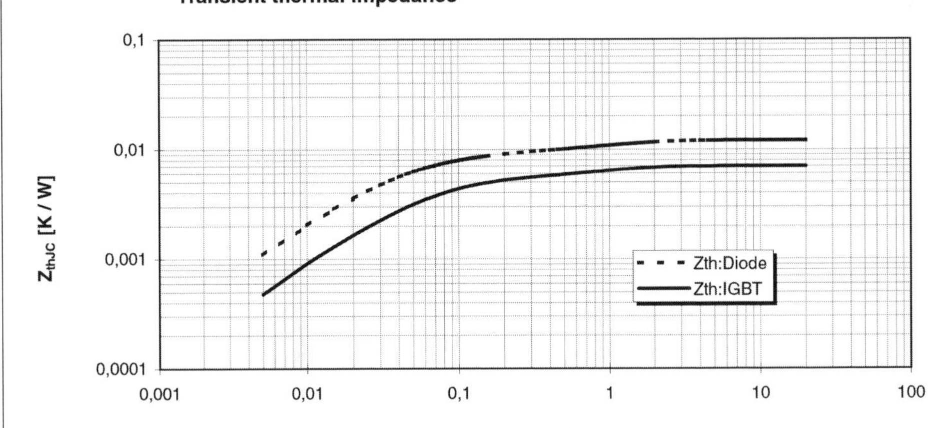

i		1	2	3	4
r_i [K/kW]	: IGBT	0,658	3,3	0,997	2,04
τ_i [sec]	: IGBT	0,027	0,052	0,09	0,838
r_i [K/kW]	: Diode	5,54	2,48	0,79	3,19
τ_i [sec]	: Diode	0,0287	0,0705	0,153	0,988

Sicherer Arbeitsbereich (RBSOA)
Reverse bias safe operation area (RBSOA) R_g = 0,6 Ohm, T_{vj}= 125°C

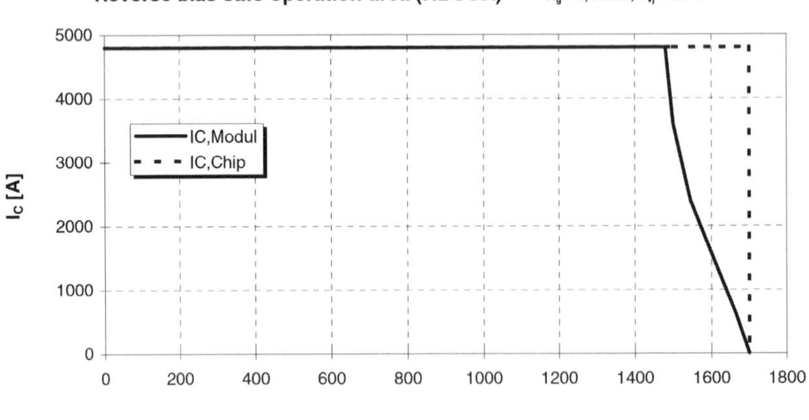

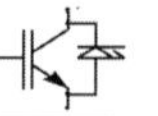

Äußere Abmessungen / external dimensions

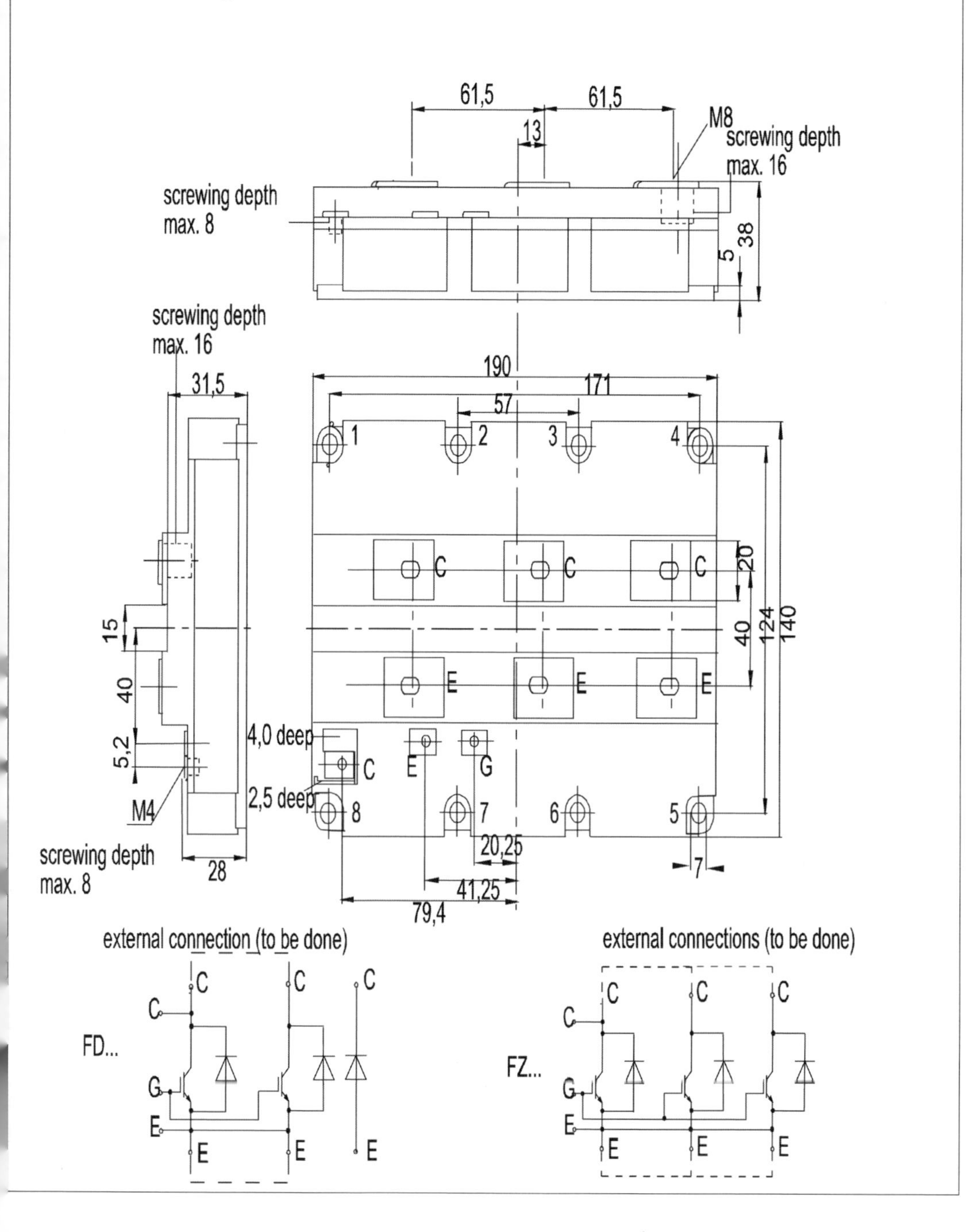

Literaturverzeichnis

[1] Beuth, K.: *Bauelemente.* Würzburg: Vogel Buchverlag, 2001.
[2] Beuth, K., Schmusch, W.: *Grundschaltungen.* Würzburg: Vogel Buchverlag, 2000.
[3] Beuth, K., Beuth, O.: *Elementare Elektronik.* Würzburg: Vogel Buchverlag, 2000.
[4] eupec Power Semiconductors Data, CD-ROM, 2001.
[5] Power Applications manual (motorola).

Stichwortverzeichnis